LAURENT CARROUÉ



# La France
# Les mutations des systèmes productifs



ARMAND COLIN

Collection U

*Géographie*


| | |
|---|---|
| Illustration de couverture : | Boulevard périphérique, La Défense © Ken Kaminesky/Corbis |
| Maquette de couverture : | L'Agence libre |
| Mise en pages : | Style Informatique |
| Réalisation cartographique : | Carl Voyer |




Armand Colin est une marque de
Dunod Editeur, 5 rue Laromiguière, 75005 Paris

www.armand-colin.com
ISBN : 978-2-200-28796-2

# Introduction

Cinquième puissance économique mondiale, la France est confrontée depuis 2006, comme tous les grands pays occidentaux, à une crise économique, financière, budgétaire et sociale d'une ampleur inédite depuis la Grande Dépression de 1929, comme en témoigne l'explosion de la dette publique ou du chômage. Face à ses voisins européens, et alors que son système financier et immobilier a relativement bien résisté grâce à une mobilisation étatique sans précédent, la crise est en France d'abord et avant tout une crise industrielle. Comment l'expliquer ? Loin d'être passager, ce nouvel épisode s'inscrit dans la longue durée et plonge ses racines dans les modalités même de l'industrialisation du pays depuis les années 1950. Pour comprendre les enjeux multiples qui sont aujourd'hui posés, il convient de prendre du recul en réinsérant l'industrie dans l'ensemble des dynamiques qui structurent l'économie, la société et le territoire métropolitains.

## Une démarche systémique : le concept de *système productif*

Nous définissons le *système productif* comme l'ensemble des facteurs et des acteurs concourant à la production, à la circulation et à la consommation de richesses. Face à l'obsolescence de la trilogie primaire/secondaire/tertiaire conçue par C. Clark entre 1924 et 1940, le concept de *système productif* – créé par les géographes F. Damette et J. Scheibling dans les années 1980 – va peu à peu trouver sa place dans la boîte à outils des géographes, et même être aujourd'hui largement remobilisé par l'INSEE dans ses études nationales et régionales ou par de nombreux chercheurs, y compris en économie spatiale, comme L. Davezies. Son objectif est de mieux articuler l'industrie, l'économie, les territoires et les sociétés dans leurs mutations et leurs interactions.

Il se fonde sur un nouveau découpage fonctionnel identifiant deux grandes sphères. Premièrement, la sphère de la *reproduction sociale* (administrations publiques, formation, enseignement, santé, services aux particuliers, distribution et commerce de détail...) qui se moule globalement sur la géographie de la population. Deuxièmement, la *sphère productive* qui produit l'essentiel des richesses, et est géographiquement plus discriminante et largement articulée à la hiérarchie urbaine. Cette dernière sphère est elle-même composée de deux grands sous-ensembles : d'un côté la *sphère de la production matérielle* qui regroupe l'agriculture, l'industrie et le bâtiment, de l'autre la *sphère périproductive* qui regroupe les fonctions d'intermédiation (services aux entreprises, finance, commerce interindustriel, transports et logistiques). L'articulation de ces composantes dans ses dimensions économiques (PIB...), sociales (emploi, formation, qualifications...) et territoriales définit à l'échelle nationale un *système productif* et aux échelles régionales des *systèmes productifs* plus ou moins puissants, dynamiques et efficients.

## Le système productif français : composantes, dynamiques et déséquilibres

Le système productif français se caractérise par un équilibre entre la sphère de la reproduction sociale et la sphère productive, la richesse produite par la seconde étant largement mobilisée et redistribuée dans les territoires par la première, en particulier *via* l'impôt et le système de protection sociale. Ce processus est au cœur du pacte républicain et aux fondements de la cohésion sociale et territoriale.

Mais cet équilibre est aujourd'hui durablement fragilisé par les difficultés croissantes rencontrées par la sphère productive à remplir sa fonction. Les mutations de la sphère productive depuis les années 1970 se caractérisent en effet par une hypertrophie croissante – relative mais réelle – de la sphère périproductive alors que la sphère de la production s'étiole avec l'abandon ou les difficultés croissantes de pans entiers de l'appareil industriel, comme en témoigne actuellement la crise de l'automobile.

La crise française est bien d'abord et avant tout, non pas une crise de l'« industrie » dans sa conception ternaire ancienne, mais une crise de la sphère de la production concrète. Elle s'explique par deux principaux facteurs. Premièrement, un modèle de croissance largement extensif adopté durant les Trente Glorieuses et basé sur un très vaste système taylorien trop longtemps masqué par les grands programmes de modernisation gaullistes (aérospatiale, militaire, énergie) qui débouche sur un système de plus en plus dual. Deuxièmement, une insertion dans la construction européenne et la mondialisation qui a durablement fragilisé les bases productives nationales et régionales en lien avec la restructuration et le redéploiement du capital financier et industriel. À la délocalisation massive des productions peu ou pas qualifiées répondent aussi les difficultés d'activités de moyenne et haute technologies.

En effet, du fait du caractère systémique du système productif et du rôle nodal qu'elle y joue, l'affaiblissement de la sphère de la production concrète est tel qu'il en vient à fragiliser durablement l'ensemble du système productif national.

## Système(s) productif(s), sociétés et territoires

Contrairement à l'Allemagne, mais de manière très similaire au Royaume-Uni car la mondialisation n'a en rien aboli les différents modèles de capitalismes, l'organisation de l'espace national repose depuis les années 1960 sur un puissant tryptique : *hiérarchisation, ségrégation socio-fonctionnelle* et *stratégie d'évitement.* Celui-ci produit au total un système territorial à la fois très intégré mais selon des logiques fragmentaires particulièrement puissantes qui oppose Paris à la province, les grandes métropoles à leurs espaces régionaux d'insertion et le Grand Nord-Est en difficulté à la *France autonome* en plein dynamisme. Cette structure ségrégée est aujourd'hui au cœur de la crise systémique que connaît le système productif. Dans ce contexte, le processus de métropolisation prend en France un caractère particulièrement marqué. S'il permet de résoudre, au moins partiellement, les contradictions accumulées par un système de croissance fragmentaire et relativement extensif, il en accentue en retour les effets les plus pervers en réservant les fonctions et les postes les plus stratégiques aux espaces métropolitains centraux au détriment du reste du territoire national.

## Les choix ayant guidés cet ouvrage

Si le concept de *système productif* a été adopté par de nombreux chercheurs ou institutions à partir des années 2000 comme outil d'analyse, paradoxalement on ne dispose pas encore d'un travail de synthèse en présentant les concepts, les outils, les démarches, les méthodes et les résultats de recherche. L'objectif de cet ouvrage est donc de participer au travail collectif élaboré aujourd'hui par les géographes pour remplir cette lacune.

C'est pourquoi le chapitre 1 en cerne les grands enjeux épistémologiques, méthodologiques et conceptuels et les pistes d'analyse les plus récentes. Un fois ce cadre indispensable fixé, le chapitre 2 s'attache à en mobiliser les démarches à travers l'analyse des grandes mutations du système productif contemporain. Il aborde successivement la question de la production des richesses, de son utilisation et de son partage, la question du travail et de l'emploi qui constitue un facteur majeur de structuration de l'espace et, enfin, la question de l'insertion de la France dans la mondialisation et les enjeux d'avenir qu'elle pose à travers la nécessité d'enclencher une « nouvelle révolution industrielle et productive » si la France et l'Europe veulent garder leur rang dans le monde.

Après ces deux chapitres de présentation générale, nous avons souhaité en analyser plus spécifiquement les grands enjeux territoriaux. Le chapitre 3 est centré sur l'articulation – essentielle, c'est-à-dire qui touche à l'essence même des processus – entre système urbain et système(s) productif(s), la ville et l'urbain étant au cœur du système productif national. Une partie met l'accent sur le rôle de la hiérarchie urbaine dans la division du travail et la spécialisation fonctionnelle des territoires, une autre analyse les liens entre systèmes urbains et systèmes productifs régionaux à travers quelques études de cas sélectionnées pour la valeur de leur démonstration. Les deux autres chapitres analysent de manière fouillée les composantes, structures et dynamiques de la sphère productive (chapitre 4) et de la sphère de la reproduction sociale et de l'économie résidentielle (chapitre 5). Le chapitre 4 s'attache tout particulièrement à décortiquer les mutations de la sphère productive, les bouleversements de l'industrie et de ses territoires et la dynamique des activités périproductives d'intermédiation et de circulation.

Il est clair cependant que dans le cadre de cet ouvrage il nous était impossible de traiter de l'ensemble des questions posées et des thèmes à aborder en géographies économique, industrielle ou urbaine pour lesquels il existe déjà une très vaste littérature. Face au risque de nous diluer dans un trop large corpus, nous avons dû faire des choix drastiques. Nous n'avons donc retenu que ce qui pouvait permettre d'éclairer le concept de système productif dans le cadre d'une démarche systémique, c'est-à-dire de mise en système. Nous avons donc banni les catalogues de branches ou d'activité (tourisme, transport...) pour mettre l'accent sur les approches fonctionnelles, les grands enjeux régionaux en découpant l'espace national en grands ensembles (Grand Nord-Est, Grand Ouest...) et les jeux d'acteurs, en particulier les firmes. Nous avons enfin fait le choix de présenter de nombreux tableaux statistiques afin de fournir aux lecteurs des données synthétiques de longue durée que l'on ne trouve nulle part ailleurs. Nous espérons ainsi faire œuvre utile dans le renouvellement scientifique de cette belle discipline en prise directe avec les grands enjeux contemporains.

Chapitre 1

# Système productif : enjeux épistémologiques, méthodologiques et conceptuels

## Approche épistémologique : inerties, ruptures et nouveautés

En un quart de siècle, la géographie économique et industrielle s'est profondément transformée. À la fois en renouvelant profondément ses fondements théoriques et épistémologiques ainsi que ses champs de recherche, et en s'insérant toujours mieux *dans le siècle* afin de répondre aux demandes sociales, économiques et politiques qui lui sont adressées pour disposer d'une meilleure compréhension des dynamiques contemporaines. Abandonnant les logiques de nomenclatures d'activités très descriptives et figées, organisées par tiroirs, elle a progressivement développé, au tournant des années 1980, de nouvelles démarches systémiques afin de saisir l'ensemble des jeux et échelles spatiales d'interactions articulant ressources, emplois, productions de richesses, marchés, jeux d'acteurs, technologies, géopolitique et questions environnementales.

### Primaire, secondaire et tertiaire : un système obsolète

Paradoxalement, jusqu'à une date assez récente, nous ne disposions pas de concepts opératoires pour rendre compte efficacement des mutations contemporaines, une situation débouchant parfois sur de nombreux contresens ou erreurs d'appréciation qui obligent à repenser nos outils d'analyse.

En effet, l'analyse sociale, économique et géographique de nos sociétés se fonde encore très largement aujourd'hui sur un triptyque conceptuel pourtant dépassé mais simple d'emploi : primaire, secondaire, tertiaire. Défini par Colin Clark entre 1924 et 1940, il reflétait alors l'état des structures de l'entre-deux-guerres issues de la 1re et 2e Révolution industrielle. Le primaire regroupait les activités fondées sur l'exploitation sans transformation des ressources naturelles (agriculture, sylviculture, pêche, mines) face au secondaire – ou industrie – qui réunissait les activités transformant les matières premières en produits élaborés. Face à ces deux secteurs bien identifiés, le tertiaire servait alors de fourre-tout, accueillant, par une définition en négatif, toutes les activités inclassables dans les deux premiers champs.

### Colin Clark : le père de la trilogie primaire/secondaire/tertiaire

Économiste et statisticien britannique très lié au Parti travailliste, Colin Grant Clark (1905-1989) effectue ses études à Oxford. Il travaille ensuite à la *London School of Economics*, à l'université de Liverpool, à l'*Economic Advisory Council* créé par les travaillistes en pleine crise de 1929 où il côtoie le grand économiste Maymard Keynes (1883-1946), à Cambridge puis à Oxford en étant passé par l'Australie de 1938 à 1953. Il publie en particulier *The National Income (1924-1931)* en 1932 et *Conditions of Economic Progress* en 1940. À la fois homme politique engagé dans son siècle, chercheur universitaire et statisticien institutionnel chargé de l'élaboration des comptabilités nationales dont il est l'un des pionniers, il travaille en particulier sur l'étude, l'évaluation et la mise en comparaison internationales des économies nationales. C'est dans cette perspective qu'il classifie en 1940 l'économie entre trois grands secteurs : primaire, secondaire et tertiaire. Élaborée dans le cadre économique des années 1930-1940, cette trilogie – à l'époque novatrice – va servir de grille de lecture des économies et des sociétés jusqu'à aujourd'hui.

Cette trilogie simple fonctionna jusque dans les années 1950-1960. D'un côté, au paysan dans son champ répondait l'ouvrier dans son usine, de l'autre, l'employé et le cadre dans leurs bureaux. Mais elle devint peu à peu inopérante – donc obsolète – du fait de profondes mutations qualitatives liées en particulier à la révolution technologique, scientifique et informationnelle largement introduite à partir des années 1970. Ces catégories deviennent alors de plus en plus floues, car la croissance statistique hypertrophiée des activités dites de « services » – par exemple aux ménages comme aux entreprises, pourtant très différentes – se traduit aujourd'hui par le regroupement de 60 à 80 % de la population active et du PIB des pays développés dans le « tertiaire ». Ce processus déboucha dans les années 1970 sur l'utilisation de nouvelles terminologies telles que les sociétés ou économies « post-industrielles ». On alla même, chez certains auteurs, jusqu'à parler de « tertiarisation » de l'industrie, d'« industrialisation » du tertiaire et d'« activités quaternaires », au prix d'une confusion conceptuelle généralisée et de la perte de tout repère méthodologique.

## Révolution productive et mutation du schéma productif

Les économies et sociétés contemporaines connaissent en effet une véritable révolution productive, multidimensionnelle. Alors que les entreprises déploient un processus de concentration économique sans précédent, une insertion internationale croissante de leurs activités et marchés dans le cadre de la mondialisation et s'insèrent dans des réseaux de plus en plus denses et complexes à long rayon d'action, la production se complexifie. Un grand groupe industriel intègre ainsi activités industrielles, services d'ingénierie, d'informatique ou de gestion, services commerciaux (ventes, marketing, publicité...) ou logistiques. La fabrication matérielle – qui occupe de moins en moins d'actifs du fait en particulier de l'automatisation et de l'informatisation qui permettent des gains de productivité fantastiques (production matérielle/salarié/heure) – ne devient qu'un volet d'une sphère productive qui s'élargit et se diversifie (conception, essais, méthodes, recherche, gestion, commercial, audit...) où les différentes fonctions s'interpénètrent. On assiste à une intellectualisation grandissante du processus industriel, à une certaine dématérialisation dans la valeur et l'usage des produits (automatisme, logiciels des ordinateurs et robots, télécommunications, *cf.* Internet, Ipod...) et à une osmose systémique entre supports matériels, contenus informationnels et services. La flexibilité devient un atout majeur des territoires dans un monde plus instable et concurrentiel : modulation, réactivité, interaction, décloisonnement, innovation et anticipation obligent à une meilleure intégration productive des acteurs et des fonctions (recherche, développement, études, méthodes, fabrication, distribution et logistique, marketing et publicité, commandement administratif et financier) à travers une mise en réseaux visant un fonctionnement plus efficace. Comme le souligne l'économiste P. Veltz, face aux incertitudes, les firmes sont à la recherche d'un certain nombre d'*assurances territoriales* (rentabilité, compétitivité, flexibilité, gestion du temps) réduisant les risques. Au total, c'est bien l'efficience de ces articulations fonctionnelles qui est au cœur de la productivité, de la compétitivité des firmes et des secteurs et des dynamiques territoriales.

On ne peut cependant en aucun cas parler de désindustrialisation, Veltz parlant même d'un « monde hyperindustriel ». En effet, par exemple, jamais à l'échelle de l'humanité la quantité, et surtout la valeur, des biens industriels produits n'ont été aussi considérables, y compris dans les industries nées des 1re (charbon, acier, mécanique, textile, navale...) et 2e (automobile, chimie-pharmacie, matériel électrique, aéronautique, télécommunications...) Révolutions industrielles du fait des innovations introduites (nouveaux matériaux, informatique, logiciels, nanotechnologies, OGM...). Au plan géographique, ces dernières décennies se traduisent par un développement sans précédent de l'industrie dans des pays qui en étaient jusqu'ici dépourvus dans le cadre d'une division internationale du travail profondément renouvelée alors que – comme l'illustrent les trajectoires chinoise, allemande ou étatsunienne – l'industrie demeure un vecteur central de la puissance aux échelles mondiales et continentales, et un facteur déterminant des organisations sociales et territoriales. C'est pourquoi l'étude des systèmes productifs demeure l'un des leviers essentiels pour analyser et comprendre le développement des économies et territoires contemporains et les choix – stratégiques – auxquels la France est confrontée.

## Les transformations de la géographie économique et industrielle

Dans ce contexte général, la géographie économique et industrielle a connu une véritable révolution scientifique et épistémologique avec un renouvellement considérable de ses thématiques, concepts et méthodologies. Si les analyses sectorielles – indispensables – ne sont pas abandonnées, elles s'inscrivent dans une *logique de système.* Ces activités sont conçues comme une combinaison de structures, de fonctions, d'organisations internes, d'interrelations et de flux qui débouchent sur le concept de *système industriel* comme en témoignent, par exemple, les thèses de G. Jalabert (1974) sur les industries aérospatiales, de G. Di Méo dans les industries du gaz et du pétrole (1979), de P. Pilinski sur la pharmacie (1980), de J. Donze dans l'aluminium (1984), de D. Paris pour l'industrie rurale en Cambrésis (1985), de S. Montagné-Villette avec l'industrie du prêt-à-porter (1987), de M. Vanier sur le textile troyen, de S. Daviet sur le bassin houiller lorrain, de Guy Baudelle sur le bassin minier du Nord (1994), de J. Fache sur la diffusion des hautes technologies (1996), de J.-P. Charvet ou M. Pouleau sur l'agriculture et l'agro-alimentaire. Ces travaux sont complétés par des recherches mettant l'accent sur des logiques plus fonctionnelles, comme ceux d'H. Bakis dans les télécommunications (1983) après une thèse remarquée sur la firme IBM (1974), ou d'A. Frémont-Vanacore sur les nouvelles technologies de communication et les réseaux de PME (2002), de G. Dupuy sur les transports ou de J.-M. Zuliani sur les services de haut niveau dans l'agglomération de Toulouse (2005).

Ces travaux insistent aussi souvent sur les interrelations entre fait industriel et développement régional et urbain avec, en particulier, les travaux de J. Dumas sur la métropole bordelaise (1977), C. Cabanne sur la Loire-Atlantique (1978) ou P. Bruyelle sur le Nord-Pas-de-Calais (1980). Enfin, ils s'ouvrent de plus en plus largement à l'international, en lien avec la mondialisation, grâce aux travaux d'A. Fischer sur l'industrialisation contemporaine des

Pays-Bas (1978), J. Malézieux sur les centres sidérurgiques de la mer du Nord (1979), J. Lieutaud sur l'industrialisation du Mezzogiorno (1984), J. M. Holz sur la crise et la reconversion de la Ruhr (1988), I. Géneau de Lamarlière sur l'industrie des semi-conducteurs en Europe (1992), D. Rivière sur le Latium, F. Bost sur les entreprises françaises en Afrique (1995) ou les zones franches dans le monde ou D. Kholer sur la mutation des villes de l'acier en Allemagne (2000). L'étude des stratégies économiques et territoriales des firmes dans le cadre de la mondialisation connaît un sensible développement avec les travaux de L. Carroué, S. Daviet, J. Fache ou J.-M. Zuliani.

Ce renouvellement s'opère aussi à travers une large ouverture internationale avec, en particulier dans le monde francophone, les nombreux travaux de C. Manzagol, B. Merenne, C. Vandermotten ou A. Scott. Enfin, des liens étroits sont tissés avec d'autres disciplines, comme en économie spatiale. Elles intègrent les questions territoriales et de développement local ou régional, et les questions d'innovation (*cf.* districts industriels, systèmes productifs localisés, *clusters*) dans les travaux de M. Delapierre, C. Milelli, P. Aydalot, C. Lacour, G. Becattini, C. Courlet, D. Maillat, B. Pecqueur, P. Veltz, A. Lipietz...

## Des concepts et outils novateurs : trois contributions majeures

### Le concept de système productif : articuler industrie/économie/territoires/sociétés

C'est dans ce contexte que l'équipe Géographie du Système Productif – GSP du Laboratoire Strates de Paris I pilotée par F. Damette et J. Scheibling, et comprenant en particulier des chercheurs comme J. Cohen, N. Pluet, P. Beckouche et, en partie, L. Carroué qui travaille aussi au CRIA dirigé par A. Fischer et J. Malérieux – va progressivement élaborer dans la décennie 1980-1990 le concept de *système productif* afin de mieux articuler industrie/économie/territoires/sociétés. À l'origine centrée sur l'étude du rapport industrie/territoire, la problématique du GSP s'est peu à peu élargie à l'ensemble des secteurs et fonctions (services, formation, recherche & développement...) concourant à la production définie au sens large d'un côté, aux questions de main-d'œuvre et de qualification de l'autre, permettant ainsi de dépasser la dichotomie traditionnelle entre secondaire et tertiaire pour déboucher sur le concept de *système productif*. C'est ainsi, par exemple, que la thèse de P. Beckouche porte sur l'impact de la transnationalisation des firmes sur les régions à travers l'exemple de l'électronique (1988) alors que celle de L. Carroué porte sur les industries de haute technologie dans une métropole centrale, l'Île-de-France (1989). Pour ce faire, le concept de système productif procède à un redécoupage méthodologique et conceptuel en définissant deux grandes fonctions.

Premièrement, la *reproduction sociale et étatique* assure l'entretien et le renouvellement de la force de travail en contribuant à la vie quotidienne, à la cohésion politique et sociale et à l'efficacité du territoire. Elle est elle-même composée de trois sous-ensembles : la *reproduction étatique* (administrations publiques), la *reproduction élargie* (formation et enseignement) et la *reproduction simple* (santé, commerce de détail...). Ils se moulent globalement sur la géographie de la population.

**Tableau 1.1 Les deux sphères d'activités du système productif**

| Sphère de la production ou productive | Sphère de la reproduction sociale |
|---|---|
| *Sphère de la production matérielle avec fonctions concrètes et abstraites :* agriculture, industrie, bâtiments travaux publics. | *Services non-discriminants :* commerce de détail, enseignement primaire et secondaire, équipements socio-éducatifs et sportifs. |
| *Sphère des services périproductifs :* services aux entreprises, banques et assurances, services de réseaux (transports, télécommunications, distribution d'eau et d'énergie). | *Services discriminants :* enseignement supérieur, médias, administrations centrales, armées, musées... |

Source : F. Damette et J. Scheibling.

Deuxièmement, la sphère de la production, ou *sphère productive*, concerne une très large partie des activités économiques participant directement ou indirectement au développement d'une économie moderne. Géographiquement discriminante, la sphère productive est elle-même composée de deux grands secteurs.

D'un côté, la sphère de la *production matérielle* qui réunit la production agricole, la production industrielle et le bâtiment/travaux publics (BTP). En son sein, on distingue les *fonctions concrètes* (production directe de biens matériels) et les *fonctions abstraites* (administration/gestion, conception/recherche/innovation, commercialisation). Selon le niveau de qualification (pourcentage d'ingénieurs, techniciens, cadres, ouvriers qualifiés et non qualifiés) et le rôle de l'innovation, l'industrie est elle-même subdivisée en trois grands ensembles : les *industries techniciennes*, les *industries qualifiées* et les *industries déqualifiées*. De l'autre, la *sphère périproductive* qui participe directement à l'accompagnement et au développement de la production du fait de ses fonctions d'intermédiation (services aux entreprises, financiers, commerciaux et informatiques, commerce de gros, télécommunications, transports et logistiques...).

L'articulation de ces trois composantes définit un *système productif* plus ou moins puissant, dynamique et efficient. Dans ce cadre, le concept de système productif permet de réarticuler économie (production, circulation et consommation de richesses, salaires et revenus...), société (démographie, formation, qualification, emplois et marchés du travail, mobilités...), jeux et stratégies d'acteurs (États, collectivités territoriales, firmes transnationales, PME, réseaux entrepreneuriaux...) et territoires (emboîtements d'échelles, systèmes urbains, métropolisation, polarisation/spécialisations, concurrence et aménagements...). Il s'inscrit donc dans une démarche véritablement systémique qui transforme profondément l'analyse des dynamiques des territoires contemporains.

## Villes, hiérarchie urbaine, métropole et métropolisation

Dans cette démarche d'analyse du système productif, une attention toute particulière est portée au système urbain, aux processus de métropolisation des activités et au rôle de la hiérarchie urbaine dans la spécialisation fonctionnelle et socioprofessionnelle du territoire national comme l'indique, par exemple, *La France en villes* publiée sous la direction de F. Damette par la DATAR en 1994.

En effet, à partir des travaux de P. George puis de M. Rochefort (*cf.* thèse sur l'armature urbaine et services rares en Alsace) initiés dans les années 1960, de nombreux géographes ont progressivement mis l'accent à la fois sur le rôle nodal des villes dans l'organisation de la société et de l'économie, et surtout sur l'importance de l'armature, des réseaux et de la hiérarchie des villes pour comprendre l'organisation de l'armature urbaine et les dynamiques des espaces régionaux.

En particulier, Th. Saint-Julien, D. Pumain et le laboratoire Géocités/PARIS ont apporté dans les décennies 1980-1990 une contribution majeure à la construction d'une théorie géographique de la croissance urbaine, du fait urbain et de l'organisation de l'espace par les villes. Dans cette lignée, N. Cattan et C. Rozenblat multiplient par la suite les travaux sur le système des villes européennes puis mondiales et l'insertion de la France dans l'Europe des villes et du monde.

## Les quatre bases économiques : productives, résidentielles, publiques, sociales

Ces approches sont complétées dans la décennie 2000 par les travaux de l'économiste territorial L. Davezies de l'université Paris XII synthétisés en particulier dans *La République et ses territoires* (2008). S'intéressant au développement territorial local à travers les moteurs que sont la production et la circulation des richesses, il met l'accent sur la dissociation spatiale croissante entre croissance du PIB et développement (démographie, emplois, revenus...), entre les lieux de la production et les lieux de la consommation de richesse. Il souligne par exemple que, paradoxalement, si les métropoles sont les lieux nodaux de la production de richesses, elles sont aussi en difficulté ou en crise. Il insiste en particulier sur le fait qu'un certain nombre de vecteurs (vieillissement de la population, progrès de la mobilité, accroissement du temps libre...) favorisent l'essor de la circulation privée des revenus (retraites, salaires des navetteurs travaillant en zones urbaines mais résidant dans le périurbain ou dans le rurbain, dépenses touristiques...) qui vient renforcer les importantes redistributions publiques dues au modèle social français. C'est ce qu'il appelle « la circulation invisible des richesses ». La puissance de ces processus redistributifs – qui irriguent l'ensemble du territoire national et sont indépendants de la géographie des capacités économiques productives – est ainsi évaluée à 670 milliards d'euros en 2005.

**Tableau 1.2 Les mécanismes de la redistribution en 2005 selon Laurent Davezies**

| | Milliards d'€ | | Milliards d'€ |
|---|---|---|---|
| Revenus disponibles des Français | 860 | Salaires secteur public | 120 |
| Pensions de retraites | 190 | Prestations sociales/santé | 188 |
| Dépenses touristiques en France | 100 | Total évalué | 670 |

L. Davezies va donc identifier les territoires qui se spécialisent fonctionnellement dans l'*économie productive,* c'est-à-dire globalement la production de richesse, des autres qui se spécialisent dans l'*économie résidentielle,* c'est-à-dire la captation de richesse. Il propose ainsi une typologie territoriale fondée sur le degré de spécialisation des territoires dans un des quatre grands moteurs concourant à la dynamique locale des territoires. Il identifie ainsi quatre grands types de territoires selon l'origine du type dominant de revenus qui l'irriguent : les territoires à *base productive* (22 % des revenus) constitués par les revenus du capital et du travail liés à la vente de biens et de services (industrie et services péri-productifs), les territoires à *base publique* (10 %) où les trois fonctions publiques (État, collectivités territoriale et hospitalière) jouent un rôle majeur, les territoires à *base sociale* (23 %) soutenus par les transferts sociaux et sanitaires (prestation chômage, minima sociaux, aides aux logements, soins de santé...) et, enfin, les territoires à *base résidentielle* (45 %) bénéficiant de l'accueil des revenus des actifs navetteurs travaillant en espaces métropolitains mais résidant en périphéries, des pensions de retraites ou des dépenses de tourisme.

Ces spécialisations structurent des oppositions fonctionnelles très marquées entre régions : la France productive des métropoles et de la moitié nord, la France à dominante publique des villes d'États ou chefs-lieux de zones déprimées, les territoires à base sociale des zones déprimées sous perfusion – avec, par exemple, dans les zones d'emploi de Longwy, Marseille/Aubagne ou Lens, un tiers des revenus totaux venant des revenus sociaux –, les littoraux atlantiques ou méditerranéens ou une partie de l'arc alpin spécialisés dans la base résidentielle touristique, et une partie de la Bourgogne, du centre et du Massif central dans les pensions de retraites en lien avec le vieillissement des populations résidentes.

**Figure 1.1 Les revenus d'activité en France**

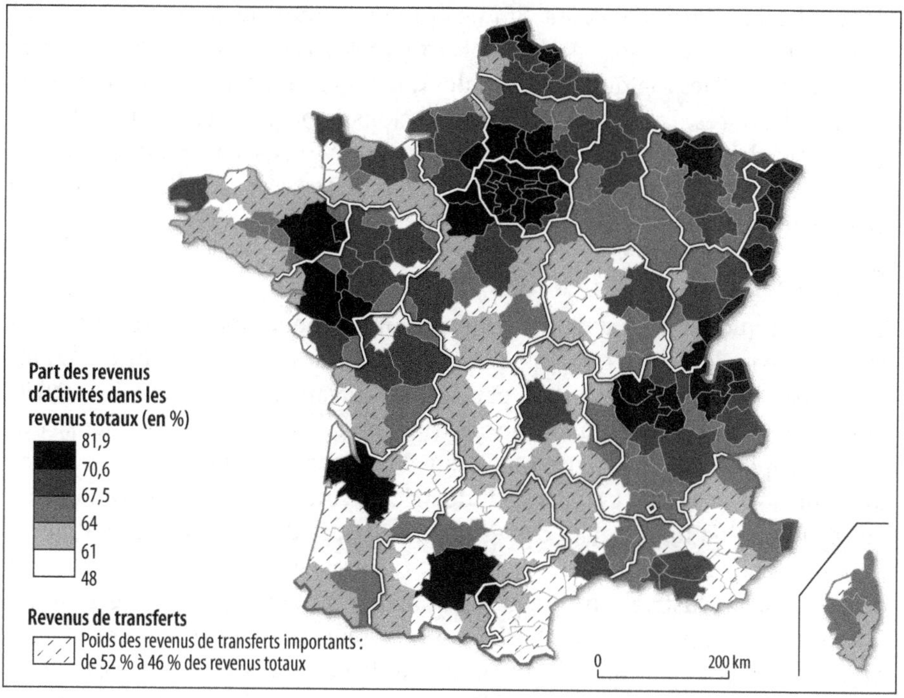


En lien avec l'insertion de la France dans la mondialisation, ces travaux posent la question de l'existence de deux géographies qui juxtaposeraient *territoires exposés* et *territoires protégés*, ces derniers étant spécialisés dans les secteurs économiques protégés des effets directs de la concurrence internationale ou du redéploiement des firmes (éducation, santé, actions sociales, administrations, services aux particuliers, commerce et construction). Du fait des jeux d'interaction et d'interdépendance entre les deux sphères – l'économie productive déterminant par sa création de richesse les possibilités de financement de l'économie résidentielle –, la question posée est bien de réarticuler de manière efficiente les deux logiques en recherchant une nouvelle combinaison des deux moteurs de l'économie nationale. Dans ce cadre, la crise des finances publiques et, plus globalement, du modèle redistributif national, doit être étroitement associée aux difficultés du système productif.

## Des outils mobilisés par la puissance publique et les acteurs institutionnels

L'ensemble de ces concepts et outils a été progressivement adopté par un certain nombre d'acteurs publics et institutionnels, bien que souvent de manière encore partielle ou incomplète. L'INSEE, en particulier, a transformé, ces quinze dernières années, une partie de ses nomenclatures statistiques et produit dorénavant des analyses thématiques ou régionales mobilisant ces démarches, outils et concepts. Si une étude par branche demeure indispensable, puisque l'automobile n'a pas les mêmes structures, les mêmes marchés, ni les mêmes logiques territoriales que l'aéronautique ou qu'une grande banque d'affaires, l'essentiel des améliorations conceptuelles et méthodologiques des deux dernières décennies (1982-2007) réalisées à la suite des propositions universitaires que nous venons de présenter, réside dans l'adoption progressive d'une nouvelle démarche fonctionnelle.

### *Les quinze fonctions de l'INSEE : un nouvel outil*

C'est ainsi que l'INSEE a défini quinze grandes fonctions transversales permettant de reclasser les emplois en complément des classifications traditionnelles par branches d'activités, par statut (travailleur indépendant/salarié, public/privé...) ou par qualifications (ingénieurs, cadres, techniciens, ouvriers, employés...). Ainsi, un ingénieur de recherche peut exercer la même fonction soit dans une entreprise industrielle, soit dans un grand organisme de recherche ou une société de service ; un cadre d'entrepôt peut de même travailler dans une entreprise de transport, une usine, un site de commerce de gros interindustriel ou une grande surface commerciale. Si ces grandes fonctions sont classiques, l'INSEE en a créé plusieurs nouvelles. Les *prestations intellectuelles* prennent en compte la dématérialisation et la complexification croissante du schéma productif en regroupant les fonctions d'expertise, aujourd'hui en plein développement (audit, conseil, analyse, expertise avec les informaticiens, avocats, notaires, architectes...) alors que la fonction *services de proximité* vise à mieux séparer et identifier les types de clientèles dont la géographie varie sensiblement.

L'intérêt de cette grille est de permettre de bien identifier quatre grands blocs fonctionnels : la sphère de la reproduction publique, la sphère de la reproduction privée, la sphère de la production matérielle et, enfin, la sphère des fonctions abstraites de la production et les services périproductifs. Comme nous le verrons, toutes les fonctions ne se valent pas et ne sont pas réparties de la même manière dans l'espace. Globalement, la sphère de la reproduction étatique et privée se moule sur les politiques publiques, la densité démographique, le pouvoir d'achat et les niveaux de consommation des populations. Dans la sphère de la production, la géographie du BTP dépend

**Tableau 1.3 Trente ans d'évolution fonctionnelle des emplois en quinze fonctions en France métropolitaine (en milliers et %)**

| Quinze fonctions | 1982 | 1999 | 2009 | Diff. 1982-2009 | Diff. en % | % 1982 | % 2009 |
|---|---|---|---|---|---|---|---|
| **Emploi total** | **21 365,7** | **22 800,7** | **25 735,2** | **+ 4 369,5** | **+ 20,5** | **100** | **100** |
| **Sphère de la production** | **13 151,8** | **11 835,6** | **12 895,7** | **– 256,1** | **– 2** | **61,6** | **50,1** |
| *Agriculture* | *1 753,2* | *893,7* | *733,1* | *– 1 020,1* | *– 58* | *8,2* | *2,8* |
| *Fabrication* | *3 693* | *2 653,8* | *2 404,7* | *– 1 288,3* | *– 35* | *17,3* | *9,3* |
| *Bâtiment-Travaux publics* | *1 827,9* | *1 366,9* | *1 703* | *– 124,9* | *– 7* | *8,6* | *6,6* |
| Conception, recherche | 373,5 | 626 | 707 | + 333,5 | + 89 | 1,7 | 2,7 |
| Prestations intellectuelles | 333,1 | 525,7 | 884,5 | + 551,4 | + 165,5 | 1,6 | 3,4 |
| Gestion | 2 730,4 | 2 880,1 | 3 415,9 | + 685,5 | + 25 | 12,8 | 13,3 |
| Commerce interentreprises | 573 | 861,1 | 943,9 | + 370,9 | + 65 | 2,7 | 3,7 |
| Transports, logistique | 1 867,7 | 2 028,3 | 2 103,6 | + 235,9 | + 12,5 | 8,7 | 8,2 |
| **Sphère de la reproduction** | **8 213,9** | **10 964,4** | **12 839,5** | **+ 4 625,6** | **+ 56** | **38,4** | **49,9** |
| *Administration publique* | *1 426,3* | *2 012,7* | *2 284,5* | *+ 858,2* | *+ 60* | *6,7* | *8,9* |
| *Éducation, formation* | *939,6* | *1 234,3* | *1 321,7* | *+ 382,1* | *+ 41* | *4,4* | *5,1* |
| *Santé, action sociale* | *1 054,1* | *1 703,8* | *2 248,1* | *+ 1 194* | *+ 113* | *4,9* | *8,7* |
| Services de proximité | 1 443,1 | 2 127,3 | 2 579,9 | + 1 136,8 | + 79 | 6,8 | 10 |
| Distribution | 1 564,1 | 1 609,8 | 1 964,6 | + 400,5 | + 25,5 | 7,3 | 7,6 |
| Entretien, réparation | 1 568,2 | 1 870,6 | 1 871,7 | + 303,5 | + 19,5 | 7,3 | 7,3 |
| Culture, loisirs | 218,5 | 405,9 | 569 | + 350,5 | + 160,5 | 1 | 2,2 |

Source : INSEE.

des niveaux de consommation, de la croissance démographique et urbaine et des grands travaux (ligne TGV, nouvelles autoroutes...), alors que l'agriculture et la fabrication présentent des géographies bien plus sélectives. Enfin, les fonctions de conception/recherche et les prestations intellectuelles sont les plus spécifiques et les plus sélectives, alors qu'il faut distinguer dans la gestion d'un côté la gestion banale quotidienne et de l'autre les sièges sociaux mondiaux des grands groupes.

Ces quinze fonctions ont elles-mêmes été reclassées par l'INSEE en quatre grands blocs : fonctions présentielles, productives, métropolitaines, transversales. Les *fonctions présentielles* regroupent les activités définies comme « au service de la population » : distribution, services de proximité, éducation et de formation, santé/action sociale et administration publique. Les *fonctions de production concrète* assurent la production de biens matériels (agriculture, industrie, BTP). Les *fonctions métropolitaines* – fortement polarisées dans le haut de la hiérarchie urbaine, c'est-à-dire les très grandes villes – sont la gestion, en particulier les sièges sociaux et directions d'entreprises, la conception/recherche, les prestations intellectuelles, le commerce interentreprises et la culture et les loisirs. Enfin, les *fonctions transversales* – communes à la population et aux entreprises – regroupent le transport et la logistique, et l'entretien et réparation. Nous avons pour notre part reclassé ces fonctions dans le tableau 1.3 en identifiant, comme le fait l'équipe GSP Strates, *sphère de la production* et *sphère de la reproduction*.

### *Deux premières pistes d'analyse : production/reproduction, production abstraite/concrète*

Ces données permettent donc au total de mieux comprendre et d'analyser beaucoup plus finement les mutations socio-économiques et territoriales contemporaines de la France métropolitaine aux échelles locales, régionales et nationales. Deux pistes sont ici à dégager.

Premièrement, si l'emploi total augmente en trois décennies de + 20 % en gagnant 4,4 millions d'emplois, les emplois de la sphère de la production stagnent (– 2 %) alors que ceux de la sphère de la reproduction augmentent de + 56 % et passent de 38,5 à 50 % des emplois nationaux. On assiste en particulier à la création de 2,4 millions d'emplois dans les administrations publiques, l'éducation et l'action sanitaire et sociale dans le cadre d'un modèle social français spécifique, et de 2,2 millions de postes dans les services privés à la population. Si ce rééquilibrage entre sphère de la production et sphère de la reproduction peut être analysé ces trente dernières années comme un processus de rattrapage et de modernité sociale (*cf.* santé, éducation...), la question, en particulier depuis la crise ouverte en 2007, est bien de savoir jusqu'où cette dynamique est économiquement, socialement et politiquement viable. Jusqu'où et comment, dans un pays comme la France, la sphère de la reproduction peut-elle s'hypertrophier face à une sphère de la production anémiée ? Dit autrement, jusqu'où peut-on consommer de la richesse sans la produire ? On retrouve là tous les grands débats actuels portant sur la dette et les dépenses publiques, le financement des retraites et de la sécurité sociale, la fiscalité et, bien sûr, leurs enjeux territoriaux (exclusion, polarisation, prélèvements, transferts...).

Deuxièmement, l'autre grand bouleversement a trait aux profondes mutations de la sphère de la production. La production matérielle, agricole et industrielle perd 2,5 millions d'emplois, soit un tiers de ses effectifs, un phénomène qui s'accélère de plus depuis 2009. Au total, la sphère de la production matérielle connaît donc un déclin structurel depuis le milieu des années 1970. À l'opposé, on assiste à la forte montée des fonctions abstraites de la production (administration/gestion, conception/recherche/innovation, commercialisation) et des fonctions périproductives qui gagnent 2,2 millions d'emplois. La France connaît donc un profond bouleversement de son schéma productif qui transforme en profondeur les territoires des fonctions productives dans le cadre d'une insertion croissante dans la mondialisation et l'intégration européenne. Face à la pression et à la concurrence, en particulier allemande, étatsunienne et chinoise, la sphère de la production s'est de plus en plus spécialisée dans quelques branches et dans quelques fonctions, au prix cependant de l'abandon de pans industriels entiers, d'une forte désarticulation des cohérences du système productif entre conception/innovation et production matérielle, d'une perte croissante d'autonomie stratégique et d'une fragilisation des bases économiques (forts déséquilibres financiers et commerciaux), sociales (explosion d'un chômage structurel de masse et des logiques d'exclusion) et productives (faiblesse de la recherche en entreprises...). À cet égard, les différences de trajectoires des systèmes productifs français et allemands sont tout à fait éclairantes. Ce sont ces tensions et contradictions structurelles qui sont au cœur de la recomposition des dynamiques territoriales du système productif.

### *Fonctions métropolitaines et cadres des fonctions métropolitaines (CFM)*

À la suite de la ventilation des emplois des quinze fonctions en cinq tailles d'aires urbaines (Île-de-France, aires urbaines regroupant plus de 200 000 emplois, aires urbaines de 50 à 200 000 emplois, aires urbaines de moins de 50 000 emplois, espace rural, *cf.* chap. 3), il est apparu que cinq fonctions étaient largement polarisées par le haut de la hiérarchie urbaine, c'est-à-dire les grandes métropoles polarisant plus de 200 000 emplois. Elles ont donc été définies par l'INSEE comme des *fonctions métropolitaines* : il s'agit des fonctions de gestion, conception/recherche, prestations intellectuelles, commerce interentreprises et culture-loisirs. Au sein de celles-ci, l'INSEE a ensuite cherché à identifier la localisation des fonctions de commandement, en isolant le groupe social des cadres de ces fonctions. Les *cadres des fonctions métropolitaines* (CFM) sont un nouveau concept qui remplace l'ancienne notion d'« emplois métropolitains supérieurs » (EMS) utilisée dans les années 1980-1990. L'objectif est de définir des « emplois stratégiques » de hauts niveaux dont la localisation géographique permet d'identifier le degré d'autonomie, de commandement, de rayonnement et d'attractivité d'un territoire.

En trente ans, les cadres des fonctions métropolitaines ont connu une croissance considérable (+ 127 %, + 1,4 million) pour atteindre 2,5 millions d'emplois. Trois grands ensembles jouent un rôle majeur en polarisant 80 % de la croissance : d'un côté, les cadres de la gestion, avec plus du tiers de la hausse nationale, portés en particulier par la montée des fonctions de gestion internationale des firmes ; de l'autre, les cadres de la recherche et des prestations intellectuelles, portés par les enjeux liés à l'innovation et à l'intellectualisation croissante de la production.

**Tableau 1.4 La montée des cadres des fonctions métropolitaines en France métropolitaine (en milliers et %)**

| | 1982 | 2009 | Diff. 1982-2009 | Diff. en % | % créations | % 1982 | % 2009 |
|---|---|---|---|---|---|---|---|
| **Total** | **1 101,8** | **2 504,2** | **+ 1 402,4** | **+ 127** | **100** | **100** | **100** |
| Gestion | 493,7 | 982 | + 488,3 | + 99 | 34,8 | 44,8 | 39,2 |
| Conception, recherche | 170,1 | 512,2 | + 342,1 | + 201 | 24,4 | 15,4 | 20,5 |
| Prestations intellectuelles | 124,2 | 426,4 | + 302,2 | + 243 | 21,5 | 11,3 | 17 |
| Commerce interentreprises | 211,5 | 300,8 | + 89,3 | + 42 | 6,4 | 19,2 | 12 |
| Culture, loisirs | 102,2 | 282,8 | + 180,6 | + 177 | 12,9 | 9,3 | 11,3 |

Source : INSEE.

## Clefs d'analyse : acteurs, économie, société, territoires

En complément du concept fondamental de système productif, il est nécessaire de présenter quelques clefs opératoires pour analyser les dynamiques d'articulation entre bouleversement de l'économie et du schéma productif, mutations de la société et dynamiques territoriales, qui doivent pouvoir être analysées à toutes les échelles scalaires, locales, régionales, nationales, européennes et mondiales.

## Entreprises et division spatiale du travail : le poids des logiques fragmentaires

Comme nous le verrons par la suite avec les nouveaux travaux de l'INSEE sur les groupes (chap. 2), le système productif français est économiquement très concentré et largement dominé par quelques milliers de firmes, de plus en plus internationalisées. Paradoxalement, si ces acteurs jouent un rôle nodal dans les dynamiques territoriales, les stratégies du capital – financier, industriel, commercial ou des services – demeurent encore trop largement sous-étudiées par les géographes ou les économistes alors qu'elles sont pourtant au cœur des dynamiques territoriales.

L'entreprise – de la transnationale à la petite et moyenne entreprise (PME) – peut être définie comme une entité juridique, économique et technique complexe. Elle organise et adapte en permanence son dispositif productif sur des bases fonctionnelles, en tenant compte de ses besoins, de l'accès aux marchés et de la concurrence. Au plan géographique, plus l'entreprise est importante, plus elle a le pouvoir de valoriser de manière différenciée son espace productif en spécialisant fonctionnellement ses établissements dans des échelles croissantes. C'est ce que l'on appelle la *segmentation fonctionnelle du travail* qui repose à la fois sur une *segmentation technique* entre établissements et sur une *segmentation sociale* des salariés. L'accès aux marchés, la nature et la qualité du marché du travail (formation et qualification de la main-d'œuvre), le niveau d'équipement des territoires (transports, communication, énergies...) et la densité des réseaux (clients, fournisseurs, sous-traitants, services connexes) jouent un rôle majeur. Elle définit donc un territoire plus ou moins dense et stable qui repose sur des échelles emboîtées – locales, nationales, mondiales – et est constituée de pôles spécialisés fonctionnellement, les établissements, s'insérant dans de vastes réseaux productifs, internes et externes, amont et aval (fournisseurs, sous-traitants...).

Contrairement à l'Allemagne, mais de manière très similaire au Royaume-Uni car la mondialisation n'a en rien aboli les différents modèles de capitalisme, l'organisation de l'espace national par les firmes repose, pour des raisons géohistoriques depuis les années 1960, sur un puissant tryptique : *hiérarchisation, ségrégation socio-fonctionnelle* et *stratégie d'évitement.* Il produit au total un système territorial à la fois très intégré mais selon des logiques fragmentaires particulièrement puissantes.

Ce phénomène renvoie à la fois à l'histoire économique et productive contemporaine du Grand Vingtième siècle, telle que l'ont étudiée des historiens comme J.-C. Asselain ou J. Marseille et, tout autant, à l'histoire politique et sociale et aux compromis qui permirent la refondation et l'enracinement du système républicain à la fin du XIXe siècle (radicalisme, poids du monde rural et paysan, rôle de la rente, isolement de la classe ouvrière...).

**Tableau 1.5 L'organisation fonctionnelle et technique des firmes**

| Fonction | Type d'établissement | Type d'espace |
|---|---|---|
| Administration, gestion | Siège social | Quartiers d'affaires des métropoles |
| Recherche & Développement | Centre de recherche | Périphéries métropolitaines immédiates, zones dites technopolitaines |
| Fabrication | Usine | Très diversifié selon la branche |
| Commercial, vente, maintenance | Bureaux, ateliers, entrepôts | Périphéries des grandes villes |
| Logistique transport | Entrepôts | Périphéries des grandes villes, zones aéroportuaires et portuaires, grands corridors de transports |

Dans cette dynamique, l'affirmation impériale et la colonisation – qui ne s'achève qu'en 1962 avec l'indépendance de l'Algérie – ont joué un rôle structurant dans l'organisation du capital industriel et financier et dans la structuration du territoire et de la société. Au tournant des années 1960, la fin de la reconstruction, le retour en Europe et le recours à l'Europe avec le lancement du projet communautaire pour refonder les bases de la puissance après la perte de l'Empire qui fait dorénavant de la France une puissance moyenne, se traduisent par un processus de modernisation incomplet et inégal, ségrégé et fragmentaire et, au total, relativement extensif. Dans celui-ci, l'État – pourtant si souvent critiqué pour son caractère « colbertien » – joue un rôle économique, financier, industriel, scientifique, technologique et territorial majeur, en large osmose avec les grands groupes les plus modernes de plus en plus internationalisés. Mais l'évolution de la construction communautaire, la création du marché unique puis de l'euro et l'importance des transferts de souveraineté consentis depuis la décennie 1990 expliquent en partie les difficultés actuelles rencontrées dans la refondation de l'action publique.

### *Les logiques de hiérarchisation*

Premièrement, la répartition des branches et des activités, des fonctions productives et de la main-d'œuvre dans l'espace, s'inscrit dans des *logiques de hiérarchisation.* Elles s'articulent sur un couple séparation/interconnexion entre bassins d'emplois et entre tissus productifs régionaux comme l'illustrent très bien, par exemple, le système agricole français (intensif/extensif...), l'opposition entre branches techniciennes et branches déqualifiées (aéronautique/textile) ou la hiérarchie urbaine comme nous le verrons par la suite (chap. 3).

### *Les ségrégations socio-fonctionnelles*

Deuxièmement, cette hiérarchisation s'appuie, depuis la croissance des Trente Glorieuses et les stratégies de décentralisation industrielle des années 1960-1980, sur des logiques de *ségrégations socio-fonctionnelles* d'une vivacité exceptionnelle. C'est ainsi, par exemple, que la mobilisation par l'industrie française de l'emploi ouvrier non qualifié reposa sur deux logiques opposées mais complémentaires : aux emplois non qualifiés, fortement féminins et largement ruraux de la France de l'Ouest (*cf.* électronique, automobile...), répondait la mobilisation d'une main-d'œuvre masculine, déqualifiée et immigrée dans la France industrielle du Nord-Est. Ainsi, dans l'automobile, aux usines d'immigrés d'Île-de-France (Billancourt, Talbot Poissy, Citroën Aulnay) répondaient les usines de la Basse-Seine (Sandouville), de l'Ouest (Rennes) ou du Nord, mobilisant un emploi rural déqualifié.

Si cette structure ségrégée est aujourd'hui en crise systémique, elle oppose encore très largement emplois ouvriers et emplois d'ingénieurs, techniciens et cadres, branches de haute technologie et industries traditionnelles, emplois qualifiés métropolitains et emplois ruraux non qualifiés. Loin d'être obsolète, elle demeure aujourd'hui l'une des principales clefs de compréhension des différentes trajectoires productives. D'autant que ces vingt dernières années, elle s'est largement diffusée à de nouveaux secteurs (*cf.* développement, localisation et délocalisation des centres d'appel). Ainsi, dans les *fonctions périproductives* s'opposent *fonctions stratégiques*, employant de nombreux cadres et ingénieurs, et *fonctions périproductives banales*, mobilisant des centaines de milliers d'employés ou d'ouvriers peu ou non qualifiés (nettoyage, gardiennage...), alors que dans le commerce, le développement des grandes surfaces des groupes de la grande distribution se caractérise par l'explosion, là aussi, des processus de déqualification et de taylorisation des tâches.

### *Les stratégies d'évitement*

Troisièmement, enfin, hiérarchisation et ségrégation ont débouché sur de larges *stratégies d'évitement* fonctionnant à toutes les échelles et reposant sur trois piliers :

1. les représentations culturelles dominantes des élites déclassant telle ou telle filière de formation, qualification, fonction, profession ou portion d'espace, un processus que l'on retrouve aussi largement dans les stratégies résidentielles et les logiques de ségrégations urbaines ;

2. les logiques de gestion salariale cherchant à instituer des monopoles d'embauche sur tel ou tel bassin d'emploi afin d'éviter une concurrence qui se

traduirait par des hausses salariales *via*, en particulier, la création de « cellules monopolistiques » dépendantes d'un seul acteur – entreprise ou branche – qui y devient un agent majeur d'organisation de l'espace productif : textile vosgien, Moulinex en Basse-Normandie, sidérurgie en Lorraine, Michelin en Auvergne… ;

3. la bipolarisation sectorielle de l'industrie entre branches tayloriennes et branches techniciennes.

Ces stratégies d'évitement ont constitué trois grands types d'espaces : les anciennes régions d'industrie de base de l'arc du Nord et Nord-Est se déployant de Dunkerque à la Franche-Comté, les régions d'industries de main-d'œuvre taylorisées du Grand Bassin parisien et du Grand Ouest et, enfin, les régions d'industries techniciennes articulées aux grands programmes sectoriels étatiques (armement, aéronautique, nucléaire civil et militaire, composants électronique et informatique, télécommunications) en Île-de-France et dans certaines métropoles provinciales (Grenoble, Aix/Marseille, Montpellier, Toulouse, Bordeaux, Rennes). Seule la région Rhône-Alpes, et son cœur lyonnais, a échappé à cette stratégie pour des raisons historiques, en disposant d'un réel tissu productif complet et bien articulé par de fortes cohérences internes qui en fait aujourd'hui la première région industrielle et la deuxième économie régionale après l'Île-de-France.

Ces stratégies d'évitement se retrouvèrent à toutes les échelles comme en témoignent les cas de l'Île-de-France et du Nord. En Île-de-France, les hautes technologies s'implantèrent essentiellement dans l'ouest et le sud-ouest de l'agglomération, délaissant le nord et le nord-est, plus ouvrier et organisé alors par les industries mécaniciennes. Cette césure géographique et socio-fonctionnelle déboucha en France sur l'impossible rencontre entre l'électronique et la mécanique dans la robotique et les automatismes, pourtant si stratégiques, au grand bénéfice de l'Allemagne et du Japon. Initiée dans les années 1950-1960, cette césure fonctionnelle francilienne n'a cessé depuis de s'approfondir et est l'un des facteurs déterminants de la crise sociale et urbaine francilienne. Dans le Nord-Pas-de-Calais, le tissu productif est d'une réelle puissance et d'une grande diversité puisqu'il représente 5 % du PIB national en 2011, soit un poids sensiblement supérieur au Midi-Pyrénées ou à la Bretagne sur un espace bien plus restreint. Sa grande faiblesse structurelle réside dans le fait que l'espace régional fut et demeure largement constitué de monopoles territoriaux à la fois spécialisés, mais juxtaposés et trop peu intégrés – Valenciennois, Maubeuge, Lille-Roubaix-Tourcoing, Bassin houiller, Boulogne, Calais, Dunkerque – qui entrent parfois en crise les uns après les autres alors que la métropolisation lilloise opère aujourd'hui globalement au détriment du reste de l'espace régional.

## Métropoles, métropolisation et « économies d'archipels »

La ville et l'urbain sont au cœur de l'organisation productive, sociale et politique du pays, et la hiérarchie urbaine est une clef majeure de l'organisation du territoire national, en particulier à travers le *processus de métropolisation*. Celui-ci peut être défini comme le processus de polarisation croissante des facteurs productifs et de la reproduction les plus rares et les plus stratégiques dans le haut de la hiérarchie urbaine. Si le processus de métropolisation est aujourd'hui un phénomène général dans le monde, il prend en France un caractère particulièrement marqué ces trente dernières années. Il permet en effet de résoudre, au moins partiellement, les contradictions accumulées par un système de croissance, comme nous l'avons vu, particulièrement fragmentaire et relativement extensif (faiblesse de l'investissement productif et de l'effort d'innovation des entreprises privées, goulets d'étranglement dans la formation initiale et continue, déficit en ingénieurs et cadres hautement qualifiés...).

L'opposition fonctionnelle Paris/Province constitue une première clef d'analyse dont les bases géohistoriques trouvent leurs racines dans les modalités de la construction de l'État, de la nation et du territoire national par la royauté à partir de Paris dès le Moyen Âge. Dans les décennies 1950-1980, la primatie francilienne se renforce sensiblement avec la nette polarisation des fonctions de commandement, de gestion et de conception sur la région-capitale. Ce processus explique que l'équipe GSP Strates va identifier trois grands types d'espaces régionaux : le Grand Nord et Nord-Est (Nord-Pas-de-Calais, Ardennes, Lorraine, Alsace, Franche-Comté) aux structures spécifiques, le Grand Bassin parisien et au-delà toute la partie septentrionale du pays sur lesquels s'étend l'influence directe de Paris et, enfin, la *France autonome* (Rhône-Alpes, PACA, Languedoc, Midi-Pyrénées, Aquitaine, Bretagne) qui dispose de marges de manœuvre spécifiques, liées à la fois à la distance, aux héritages historiques et à la dynamique propre de ses spécialisations productives et fonctionnelles.

L'organisation des systèmes productifs régionaux par les villes, et tout particulièrement leurs grandes métropoles, est une seconde clef d'analyse. Comme le souligne F. Damette dans *La France en villes :* « Les régions sont "armées" par un réseau urbain. Au sein de ces réseaux, le poids des métropoles s'est accru sous l'effet de l'internationalisation ; mais la métropole se définit en premier lieu par rapport à l'espace qu'elle "métropolise", à sa base régionale. Rien ne serait plus dangereux que de penser les villes et surtout les métropoles en dehors de leurs assises territoriales » [1995, p. 14]. Dans ce cadre, on va vu fleurir ces deux dernières décennies la métaphore des « économies d'archipels » pour caractériser l'insertion des économies métropolitaines dans la mondialisation. Mais que serait Londres sans le Grand Bassin londonien et le Royaume-Uni, New York sans la Mégalopolis de la Côte Est et l'immense Mainland, Shanghai sans le gigantesque hinterland du Yangtsé, et Paris sans le Grand Bassin parisien et la France ?

Enfin, comme le souligne L. Davezies en critiquant certains développements du courant représenté par la « Nouvelle Économie géographique », des économies urbaines en bonne santé sont la condition *sine qua non* de la croissance nationale. Les logiques de hiérarchisation, de ségrégation et d'évitement du modèle territorial français se traduisent dans les métropoles, en particulier l'Île-de-France, mais aussi en province (Marseille, Lille, Lyon, Grenoble...), par des processus de déséconomie d'agglomération et des dysfonctionnements croissants qui en font des lieux de crises sociales, économiques et urbaines, des espaces de croissance sans développement. La montée des processus d'exclusion, très sensible cette dernière décennie, s'articule en effet étroitement à la ségrégation spatiale des ménages, des emplois, des fonctions et des entreprises. Ce processus d'évitement repose sur une mise à distance comme l'ont étudié les sociologues M. et M. Pinçon-Charlot pour Paris, ou comme l'analyse F. Damette avec le passage en un siècle en Île-de-France d'une « ségrégation associée » à une « ségrégation dissociée ». Dans cette perspective, la question des échelles d'analyse joue un rôle déterminant : en effet, les processus de convergence (PIB, PIB/habitant, chômage...) apparaissant à petite échelle (région, département) masquent très souvent un maintien, voire une forte accentuation, des inégalités à grande échelle (quartiers, communes, agglomérations).

Un développement efficient du système productif français passe donc par une refondation de son modèle métropolitain. Comme le souligne toujours L. Davezies dans ses travaux, il convient à la fois de développer le caractère productif des territoires résidentiels et d'opérer une résidentialisation des territoires productifs. Alors que la crise métropolitaine repose sur l'incapacité d'associer densité, fluidité, massivité et aménités résidentielles, et sur l'explosion des différentiels territoriaux de coûts de la vie (prix du foncier et des logements, transports, accès aux services...) qui se traduisent par un brutal effet d'éviction des zones centrales des fonctions productives moyennes ou banales et des catégories sociales populaires, il faut rendre aux habitants métropolitains une part des bénéfices de la métropolisation tout en s'interrogeant sur les coûts de la périurbanisation à la fois résidentielle et des activités.

## Économie, territoires et action publique : potentiel, tissu et système productifs

L'analyse géographique du système productif national et des systèmes productifs régionaux se heurte à un certain nombre de difficultés, l'un d'ordre méthodologique, le second d'ordre géopolitique.

**Au plan méthodologique**, la question centrale est celle des échelles d'analyse mobilisées. Si l'échelle nationale est la plus valide, du fait du caractère structurant du cadre national dans l'organisation et le pilotage du système productif par l'État et surtout les firmes, celle-ci doit aussi être intégrée aux échelles européenne – en particulier communautaires qui jouent un rôle de plus en plus considérable (politique, règlementaire, financier et monétaire, social...) – et mondiale. À partir de l'échelle nationale, il est sans doute possible d'identifier des tissus productifs régionaux, au sens de régions géographiques et non administratives, dont les articulations fonctionnelles et les spécialisations sectorielles sont organisées et polarisées par un certain nombre de métropoles. Dans un système réticulaire mobilisant de nombreux acteurs et inséré dans des jeux d'emboîtements d'échelles multiples, le principal défi posé est d'identifier un contenant suffisamment structuré et solidaire, et d'en saisir les limites spatiales. En revanche, il semble impossible d'identifier de manière opératoire des systèmes productifs locaux, ou SPL. Si les acteurs économiques ou institutionnels (*cf.* DATAR) se sont souvent inspirés ces deux dernières décennies d'exemples étrangers, en particulier italiens, pour promouvoir les SPL (vallée de l'Arve et décolletage, Oyonnax et la plasturgie/lunetterie...), il s'agit en l'occurrence, pour être exact, de sous-cellules micro-régionales fonctionnellement ou sectoriellement spécialisées par des tissus de PME fortement intégrées à un système régional ou national, en particulier par la sous-traitance. Dans ce cadre, il convient donc de clarifier les terminologies en mobilisant à l'échelle locale le terme de *potentiel productif*, à l'échelle sub-régionale le terme de *tissu productif*, et aux échelles régionales et à l'échelle nationale le terme de *système productif*.

**Au plan géopolitique**, la seconde difficulté s'explique fondamentalement par le fait qu'il n'y a pas concordance entre le pavage administratif et politique de l'espace national par les 22 régions et les départements d'un côté, et la construction des territoires de l'économie et de la société de l'autre ; tout simplement parce que les logiques d'organisation et d'action ne sont pas les mêmes. C'est ainsi qu'une enquête réalisée dans les années 2000 auprès des 100 plus grandes firmes françaises montrait que 98 % d'entre elles découpaient pour leurs activités la France en cinq, six ou sept grandes régions dont les sièges régionaux des fonctions de gestion étaient localisées dans les métropoles. Il convient en particulier de rappeler que le découpage actuel des 22 régions, datant de juin 1955, a été opéré dans l'urgence, sur un coin de table, pour des raisons politiques et administratives (cadre régional pour l'application du Plan) par une poignée de hauts fonctionnaires de l'État dirigée par J. Vergeot, sans études régionales sérieuses et en s'inspirant largement de la carte des Igamies (maintien de l'ordre) et des régions militaires à la demande du gouvernement E. Faure comme l'étudie J.-M. Miossec dans *Géohistoire de la régionalisation en France* (PUF, 2013). Progressivement, ce découpage s'est induré alors que le processus de déconcentration de l'État et de l'action publique transférait aux collectivités régionales des responsabilités croissantes.

**Au plan méthodologique**, les données statistiques sont produites par un appareil administratif de grande qualité, grâce aux travaux de l'INSEE, qui repose fondamentalement sur les encadrements administratifs traditionnels (communes, départements, régions). Face à l'incapacité de ceux-ci à bien prendre en compte les mutations contemporaines, l'INSEE a été contraint ces dernières décennies de se doter de nouveaux outils d'analyse comme les *zones d'emploi* ou les *aires urbaines* qui transcendent, au moins partiellement, les entités statistiques administratives classiques. Il est donc nécessaire de mobiliser l'ensemble de ces outils pour disposer d'une approche fondée des dynamiques productives.

**La « révolution des territoires »**. En trente ans et depuis les lois de décentralisation engagées dans les années 1980, la France a connu une véritable « révolution des territoires » qui se caractérise par d'importants transferts de compétences aux collectivités territoriales (intercommunalités, départements : actions sociales, régions : lycées et formation professionnelle, transport, développement économique...). Celles-ci jouent dorénavant un rôle non négligeable dans l'encadrement et le développement productif et social de leurs territoires de gestion et d'action (financement de la recherche et des universités, aides à l'exportation, cofinancement des nouvelles lignes TGV et des TER, soutien au logement, à l'emploi, à la culture...).

Aujourd'hui, les collectivités territoriales réalisent 75 % des investissements publics, emploient 1,8 million d'actifs et, en 2011, la fiscalité locale assurait 117,2 milliards d'euros de ressources aux collectivités, dont 55 % à l'échelle locale, 35 % aux Départements et seulement 10 % aux Régions. Si certaines régions articulent une vraie cohérence interne entre structures administratives, identitaires et productives (Nord-Pas-de-Calais, Alsace, Aquitaine), d'autres sont plus fragiles ou incomplètes (Rhône-Alpes, Midi-Pyrénées, Limousin, Auvergne...), tandis que certaines, enfin, s'avèrent peu cohérentes, en particulier celles qui couvrent le Grand Bassin parisien de plus en plus largement polarisé par Paris. Face à ces enjeux, la refonte et le redécoupage de ces entités reviennent régulièrement dans l'actualité politique (Quid de Nantes et de la Loire-Atlantique ? Quid de la réunion des deux Normandie ? ...), alors que l'exigence d'une coordination interrégionale dans l'aménagement et le développement productif du Grand Bassin parisien refait régulièrement surface. Plus généralement, la question de la gouvernance des territoires de l'action publique par les collectivités territoriales est un vaste chantier particulièrement sensible.

Chapitre 2

# Les mutations du système productif : cadrage général

Après avoir présenté dans le premier chapitre les nouveaux enjeux épistémologiques, méthodologiques et conceptuels débouchant sur la définition du concept de système productif puis quelques clefs d'analyse concernant les articulations entre économie, société et territoire, ce deuxième chapitre présente une analyse générale des mutations du système productif national. Il est construit autour de trois grandes approches faisant système : la production de richesses, qui est au fondement même des systèmes productifs ; le travail, l'emploi, les salaires et qualifications, qui définissent et caractérisent la mobilisation de la société et la structuration socio-économique des territoires ; l'insertion de la France dans la mondialisation qui est la trame de fond explicative des mutations économiques, sociales et territoriales des dernières décennies.

## La production de richesse : disparités et concentration

### L'évolution du PIB : les grands moteurs de l'économie nationale

#### *L'évolution du PIB : croissance, crise et recompositions régionales*

Ces vingt dernières années, la richesse nationale produite en France métropolitaine par les entreprises, les administrations publiques et les ménages, saisie à travers le produit intérieur brut (PIB), augmente de + 36 % en monnaie constante. Le PIB par habitant augmente pour sa part de + 22 % ; écart dû à la croissance démographique de la période. Sur les 32 658 milliards d'euros constants de richesses produits en vingt ans, 81 % sont consacrés aux dépenses de consommation finale, dont 68 % vont aux ménages et 32 % à la dépense publique. Sur les 19 % consacrés à l'investissement, soit 6 068 milliards, 55,5 % sont réalisés par les entreprises, 27,5 % par les ménages (rôle de l'immobilier) et 17 % par l'État. Après une croissance sensible jusqu'en 2007, le PIB connaît depuis une quasi-stagnation du fait de la crise qui se traduit en particulier par un recul des investissements des entreprises, des dépenses publiques et de la consommation des ménages, une première depuis 1993.

Cette période est marquée par des trajectoires régionales contrastées et une hausse sensible des disparités entre territoires, régions et entre grands ensembles régionaux. Les quatre premières régions réalisent la moitié du PIB national et les dix premières 75 %. En vingt ans, l'Île-de-France, en captant un tiers de la croissance nationale, renforce son poids économique en bénéficiant à plein de son statut métropolitain exceptionnel et de son rôle de pilotage de l'économie nationale. À l'inverse, on assiste à la montée des difficultés du Grand Bassin parisien qui traduit la fragilité de ses structures productives, en particulier industrielles, fondées sur une division du travail régionale qui fut largement taylorienne, et est aujourd'hui bouleversée par la crise. Au sein du Grand Bassin parisien se trouve aujourd'hui réactivée la césure, renforcée dans les années 1960-1980, entre un versant nord-est plus déqualifié (Picardie, Champagne, Bourgogne) et un versant sud-ouest plus qualifié (Centre). Pour autant, ce grand ensemble régional réunissant la région-capitale et son aire directe d'influence représente toujours près de la moitié de l'économie nationale.

Alors que la région Rhône-Alpes demeure la deuxième région économique et fait preuve d'un réel dynamisme, grâce à une base productive diversifiée et de qualité polarisée par Lyon et Grenoble, on assiste à la montée du Grand Sud-Est, en particulier du Languedoc porté par Montpellier, et du Grand Ouest, en particulier des Pays-de-la-Loire et de Nantes, et de la Bretagne et de Rennes. Enfin, malgré un poids économique en retrait par rapport aux deux précédentes, le Grand Sud-Ouest, polarisé par Bordeaux et Toulouse, connaît lui aussi une croissance sensible. Au total, cette *France autonome* réalise 43 % de la croissance économique nationale et représente 41 % de l'économie nationale. À l'opposé, le Grand Nord-Est se caractérise par une croissance sensiblement plus faible, en particulier en Lorraine et en Franche-Comté, et par un recul de son poids relatif qui témoigne de la crise structurelle d'une partie de sa base économique, en particulier productive, et des difficultés de son système métropolitain à servir de réels pôles de croissance (Lille, Nancy, Metz). Enfin, le Massif central, organisé par Clermont-Ferrand et Limoges, demeure dans une position relativement marginale et fragile.

**Tableau 2.1 Vingt ans d'évolution du PIB en valeur (en millions d'euros et %)**

| | 1990 | 2011 | Différence | Diff. en % | % croissance nationale | % 1990 | % 2011 |
|---|---|---|---|---|---|---|---|
| France | 1 013 563 | 1 960 654 | 947 091 | 93 | 100 | 100 | 100 |
| Île-de-France | 293 114 | 607 439 | 314 325 | 107 | 33 | 28,9 | 31 |
| Grand Bassin parisien | 163 140 | 271 222 | 108 082 | 66 | 11 | 16 | 14 |
| Centre | 39 039 | 65 363 | 26 325 | 67 | 3 | 3,9 | 3,3 |
| Haute-Normandie | 28 697 | 49 520 | 20 823 | 73 | 2 | 2,8 | 2,5 |
| Picardie | 27 343 | 44 843 | 17 500 | 64 | 2 | 2,7 | 2,3 |
| Bourgogne | 25 358 | 41 754 | 16 396 | 65 | 2 | 2,5 | 2,1 |
| Basse-Normandie | 20 598 | 35 066 | 14 468 | 70 | 2 | 2 | 1,8 |
| Champagne-Ardenne | 22 105 | 34 676 | 12 570 | 57 | 1 | 2,2 | 1,8 |
| IDF + Grand Bassin parisien | 456 254 | 878 661 | 422 407 | 93 | 45 | 45 | 45 |
| Rhône-Alpes | 97 330 | 192 882 | 95 553 | 98 | 10 | 9,6 | 9,8 |
| Grand Ouest | 108 907 | 222 280 | 113 373 | 104 | 12 | 11 | 11 |
| Pays-de-la-Loire | 46 292 | 97 754 | 51 461 | 111 | 5 | 4,6 | 5 |
| Bretagne | 39 793 | 80 997 | 41 204 | 104 | 4 | 3,9 | 4,1 |
| Poitou-Charentes | 22 822 | 43 529 | 20 708 | 91 | 2 | 2,3 | 2,2 |
| Grand Sud-Est | 103 167 | 214 722 | 111 555 | 108 | 12 | 10 | 11 |
| PACA | 70 191 | 143 680 | 73 489 | 105 | 8 | 6,9 | 7,3 |
| Languedoc-Roussillon | 29 593 | 62 978 | 33 384 | 113 | 4 | 2,9 | 3,2 |
| Corse | 3 382 | 8 064 | 4 682 | 138 | 1 | 0,3 | 0,4 |
| Grand Nord-Est | 136 370 | 236 575 | 100 204 | 73 | 11 | 13 | 12 |
| Nord-Pas-de-Calais | 55 186 | 100 112 | 44 925 | 81 | 5 | 5,4 | 5,1 |
| Lorraine | 34 528 | 55 140 | 20 612 | 60 | 2 | 3,4 | 2,8 |
| Alsace | 29 630 | 52 811 | 23 181 | 78 | 2 | 2,9 | 2,7 |
| Franche-Comté | 17 026 | 28 512 | 11 487 | 67 | 1 | 1,7 | 1,5 |
| Sud-Ouest | 81 218 | 165 141 | 83 923 | 103 | 9 | 8 | 9 |
| Aquitaine | 43 575 | 87 498 | 43 923 | 101 | 5 | 4,3 | 4,5 |
| Midi-Pyrénées | 37 643 | 77 643 | 40 000 | 106 | 4 | 3,7 | 4 |
| Massif central | 30 318 | 50 393 | 20 076 | 66 | 2 | 3 | 3 |
| Auvergne | 19 741 | 33 125 | 13 384 | 68 | 1 | 1,9 | 1,7 |
| Limousin | 10 577 | 17 268 | 6 691 | 63 | 1 | 1 | 0,9 |

Source : INSEE, 2013.

La rupture introduite par la crise ouverte en 2007 pénalise d'abord les régions péricentrales du Grand Bassin parisien (Poitou-Charentes, Centre, Bourgogne, Picardie, Champagne-Ardenne) et du nord-est industriel (Lorraine, Franche-Comté) directement frappées par la crise industrielle face à la relative bonne résistance de la moitié Sud du pays et de la Bretagne. Si le système productif français se révèle relativement résilient lors du choc de 2008-2009 face aux effondrements des systèmes bancaires, financiers, immobiliers et industriels britannique, grecs, portugais, irlandais ou espagnol, il révèle depuis de grandes fragilités.

Au total, la recomposition des bases économiques régionales de ces vingt dernières années accélère les logiques apparues dès le milieu des années 1970 et témoigne du caractère structurel des défis posés au système productif national dans son insertion européenne et mondiale. Ces trajectoires régionales s'expliquent à la fois par la différence des structures productives, fonctionnelles et sectorielles, et par la plus ou moins grande capacité des territoires à valoriser leurs ressources disponibles, à faire face aux mutations du schéma productif et à s'insérer dans la mondialisation. Dans ces dernières, interviennent le taux d'activité (degrés de mobilisation de la population par le marché du travail), le taux d'emploi (capacités à fournir un emploi à la population) et le PIB par emploi (productivité et valeur ajoutée des activités).

### *L'évolution du PIB par emploi : une mesure de la performance des structures régionales*

Le PIB par emploi, qui mesure la richesse annuelle créée par un actif travaillant, permet de comparer les performances et l'efficacité des différentes économies régionales, ce que ne permet pas le PIB par habitant pourtant si souvent utilisé dans les comparaisons régionales. Les disparités interrégionales de PIB par emploi, qui mesure donc la productivité globale de la main-d'œuvre, non seulement demeurent significatives mais s'accroissent sensiblement en vingt ans.

La première caractéristique réside dans le très fort différentiel existant en Île-de-France et le reste du territoire national, la productivité francilienne augmentant de + 75 % en vingt ans : un francilien produit un tiers de richesses supplémentaires. On retrouve là, d'un côté, le poids de la spécialisation fonctionnelle (commandement, innovation...), sectorielle (services périproductifs) et dans les hautes qualifications, et de l'autre, l'importance des processus d'agglomération et de concentration. À la suite, les régions les plus productives sont la Provence-Alpes-Côte d'Azur, la Rhône-Alpes, la Haute-Normandie et l'Alsace. À l'opposé, si la situation du Limousin ou de la Basse-Normandie n'est pas une surprise, la médiocrité du score de la Bretagne ou de la région Midi-Pyrénées témoigne de la juxtaposition de structures internes très contrastées, en particulier pour le second où l'arbre toulousain à parfois tendance à masquer la forêt. Ces trajectoires s'expliquent par la modification de la structure par branches de la valeur ajoutée comme en témoignent la Lorraine, la Picardie ou la Haute-Normandie qui, face aux crises de leurs industries, ne parviennent pas à se repositionner sur de nouvelles activités motrices.

**Tableau 2.2 Évolution du PIB par emploi (en euros et %)**

| | 1990 | 2011 | Différence | Diff. en % | 1990 base 100 | 2011 base 100 |
|---|---|---|---|---|---|---|
| Île-de-France | 57 584 | 101 065 | 43 481 | 76 | 126 | 136 |
| **Moyenne France** | **45 673** | **74 334** | **28 661** | **63** | **100** | **100** |
| PACA | 46 176 | 72 157 | 25 981 | 56 | 101 | 97 |
| Rhône-Alpes | 44 940 | 71 624 | 26 684 | 59 | 98 | 96 |
| Haute-Normandie | 43 846 | 69 832 | 25 986 | 59 | 96 | 94 |
| Alsace | 46 684 | 68 937 | 22 253 | 48 | 102 | 92 |
| Picardie | 43 632 | 66 845 | 23 213 | 53 | 95 | 90 |
| Aquitaine | 41 340 | 66 752 | 25 412 | 61 | 90 | 90 |
| Nord-Pas-de-Calais | 42 762 | 65 975 | 23 213 | 54 | 93 | 88 |
| **Moyenne Province** | **42 314** | **66 702** | **24 388** | **58** | **92** | **89** |
| Languedoc-Roussillon | 41 966 | 65 689 | 23 723 | 57 | 92 | 88 |
| Pays-de-la-Loire | 39 626 | 65 344 | 25 718 | 65 | 86 | **88** |
| Champagne-Ardenne | 42 461 | 65 252 | 22 791 | 54 | 93 | **88** |
| Centre | 42 466 | 65 144 | 22 678 | 53 | 93 | 87 |
| Midi-Pyrénées | 40 281 | 65 050 | 24 769 | 61 | 88 | 87 |
| Lorraine | 42 894 | 64 995 | 22 101 | 52 | 94 | 87 |
| Bourgogne | 41 703 | 64 441 | 22 738 | 55 | 91 | 86 |
| Franche-Comté | 41 297 | 63 786 | 22 489 | 54 | 90 | 86 |
| Poitou-Charentes | 39 707 | 62 864 | 23 157 | 58 | 87 | 84 |
| Auvergne | 40 041 | 62 746 | 22 705 | 57 | 87 | 84 |
| Bretagne | 38 303 | 62 414 | 24 111 | 63 | 84 | 84 |
| Limousin | 38 358 | 60 822 | 22 464 | 59 | 84 | 82 |
| Basse-Normandie | 37 925 | 60 619 | 22 694 | 60 | 83 | 81 |

Source : INSEE, 2013.

### *Économies, territoires et interdépendances : production de richesses et transferts*

Cette production de richesses doit aussi être rapportée à la géographie des revenus. Comme nous l'avons vu (chap. 1, figure 1.1), cette géographie s'inscrit dans les interdépendances systémiques – *via* en particulier la puissance des transferts publics – existantes entre les territoires de la production de richesses et les territoires de la consommation de richesses, entre les territoires dominés par la sphère productive et les territoires dominés par la sphère de la reproduction sociale. Ce phénomène explique la déconnection entre la progression du revenu disponible brut des ménages (RDB) par habitant et celle du PIB par emploi. Si les revenus d'activités jouent un rôle majeur dans la France du Nord et les grandes aires urbaines, les revenus de transferts, ou prestations en espèces, jouent un rôle majeur dans une large partie de la France du Sud, en Bourgogne et au Poitou-Charentes (fig. 1.1)...

Pour saisir l'ampleur et l'organisation de ces transferts, il faut donc d'abord distinguer les revenus initiaux (1 558 milliards d'euros, salaires, traitements, revenus mixtes) produits par les activités économiques : ils sont fort polarisés puisque l'IDF en réalise 23,5 % et les cinq premières régions 52 % (Rhône-Alpes, PACA, Nord, Pays-de-la-Loire). Ces revenus sont l'objet d'un prélèvement de 20 % en moyenne par l'État, mais cette géographie est très sélective : à elle seule, la région/capitale voit 22,6 % de ses revenus prélevés et elle contribue à 28 % des prélèvements totaux, largement devant la Rhône-Alpes et la PACA. Enfin, le revenu disponible brut (RDB) est le solde entre les revenus initiaux, les prélèvements opérés et les redistributions (retraites et pensions, allocations, minimas sociaux...) réalisées par l'État. La comparaison entre le PIB par emploi, les revenus initiaux et le RDB montre la différence entre d'un côté, la richesse créée localement, et de l'autre la richesse redistribuée par transferts. La géographie du RDB par habitant, sensiblement plus homogène que celle de la production de richesses, témoigne donc de l'importance et de l'efficacité des mécanismes nationaux de redistribution. Les régions, et les espaces infra-régionaux, en particulier métropolitains, les plus riches et les plus dynamiques concourent donc très largement d'un côté au financement de l'État et de la sphère de la reproduction sociale, de l'autre à l'effort national de solidarité vers les espaces périphériques en difficultés.

Sans rentrer dans le détail de l'ensemble des postes de la comptabilité nationale et régionale, la simple comparaison du poids relatif dans les revenus régionaux des salaires et traitements bruts d'un côté, des prestations en espèces versées par l'État de l'autre, témoigne de l'importance en France du processus de redistribution de richesses des économies centres vers les économies périphériques. Ce système de solidarité inter-territoriale, qui est au cœur de la cohésion nationale, dépend donc du dynamisme économique et social des grandes régions économiques motrices. C'est ce système qui est aujourd'hui en difficulté du fait de l'affaiblissement structurel depuis trente ans de la sphère productive.

**Tableau 2.3 Ventilations des revenus et des prélèvements par régions (en millions d'euros et %)**

| | Revenus initiaux | % nat. | Prélèvements | % nat. | Taux des prélèvements | Revenu disponible brut | % nat. | Revenu disponible/ Revenus totaux |
|---|---|---|---|---|---|---|---|---|
| Île-de-France | 366 188 | 23,5 | 82 669 | 28,1 | 22,6 | 283 518 | 22,4 | 77,4 |
| Rhône-Alpes | 154 094 | 9,9 | 28 344 | 9,6 | 18,4 | 125 749 | 10 | 81,6 |
| PACA | 119 954 | 7,7 | 23 131 | 7,9 | 19,3 | 96 822 | 7,7 | 80,7 |
| Nord-Pas-de-Calais | 83 754 | 5,4 | 15 149 | 5,1 | 18,1 | 68 606 | 5,4 | 81,9 |
| Pays-de-la-Loire | 83 199 | 5,3 | 14 524 | 4,9 | 17,5 | 68 675 | 5,4 | 82,5 |
| Aquitaine | 76 792 | 4,9 | 13 898 | 4,7 | 18,1 | 62 894 | 5 | 81,9 |
| Bretagne | 74 987 | 4,8 | 12 914 | 4,4 | 17,2 | 62 073 | 4,9 | 82,8 |
| Midi-Pyrénées | 67 746 | 4,3 | 12 182 | 4,1 | 18 | 55 564 | 4,4 | 82 |
| Centre | 61 577 | 4 | 10 646 | 3,6 | 17,3 | 50 931 | 4 | 82,7 |
| L.-Roussillon | 58 586 | 3,8 | 10 342 | 3,5 | 17,7 | 48 244 | 3,8 | 82,3 |
| Lorraine | 52 197 | 3,4 | 9 011 | 3,1 | 17,3 | 43 186 | 3,4 | 82,7 |
| Alsace | 43 982 | 2,8 | 8 235 | 2,8 | 18,7 | 35 747 | 2,8 | 81,3 |
| Picardie | 43 642 | 2,8 | 7 577 | 2,6 | 17,4 | 36 066 | 2,9 | 82,6 |
| Haute-Normandie | 42 772 | 2,7 | 7 141 | 2,4 | 16,7 | 35 358 | 2,8 | 82,7 |
| Poitou-Charentes | 41 380 | 2,7 | 7 101 | 2,4 | 17,2 | 34 279 | 2,7 | 82,8 |
| Bourgogne | 38 899 | 2,5 | 6 552 | 2,2 | 16,8 | 32 347 | 2,6 | 83,2 |
| Basse-Normandie | 34 296 | 2,2 | 5 647 | 1,9 | 16,5 | 28 648 | 2,3 | 83,5 |
| Champagne-Ardenne | 30 550 | 2 | 5 435 | 1,8 | 17,8 | 25 115 | 2 | 82,2 |
| Auvergne | 32 219 | 2,1 | 5 279 | 1,8 | 16,4 | 26 940 | 2,1 | 83,6 |
| Franche-Comté | 26 623 | 1,7 | 4 516 | 1,5 | 17 | 22 107 | 1,7 | 83 |
| Limousin | 17 378 | 1,1 | 2 825 | 1 | 16,3 | 14 553 | 1,2 | 83,7 |
| Corse | 7 119 | 0,5 | 1 241 | 0,4 | 17,4 | 5 878 | 0,5 | 82,6 |
| **Métropole** | **1 557 935** | **100** | **294 633** | **100** | **18,9** | **1 263 302** | **100** | **81,1** |

Source : INSEE, 2013.

**Tableau 2.4 Poids des salaires et des prestations dans le revenu régional (en %)**

| | % salaires et traitements bruts | % prestations en espèces | | Salaires et traitements bruts | Prestations en espèces |
|---|---|---|---|---|---|
| Île-de-France | 71,8 | 25,1 | PACA | 55,7 | 33,9 |
| Alsace | 62,4 | 31,7 | Aquitaine | 54,6 | 34,5 |
| Nord-Pas-de-Calais | 60,8 | 35,1 | Champagne-Ardenne | 54,6 | 35,9 |
| Rhône-Alpes | 59,8 | 31,2 | Bretagne | 53,8 | 34,3 |
| Haute-Normandie | 59 | 33,4 | Bourgogne | 51,9 | 36,7 |
| **Métropole** | **59,6** | **32,3** | Basse-Normandie | 51,3 | 37,2 |
| Picardie | 58,5 | 33,7 | Corse | 50,9 | 33,1 |
| Lorraine | 57,6 | 34,5 | Languedoc-Roussillon | 50,7 | 37,7 |
| Pays-de-la-Loire | 56,8 | 34,7 | Poitou-Charentes | 50,4 | 37,6 |
| Midi-Pyrénées | 56,1 | 33,8 | Auvergne | 49,8 | 37,3 |
| Franche-Comté | 55,8 | 34,5 | Limousin | 48,1 | 37,9 |
| Centre | 55,7 | 34,9 | | | |

Source : INSEE, 2013.

## Richesses et revenus : la montée des inégalités socio-économiques et salariales

### *Mutations, financiarisation et explosion des inégalités*

Si la France a globalement connu une sensible progression de la richesse créée ces dernières décennies, comment se répartit socialement, économiquement et territorialement celle-ci ? Sous les effets à la fois de la mondialisation, de l'hypertrophie des marchés financiers et des politiques néolibérales mises en œuvre ces dernières décennies, la France a connu une forte montée de ses inégalités socio-économiques et territoriales (salaires et revenus, patrimoine économique, social et éducatif, logement et santé...), et ce à toutes les échelles géographiques puisque les inégalités de revenus se révèlent aux échelles fines de l'aire urbaine et de la commune, voire parfois du quartier.

Comme le souligne l'économiste T. Piketty dans *Le capital au XXI*e *siècle* publié en 2013, les grands pays développés, dont la France, tendent à retrouver des niveaux d'inégalités équivalents à ceux du début du XXe siècle. Ce processus inégalitaire participe de la crise du lien social, de l'atomisation de la société et de la fragmentation des territoires, sociaux et productifs. À l'enrichissement des ménages déjà les plus riches répond des processus de fragilisation, de paupérisation et d'exclusion des catégories déjà les plus fragiles (2,4 millions de bénéficiaires et 4,5 millions de personnes couvertes par le RSA en 2011) alors que les couches moyennes salariées voient leurs conditions salariales stagner ou se détériorer. Si le taux de pauvreté tombe de 17,9 à 13,4 % de la population entre 1970 et 1984, il remonte à 14 % en 2010 alors que le nombre de pauvres (seuil de 60 % du revenu médian) tombe de 8,6 à 7,2 millions entre 1970 et 1984 pour remonter à 8,6 en 2010. Ces hiérarchies sont étroitement corrélées aux catégories socioprofessionnelles : un cadre dispose d'un niveau de vie médian deux fois supérieur à un ouvrier non qualifié.

### La géographie de l'ISF, l'impôt sur la fortune

Créé en 1982, l'ISF (impôt sur les grandes fortunes) est un impôt spécifique sur la fortune payé par les plus riches contribuables dont le seuil d'entrée est de 1,3 million d'euros en janvier 2013. Le nombre d'assujettis passe de 192 734 foyers en 2008 à 593 900 en 2010 (+ 401 166 foyers, + 208 %), en particulier du fait de l'explosion de la valeur des biens immobiliers liée à une importante bulle spéculative immobilière. Un tiers des contribuables habitent l'Île-de-France (Paris : 84 450, Neuilly : 7 600, Boulogne, Versailles, Saint-Maur), devant la Provence-Alpes-Côte d'Azur, la région Rhône-Alpes ou le Nord-Pas-de-Calais (Croix et Marcq-en-Barœul). À l'échelle métropolitaine, Lyon (7 000), Marseille (6 200), Nice (5 100), Toulouse (4 200), Nantes (3 800) et Bordeaux (3 400) occupent une place importante. La géographie de l'ISF est étroitement corrélée à la localisation résidentielle des classes dominantes.

L'explosion de ces nouvelles inégalités est un des principaux facteurs de la mutation des systèmes productifs, comme en témoigne en permanence l'actualité économique et financière portant sur la gestion de plus en plus financière des firmes, ou les débats concernant la réorientation de l'épargne de la rente vers la production et l'innovation. On distingue en France deux grands types de revenus : les revenus d'activité ou du travail (salaire, allocation chômage, pensions, retraites...) perçus par la quasi-totalité de la population d'un côté, et les revenus du capital de l'autre. Ces derniers sont eux-mêmes décomposés entre revenus du patrimoine (loyers et rentes foncières, valeurs immobilières...) qui concernent 40 % des Français, bien que de manière très inégale, et les revenus financiers exceptionnels (plus-values, levée d'options...) qui concernent 2 % des Français.

En termes de revenus, les 20 % des ménages les plus riches disposent de 38 % des revenus d'activité et les 50 % les plus riches de 69 %. Mais surtout, en termes de patrimoine, les 10 % les plus riches détiennent 48 % du patrimoine national en 2010 et les 20 % les plus riches 65 % alors qu'à l'opposé, 40 % des ménages les plus pauvres ne disposent que de 2 % du patrimoine. Ainsi donc, les revenus du patrimoine et exceptionnels concernent pour l'essentiel les plus riches. Les 10 % des Français les plus riches perçoivent 25 % des revenus d'activité (*cf.* France des très hauts salaires), 66 % des revenus du patrimoine, et surtout 80 % des revenus exceptionnels ; et pour les 1 % les plus riches respectivement 5,5 %, 33 % et 48 %. La structure française de la richesse et du pouvoir est, en ce début de XXIe siècle, formatée sur un modèle quasi-oligarchique, qui explique en partie en retour la crise du modèle et du pacte politique, social et territorial républicain.

### *Les territoires de la richesse et du commandement*

Sur la longue durée, trois facteurs clefs jouent un rôle majeur dans l'enrichissement des élites économiques et dans la dynamique des territoires où ils résident et travaillent : l'explosion des prix fonciers et immobiliers portés par les politiques publiques (*cf.* dispositifs Périssol, Besson, De Robien, Borloo, Scellier de 1995 à 2012...), la montée des profits et dividendes versés aux actionnaires qui représentent un quart de la valeur ajoutée des entreprises en 2011 au détriment des investissements (21 %) et des salaires et, enfin, l'essor prodigieux des marchés financiers qui dictent de plus en plus leurs exigences de rentabilité à un nombre croissant d'entreprises. Au final, la moitié des revenus totaux des 10 % les plus aisés sont des revenus du capital. Alors qu'en 2007, le taux d'imposition des revenus des personnes à très hauts revenus est de l'ordre de seulement 20 %, du fait de l'existence de multiples dispositifs de déductions ou réductions fiscales, le débat politique fait rage concernant l'imposition réelle des plus hauts revenus depuis une quinzaine d'années.

#### La France des très hauts salaires du privé : la polarisation parisienne

Le travail de l'INSEE sur les très hauts salaires - soit le 1 % des salariés du privé les mieux rémunérés du pays - permet de mieux connaître la géographie de la richesse et du commandement économique. En 2007, ces 133 000 personnes perçoivent un salaire annuel moyen de 215 600 €. Ce groupe social est celui qui a connu les plus fortes progressions du revenu salarié national ces dix dernières années. Il est composé à 95 % soit des dirigeants des holdings et conseils d'administration, soit des plus hauts cadres des grandes entreprises travaillant dans les fonctions financières, commerciales et techniques, soit, plus spécifiquement, dans les hauts métiers de la banque et de la finance. Géographiquement, les deux tiers se trouvent en Île-de-France où se concentre l'essentiel des sièges sociaux et des pouvoirs de commandement ; une polarisation qui s'accroît ces dix dernières années. La moitié habite dans les quartiers résidentiels bourgeois de Paris-Centre ou de l'Ouest parisien (Hauts-de-Seine, Yvelines).

En utilisant les mêmes critères de revenus, l'INSEE identifie seulement 1 200 très hauts cadres de la fonction publique, soit 5 % de l'emploi public, dont 80 % travaillent en Île-de-France et la moitié dans une administration financière (*cf.* Bercy). On trouve enfin, selon les mêmes critères, 160 000 non-salariés, essentiellement dans la santé (médecins, chirurgiens, pharmaciens), le droit (avocats, notaires) et d'autres professions libérales (conseils, architectes...). Cette catégorie est moins polarisée sur l'Île-de-France (25 %) au profit des grandes métropoles provinciales.

La géographie de la richesse et des très hauts revenus est, globalement, étroitement corrélée à la hiérarchie urbaine. La primatie francilienne joue un rôle majeur puisque 65 % des ménages les plus aisés habitent en Île-de-France devant les unités urbaines de 200 000 à 2 millions d'habitants. Les ségrégations socio-économiques et spatiales y sont particulièrement vives comme l'ont étudié les sociologues M. et M. Pinçon-Charlot. À Neuilly (92), une des communes les plus riches de France, les salaires représentent seulement 54 % des revenus des ménages devant les pensions (16,7 %) alors que les indemnités chômage sont marginales (1,7 %) et que les revenus du capital (bénéfices, placements financiers, baux, loyers, fermages) se montent à 29 % du total. À l'inverse, à Aubervilliers (93), une des communes les plus pauvres de Seine-Saint-Denis, les revenus sont respectivement de 77,3 % pour les salaires, 18,3 % pour les pensions, 5 % pour le chômage et 4,5 % pour les revenus du capital. Dans un des quartiers les plus riches de la commune de Croix, sise dans la banlieue de Lille, où habitent de nombreux hommes d'affaires, les revenus du capital se montent à 42 % des revenus totaux. Mais comme le montre le tableau, les différentiels de revenus sont partout considérables dans les grandes aires métropolitaines.

**Tableau 2.5 Les différentiels des revenus fiscaux médians par quartiers des douze aires métropolitaines (moyennes en €)**

| | Sup. | Inf. | Différence en € | Rapport | Quartiers riches | Quartiers pauvres |
|---|---|---|---|---|---|---|
| Paris | 181 873 | 19 837 | 162 035 | 9,2 | Invalides VII^e^ | Gd Carrière XVIII^e^ |
| Banlieue IDF | 163 855 | 16 313 | 147 542 | 10 | Neuilly Saint-James | Aubervilliers |
| Lille | 94 953 | 10 325 | 84 628 | 9,2 | Croix | Roubaix Trois-Ponts Nord |
| Grenoble | 86 297 | 9 632 | 76 664 | 9 | Haut Meylan | Saint-Martin-d'Héres/ Domaine univ. |

| | Sup. | Inf. | Différence en € | Rapport | Quartiers riches | Quartiers pauvres |
|---|---|---|---|---|---|---|
| Marseille | 84 577 | 12 225 | 72 352 | 6,9 | Estrangin | Zoccolat |
| Strasbourg | 80 125 | 13 029 | 67 095 | 6,1 | Contades Centre | Polygone Sud |
| Lyon | 87 199 | 15 215 | 71 984 | 5,7 | Lyon Les Belges | Bron/Parilly Sud |
| Rennes | 66 917 | 11 743 | 55 174 | 5,7 | Les Mottais | Bron |
| Montpellier | 67 653 | 12 425 | 55 228 | 5,4 | Castelnau-le-Lez | Le Mail Nord |
| Toulouse | 71 075 | 13 531 | 57 545 | 5,3 | Tournefeuille/ La Ramée | Toulouse/Loire |
| Nantes | 67 623 | 13 178 | 54 445 | 5,1 | Orvault La Cholière | Pin Sec |
| Nice | 82 786 | 16 809 | 65 977 | 4,9 | Gairaut | Mont Gros |
| Bordeaux | 66 816 | 14 085 | 52 732 | 4,7 | Le Bouscat | Le Lac 3 |

Source : d'après INSEE, 2012.

# Le travail et l'emploi : des facteurs majeurs de structuration de l'espace

## Les mutations du travail et de l'emploi

### *Population active et taux d'emploi : l'inégale mobilisation de la main-d'œuvre*

En lien avec les bouleversements du schéma productif, la société française traverse de profondes mutations dans la mobilisation de la main-d'œuvre par les activités économiques comme l'illustrent les taux d'activités et les taux d'emploi qui permettent d'étudier la dynamique d'interrelations entre la population et les marchés du travail.

**La population active**, qui mesure la part de la population de 15 à 64 ans en âge de travailler, a connu une croissance continue en passant en quarante ans de 23,8 à 28,3 millions (+ 4,5 millions, + 19 %). Ceci s'explique à la fois par la croissance démographique et par l'augmentation de la participation au travail de nouvelles catégories, en particulier les femmes. Le taux d'activité des femmes monte en effet de 46 % à 52 % entre 1980 et 2010, leur nombre de 9,7 à 13,5 millions. Enfin, le salariat s'est largement imposé comme la norme dominante des formes du travail en passant de 71 à 91 % des emplois face au recul des indépendants. Contrairement à d'autres pays européens (Allemagne, Italie, Espagne), le dynamisme de la natalité est un atout d'avenir puisque d'ici 2030 la population active devrait encore augmenter de + 6,5 % pour atteindre 31,4 millions d'actifs. Si la période 2010-2020 va connaître un vieillissement de la population active (*cf.* débat actuel sur le financement des retraites) du fait de l'arrivée des baby-boomers en fin de carrière, les générations nombreuses de la décennie 2000 entreront alors progressivement sur le marché du travail pour prendre la relève.

**Tableau 2.6 Les taux d'activité et d'emploi par zones d'emploi en 2010 (% pop. 15-64 ans)**

| | Taux d'activité | Taux d'emploi | Taux d'emploi des femmes | | Taux d'activité | Taux d'emploi | Taux d'emploi des femmes |
|---|---|---|---|---|---|---|---|
| Morteau | 80,1 | 74,6 | 70,1 | Lyon | 72,2 | 64,5 | 60,9 |
| Les Herbiers | 78,8 | 73,9 | 69,7 | Saint-Dié | 70,9 | 60 | 55,5 |
| Vitré | 78,6 | 73,6 | 70,7 | Lille | 68,9 | 60 | 57 |
| Vallée de l'Arve | 78,3 | 69,8 | 65,4 | Montpellier | 67,9 | 58,1 | 54,4 |
| Paris | 76 | 67,4 | 64,8 | Marseille | 67,6 | 57,4 | 53,7 |
| Nantes | 73,8 | 67,1 | 63,9 | Valenciennes | 65,1 | 53,8 | 47 |
| Toulouse | 72,8 | 65,1 | 61,3 | Maubeuge | 64,8 | 53,1 | 45,5 |
| Rennes | 72,8 | 66,8 | 63,6 | Corte | 53,1 | 48 | 41,1 |

Source : INSEE.

**Les taux d'activité** présentent des profils régionaux très différenciés s'étendant de 79 % à Vitré ou aux Herbiers dans l'Ouest industrialisé, à 76 % à Paris, pour tomber à 65 % à Valenciennes et Maubeuge dans le Nord, et 53 % à Corte. À moyen terme, les évolutions de la natalité et des flux migratoires interrégionaux, en particulier des jeunes, vont accentuer les disparités régionales existantes en termes d'offre de main-d'œuvre par la société et de mobilisation de la main-d'œuvre par les acteurs économiques. Entre 2010 et 2030, si la population active doit reculer en Champagne, Lorraine ou Bourgogne, elle doit augmenter de 10 à 15 % dans tout le croissant ouest et méridional de la *France autonome*, s'y traduisant ainsi par une forte augmentation des ressources disponibles régionales en main-d'œuvre.

### Le rôle structurant du travail, des études et des achats dans la mobilité quotidienne

La mobilité spatiale quotidienne des Français s'est fortement accrue ces dernières décennies : chaque jour, les Français de plus de 6 ans effectuent 177 millions de déplacements locaux dans le cadre de trajets toujours plus longs : la distance moyenne parcourue passe de 17,4 à 25,2 km entre 1982 et 2008. La moitié de ces déplacements est liée soit au transport entre le lieu de résidence et le lieu de travail ou d'études, soit aux achats commerciaux. En particulier, les déplacements domicile/travail représentent à eux seuls 41 % des distances parcourues. 65 % de ces déplacements se font en voiture – dont 75 à 85 % dans le rural et les communes périurbaines contre 12 % à Paris – et 8 % en transports en commun (33 % à Paris). La banalisation de la motorisation, malgré les politiques de développement des transports en commun dans les grandes villes qui ne compensent cependant pas la montée des flux liés à la périurbanisation et à la rurbanisation, explique que le parc automobile est passé de 26,1 à 32,7 millions d'unités en trente ans (+ 25 %) alors que 36 % des ménages sont multimotorisés. En effet, les temps et distances d'accès à l'emploi et aux services sont très variables selon les localisations résidentielles. La moitié des trajets domicile/travail est d'au moins 20 km et 20 % de plus de 40 km. La question de la mobilité, de l'accessibilité à l'emploi et aux services et du coût des transports est donc un enjeu important pour le fonctionnement efficient des systèmes productifs régionaux, des dynamiques sociales – puisque ce sont les ménages économiquement les plus vulnérables qui consacre la part la plus importante de leur budget aux transports –, et pour l'aménagement des territoires.

**Les taux d'emploi moyen**, qui mesurent la population active ayant réellement un emploi et participant donc directement à la vie économique, dépendent en particulier à la fois de la pyramide des âges (jeunesse de la population, entrées et sorties de la vie active) et de l'importance relative du travail féminin. Ils présentent de fortes disparités régionales entre l'Île-de-France et les grandes zones métropolitaines, l'Ouest industrialisé ou les zones frontalières orientales d'un côté et le Sud méditerranéen et le Nord de l'autre. Aux échelles inférieures, on trouve parfois de véritables poches de sous-emploi liées aux trajectoires productives des dernières décennies où la disparition des activités dominantes se traduit par une désintégration du tissu économique et social (ex-bassin minier du Nord, Lorraine sidérurgique, pôles portuaires de Dunkerque, Calais, Le Havre, zones désindustrialisées de Roanne et Saint-Chamond...). Le sous-emploi féminin est ainsi particulièrement important en Corse et en PACA alors que le sous-emploi des jeunes et des séniors est considérable dans le Nord et en Languedoc. Enfin, paradoxalement, les taux élevés (supérieurs à 66 %) en Auvergne, en Limousin ou dans le Centre s'expliquent par le volume restreint de la main-d'œuvre disponible du fait de dynamiques démographiques et surtout migratoires négatives. La qualité des ressources humaines disponibles est donc un facteur majeur des dynamiques économiques régionales.

### *Évolution de l'emploi général et par grandes fonctions*

**L'évolution de l'emploi.** Ces six dernières décennies se caractérisent par une forte hausse de l'emploi qui passe de 19,4 à 25,3 millions de postes équivalent temps plein entre 1950 et 2011 (+ 6 millions, + 30 %). Dans cette longue durée, deux périodes bien distinctes apparaissent. De 1950 aux années 1970, si l'agriculture entame sa mutation en tombant de 30 à 14,5 % de l'emploi total, le fait principal réside dans la croissance de l'emploi industriel, malgré l'entrée en crise des charbonnages, en particulier à cause de créations massives d'emplois peu qualifiés par les industries tayloriennes alors que les services marchands et non marchands entament leur essor. À partir des années 1980, alors que l'agriculture accélère sa mutation, une partie de l'industrie manufacturière et les mines entrent à leur tour en déclin avec la perte de deux millions d'emplois entre 1980 et 2011 (– 40 %) alors que les services continuent globalement leur croissance. Pour autant, le choc de la crise ouverte en 2006 se caractérise entre 2006 et 2012 par une stagnation de l'emploi salarié (+ 1,1 %) et du bâtiment et un recul de 10 % de l'emploi industriel qui perd 368 000 postes. En raison des liens d'interdépendance étroits tissés entre fonctions de la production concrète et services périproductifs amont et aval, on assiste pour la première fois depuis des décennies à un recul de l'emploi dans la logistique, les télécommunications, les activités spécialisées scientifiques et techniques et les activités de services et de soutien.

**Tableau 2.7 Soixante ans d'évolution de l'emploi total pour les cinq grands postes (en milliers et %)**

| | 1950 | 1960 | 1970 | 1980 | 1990 | 2000 | 2011 | 1950-2011 | 1980-2011 |
|---|---|---|---|---|---|---|---|---|---|
| Agriculture | 5 865,8 | 4 523,7 | 3 002,2 | 2 037,1 | 1 431,7 | 1 060 | 848,8 | -5 017 | -1 188,3 |
| Industrie | 4 744,2 | 4 837,5 | 5 151,4 | 5 124 | 4 353,3 | 3 788,8 | 3 084,7 | -1 659,6 | -2 039,3 |
| Construction | 1 088,7 | 1 524,5 | 1 984,7 | 1 941,9 | 1 766,3 | 1 500,1 | 1 840,9 | 752,2 | -100,9 |
| Services marchands | 4 828,8 | 5 326,6 | 6 601,6 | 7 891,7 | 9 391 | 10 930,7 | 12 383,7 | 7 554,9 | 4 492 |
| Services non marchands | 2 879,9 | 3 628,3 | 4 023,5 | 5 000 | 5 984,9 | 6 788,7 | 7 184,8 | 4 304,9 | 2 184,8 |
| **Total** | **19 407,4** | **19 840,7** | **20 763,5** | **21 994,6** | **22 927,3** | **24 068,2** | **25 342,9** | **5 935,5** | **3 348,3** |

Source : INSEE.

Ces vingt dernières années se caractérisent par une profonde transformation des grands équilibres régionaux et départementaux. Si l'Île-de-France maintient son rang en polarisant 20 % des créations nationales d'emplois tout comme la région Rhône-Alpes, on assiste à un sensible affaiblissement du Grand Bassin parisien et du Grand Nord-Est qui tombent de 29,1 à 26,7 % de l'emploi total du fait d'une dynamique socio-économique sensiblement inférieure à la moyenne nationale. À l'opposé, le croissant périphérique composé du Grand Ouest, du Grand Sud-Est et du Grand Sud-Ouest connaît un essor remarquable, le tout passant de 32 à 34,6 % du total national en réalisant 54 % de la croissance de l'emploi national des vingt dernières années.

**Figure 2.1 Un quart de siècle d'évolution de l'emploi total**

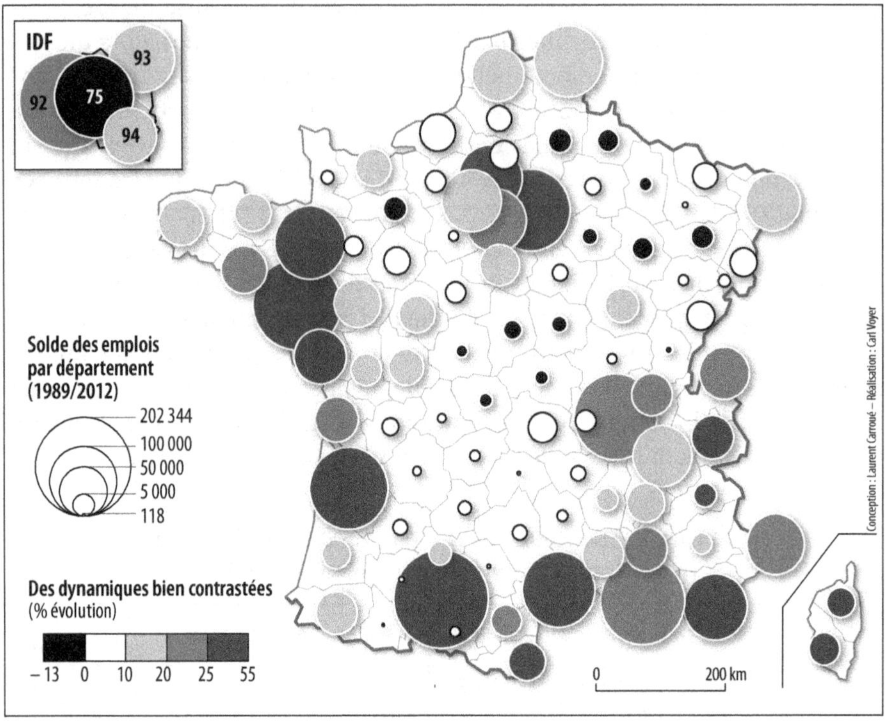


Mais ces grandes évolutions régionales ne doivent pas masquer de grands contrastes intra-régionaux. Seulement dix départements – chacun polarisé par une grande métropole – captent 59 % des créations d'emplois : la Haute-Garonne, portée par le dynamisme toulousain (+ 49 %), la Loire-Atlantique avec Nantes (+ 42 %), les Bouches-du-Rhône avec Marseille/Aix (+ 24 %), le Rhône avec Lyon (+ 20,5 %), la Gironde avec Bordeaux (+ 27,5 %), l'Hérault avec Montpellier (+ 41 %), l'Ille-et-Vilaine avec Rennes (+ 33 %), et le Nord avec Lille (+ 11,6 %), auxquels s'ajoutent en Île-de-France les Hauts-de-Seine (+ 23 %) et la Seine-et-Marne (+ 41 %) alors que Paris perd 7 % de ses emplois. Ce processus de métropolisation à l'échelle provinciale a un impact considérable sur la reconfiguration des équilibres intra-régionaux entre les aires métropolitaines et leurs espaces régionaux d'insertion : Toulouse et la Haute-Garonne captent 90 % des créations d'emplois régionales des vingt dernières années, Bordeaux et la Gironde 69 %, Montpellier et l'Hérault 57 %, Nantes et la Loire-Atlantique 56 %, Rennes et l'Ille-et-Vilaine presque la moitié et Marseille/Aix et les Bouches-du-Rhône 41 %. L'un des enjeux d'avenir pour les systèmes productifs régionaux, en particulier dans la *France autonome*, est bien de réarticuler croissance métropolitaine et développement régional.

**Tableau 2.8 Vingt ans d'évolution de l'emploi total par grandes régions**

| | 1989 | 2012 | Différence | Différence en % | % 1989 | % 2012 | % région/ croissance nationale |
|---|---|---|---|---|---|---|---|
| Île-de-France | 5 930 116 | 6 565 578 | 635 462 | 10,7 | 25,6 | 25 | 20,1 |
| Grand Bassin parisien | 3 470 861 | 3 590 514 | 119 653 | 3,4 | 15 | 13,7 | 3,8 |
| Grand Nord-Est | 3 263 939 | 3 534 217 | 270 278 | 8,3 | 14,1 | 13,4 | 8,5 |
| Grand Ouest | 2 853 331 | 3 491 571 | 638 240 | 22,4 | 12,3 | 13,3 | 20,2 |
| Grand Sud-Est | 2 432 273 | 3 071 152 | 638 879 | 26,3 | 10,5 | 11,7 | 20,2 |
| Grand Sud-Ouest | 2 097 682 | 2 523 912 | 426 230 | 20,3 | 9,1 | 9,6 | 13,5 |
| Rhône-Alpes | 2 294 873 | 2 711 193 | 416 320 | 18,1 | 9,9 | 10,3 | 13,2 |
| Massif central | 786 016 | 805 525 | 19 509 | 2,5 | 3,4 | 3,1 | 0,6 |
| France métropolitaine | 23 129 091 | 26 293 662 | 3 164 571 | 13,7 | 100 | 100 | 100 |

Source : d'après INSEE.

Si, sur la longue durée, il est impossible de disposer de statistiques fiables rendant bien compte des mutations du système productif du fait de l'usage massif de la trilogie primaire/secondaire/tertiaire, une analyse fonctionnelle plus fine est cependant possible à partir des années 1980.

**L'évolution fonctionnelle des emplois** en trente ans fait apparaître une stagnation de l'emploi de la sphère productive (– 2 %) qui tombe de 61,5 à 50 % des emplois totaux. Cette stagnation générale masque une profonde recomposition fonctionnelle de la sphère productive à travers le recul d'un tiers de l'emploi des fonctions des productions concrètes, qui tombe de 34 à 19 % seulement de l'emploi total, du fait de la modernisation agricole et du fort recul des emplois de la fabrication industrielle. Ce déséquilibre croissant au sein de la sphère productive entre productions concrètes, fonctions abstraites et fonctions d'intermédiations souligne les profonds déséquilibres induits par le mode d'internationalisation des firmes dont une partie a largement sacrifié, contrairement à l'Allemagne par exemple, sa base productive matérielle nationale. Au-delà même des enjeux sociaux et territoriaux posés par de telles logiques, une des questions essentielles est de savoir jusqu'où aller dans un tel processus sans scier la branche sur laquelle on est assis. Car cette disjonction croissante entre production, conception/recherche et gestion fragilise l'ensemble des capacités d'innovation et de renouvellement du système productif comme l'illustre, par exemple, la bérézina industrielle de nombreux secteurs des hautes technologies en France et en Europe face à la pression étatsunienne, japonaise et sans doute dans quelque temps chinoise. À l'inverse, on assiste à la forte croissance à la fois des fonctions abstraites de la sphère productive (+ 45 %), en particulier de la recherche et des prestations intellectuelles qui témoignent de la complexification du schéma productif et des fonctions d'intermédiation (+ 25 %). La dynamique du commerce interentreprises et de la logistique s'inscrit dans l'insertion croissante du système productif français dans la division européenne et mondiale du travail, portée par l'internationalisation des firmes et des échanges. Enfin, la sphère de la reproduction sociale connaît un essor remarquable de ses emplois (+ 56 %) portée à la fois par la sphère publique (+ 71 %) et par la sphère privée (+ 45 %).

**Tableau 2.9 Trente ans d'évolution fonctionnelle des emplois en quinze fonctions en France métropolitaine (en milliers et %)**

| Fonction | 1982 | 2009 | Diff. | Diff. en % | % 1982 | % 2009 |
|---|---|---|---|---|---|---|
| Emploi total (A + B) | 21 367,1 | 25 718,1 | 4 351 | 20,4 | 100 | 100 |
| Sphère productive (A) | 13 150,2 | 12 896,8 | - 253,4 | - 1,9 | 61,5 | 50,1 |
| *Fonctions production concrètes (A 1)* | *7 274,9* | *4 841,2* | *- 2 433,7* | *- 33,5* | *34* | *18,8* |
| Dont agriculture | 1 753,4 | 733,2 | - 1 020,2 | - 58,2 | 8,2 | 2,9 |
| Dont Bâtiment-Travaux Publics | 1 828,3 | 1 703,2 | - 125,1 | - 6,8 | 8,6 | 6,6 |
| Dont fabrication | 3 693,2 | 2 404,8 | - 1 288,4 | - 34,9 | 17,3 | 9,4 |
| *Fonctions abstraites de la production (A 2)* | *3 434,6* | *5 007,9* | *1 573,3* | *45,8* | *16,1* | *19,5* |
| Dont gestion | 2 730,6 | 3 416 | 685,4 | 25,1 | 12,8 | 13,3 |
| Dont conception, recherche | 370,7 | 707,2 | 336,5 | 90,8 | 1,7 | 2,7 |
| Dont prestations intellectuelles | 333,3 | 884,7 | 551,4 | 165,4 | 1,6 | 3,4 |
| *Fonctions d'intermédiation (A 3)* | *2 440,7* | *3 047,7* | *607* | *24,9* | *11,4* | *11,9* |
| Dont commerce interentreprises | 573,1 | 944 | 370,9 | 64,7 | 2,7 | 3,7 |
| Dont transports, logistique | 1 867,6 | 2 103,7 | 236,1 | 12,6 | 8,7 | 8,2 |
| Sphère reproduction sociale (B) | 8 215,9 | 12 820,5 | 4 604,6 | 56 | 38,5 | 49,9 |
| *Sphère R.S. publique (B 1)* | *3 421,3* | *5 854,7* | *2 433,4* | *71,1* | *16* | *22,8* |
| Dont administration publique | 1 426,5 | 2 284,6 | 858,1 | 60,2 | 6,7 | 8,9 |
| Dont éducation, formation | 940,5 | 1 321,9 | 381,4 | 40,6 | 4,4 | 5,1 |
| Dont santé, action sociale | 1 054,3 | 2 248,2 | 1 193,9 | 113,2 | 4,9 | 8,7 |

| | | | | | | |
|---|---|---|---|---|---|---|
| *Sphère R.S. privée (B 2)* | *4 794,6* | *6 965,8* | *2 171,2* | *45,3* | *22,4* | *27,1* |
| Dont services de proximité | 1 443,3 | 2 560 | 1 116,7 | 77,4 | 6,8 | 10 |
| Dont culture, loisirs | 218,7 | 569,2 | 350,5 | 160,3 | 1 | 2,2 |
| Dont distribution | 1 564,4 | 1 964,8 | 400,4 | 25,6 | 7,3 | 7,6 |
| Dont entretien, réparation | 1 568,2 | 1 871,8 | 303,6 | 19,4 | 7,3 | 7,3 |

Source : d'après INSEE.

En 2010, la masse salariale nationale se monte à 1 032,7 milliards d'euros qui sont distribués dans les territoires mais selon des modalités bien différenciées. La sphère de la reproduction sociale ne représente en effet que 47,8 % de la masse salariale, du fait en particulier des faibles salaires et qualifications de la sphère privée. À l'inverse, dans la sphère de la production, si l'industrie verse 14,2 % de la masse salariale nationale, les services périproductifs en versent 30,7 %, du fait en particulier de leurs hautes qualifications.

La spécialisation sectorielle et fonctionnelle des territoires, parfois à un niveau spatial très fin, joue donc un rôle majeur dans la production mais aussi dans la distribution locale et régionale de la richesse par les agents économiques comme l'illustre, par exemple, la région Poitou-Charentes.

### Spécialisation sectorielle et fonctionnelle des territoires : le système productif du Poitou-Charentes en débat

L'organisation fonctionnelle et sectorielle des territoires des Régions pose la question à la fois de leur cohérence interne (juxtaposition/articulation ?) et de l'existence ou non d'un véritable système productif régional (système/potentiel ?) comme l'illustre le cas de la région Poitou-Charentes qui dispose de 700 000 actifs et 600 000 emplois. Du fait de son histoire, de sa structure géographique et de l'absence de véritable métropole régionale qui débouche sur une structure urbaine polycentrique relativement équilibrée (Poitiers, Angoulême, La Rochelle : 1$^{er}$ rang ; Niort, Rochefort, Saintes, Cognac, Royan : 2$^{e}$ rang), la Région dispose d'un potentiel productif qui ne constitue sans doute pas en lui-même un véritable système productif régional. Il est en effet composé d'une mosaïque de territoires productifs spécialisés mais juxtaposés et peu intégrés. Le nord de la région est très industrialisé du fait d'héritages historiques puis des décentralisations industrielles des années 1960 qui le rattachent pour partie au Grand Bassin parisien (Châtellerault : habillement-cuir avec les groupes Aigle et Radiance, métallurgie avec les Fonderies du Poitou, équipementiers automobiles avec Magneti-Marelli et Valéo ; Thouars-Loudun : alimentation, chimie, papier ; Bressuire : tissu de PME dans l'ameublement, l'agro-alimentaire, la mécanique ; Parthenay : agro-alimentaire et aéronautique). En position intermédiaire, Poitiers, la capitale régionale, s'affirme dans les fonctions de commandement en regroupant un tiers des cadres de la fonction publique et un tiers des effectifs de la recherche grâce à ses fonctions universitaires tout en bénéficiant du pôle créé autour du parc à thème du

Futuroscope fondé en 1987 par R. Monory – ancien Ministre, ancien Président du Sénat et Président du Conseil général – dans sa circonscription voisine de Chasseneuil-du-Poitou. Disposant d'une industrie diversifiée (sous-traitants aéronautique, chimie, bois, matériel électrique), Niort s'est surtout spécialisée dans les assurances depuis les années 1970 en accueillant les sièges sociaux de la MAIF, de la MAF ou de la MACIF et les sièges régionaux des grands réseaux bancaires (Groupama, Banque populaire). Enfin, si Cognac est bien connu pour ses alcools largement exportés, les villes de La Rochelle (port de La Palice, usine Alstom, pôle de la plaisance), Rochefort et Royan et les îles d'Oléron et de Ré sont largement orientées sur leur valorisation littorale autour du tourisme, de la plaisance et de l'ostréiculture.

### *Chômage, exclusion et pauvreté : la dégradation du marché du travail*

Les difficultés structurelles du système productif se traduisent par l'explosion d'un chômage de masse, du fait en particulier d'un modèle de « croissance faible en emplois ». Au printemps 2013, la France comptait 3,2 millions de chômeurs de catégorie A (aucun travail), soit 10,6 % des actifs, le plus haut volume jamais enregistré depuis 1945, et même plus de 5 millions de chômeurs en intégrant les catégories B et C (quelques heures de travail dans le mois). Face au chômage, les inégalités se creusent, les jeunes, vieux et personnes peu qualifiées étant les catégories les plus touchées. Le taux de chômage des sans-diplômes est ainsi de 17 %, un niveau trois fois supérieur aux diplômés de l'enseignement supérieur long (6 %), il est de 13 % pour les ouvriers contre 4 % pour les cadres. Enfin, alors que 80 % des embauches actuelles sont en contrats à durée déterminée (CDD), témoignant ainsi de la dérégulation croissante d'un marché du travail de plus en plus flexibilisé, les emplois d'intérim (500 à 600 000 postes) et précaires sont les plus sensibles à la conjoncture et donc au chômage. L'exclusion plus ou moins durable du marché du travail se traduit par un processus de paupérisation professionnelle et économique qui est un facteur de préoccupation pour la cohésion sociale, politique et territoriale alors que la France consacre des efforts financiers importants à sa prise en charge (2,4 % du PIB en 2009).

En effet, les dynamiques du chômage sont géographiquement sélectives entre régions, département et bassin d'emplois. Même si les migrations et les retraits d'activité peuvent parfois limiter localement le chômage, celui-ci s'est sensiblement aggravé dans les territoires où il était déjà considérable. Comme l'illustre la crise ouverte en 2007, le degré d'exposition des zones d'emploi dépend étroitement des moteurs sectoriels et fonctionnels qui assurent le développement local : les bassins fortement spécialisés dans l'industrie manufacturière et la fonction de production concrète sont aujourd'hui surexposés (une partie du Grand Ouest, la grande périphérie francilienne, le nord de la Lorraine et le nord de l'Alsace, la Franche-Comté). Le chômage atteint ainsi 18 % dans les bassins d'emploi de Calais et Lens ou 17 % à Alès.

**Figure 2.2 Le chômage en France en 2012 par département**

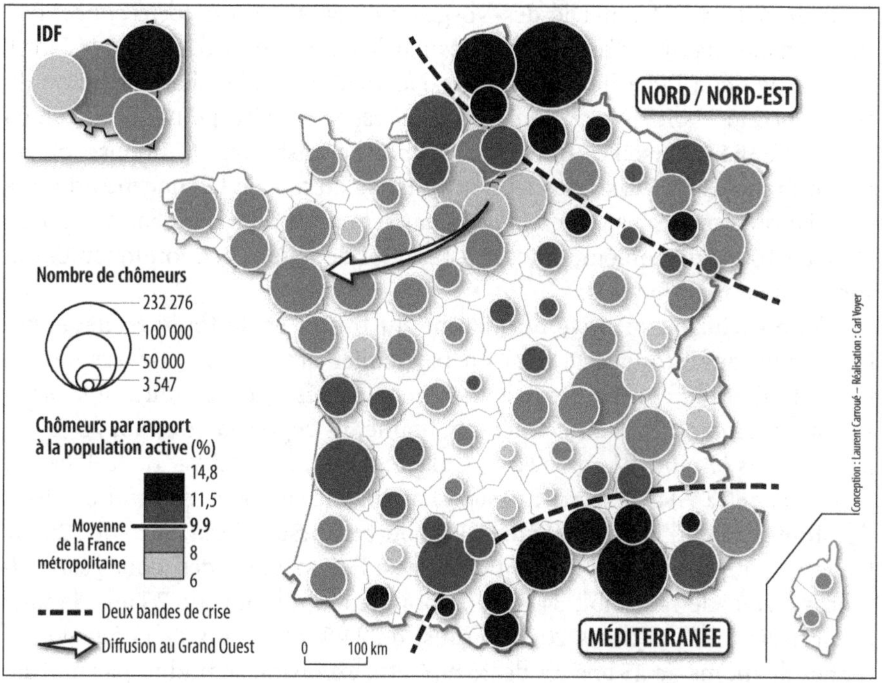


**Figure 2.3 L'impact territorial de la crise : le taux de chômage en 2010 par zones d'emploi**

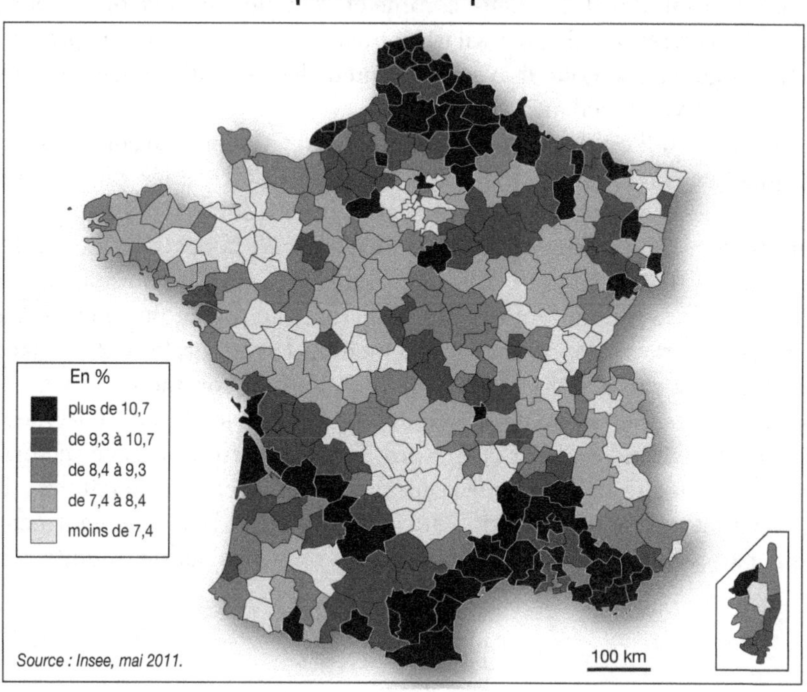

En dix ans, la désindustrialisation fait qu'il passe de 8 à 13,7 % à Montargis et de 10 à 15 % à Saint-Dié-des-Vosges. On assiste à une forte concentration dans les bassins d'emploi frappés par le déclin industriel dans le Nord, une partie de la Picardie, de la Haute-Normandie, de la Champagne ou du sillon lorrain Nancy-Metz. Mais certains espaces métropolitains comme à Saint-Étienne, Marseille, Bordeaux, Nantes, Strasbourg, Mulhouse ou en Île-de-France sont aussi lourdement touchés du fait de la concentration de populations fragilisées. La crise des quartiers nord de Marseille est d'abord et avant tout un problème d'accès à l'emploi de jeunes économiquement et socialement marginalisés.

Cette exclusion massive du marché du travail et de toute réelle activité économique productive peut en particulier être saisie à travers ce que l'INSEE identifie comme les « jeunes non-insérés », c'est-à-dire ni scolarisés, ni en emploi. En France métropolitaine, ils représentent 18 à 25 % des jeunes dans le Nord (Lens : 24 %, Calais : 22 %), le nord-est de la Picardie (Thiérache : 22 %) et les Ardennes, en Languedoc sur la bande littorale allant de Montpellier à l'Espagne (Sète : 21 %) ou en Corse (Aléria, Sartène : 25 %). Cette géographie est étroitement corrélée à l'importance des jeunes sans diplômes. Dans le Nord, où 34 % de la population a moins de 25 ans, le taux de non-diplômés chez les 20-24 ans est de 24 % et le taux de chômage des jeunes de moins de 25 ans est de 23 %. Cette exclusion se traduit par un basculement dans la pauvreté, les chômeurs arrivants en fin de droits basculant dans les minimas sociaux (RSA...). Celle-ci est aussi liée à la dégradation des conditions d'emploi et de salaire comme en témoigne le développement des « salariés pauvres » (6,5 % des salariés) qui sont des personnes ne parvenant pas à se loger et à se nourrir avec le revenu de leur travail car gagnant moins de 60 % du revenu médian.

Enfin, 1,7 million de salariés sont au SMIC. Ce sont souvent des salariés peu qualifiés, travaillant à temps partiel et à durée déterminée, plus féminisés et plus jeunes. La structure des bas salaires repose sur une première logique économique liée à la structuration du capital : 25 % des salariés des PME de moins de 10 salariés sont au SMIC, contre 5 % dans les plus de 500 salariés. Elle repose tout autant sur une structure sectorielle puisque 37 % des « smicards » travaillent dans l'hébergement et la restauration, 21 % dans le domaine de la santé-action sociale et 17 % dans le commerce. Il y a 7,2 % des salariés franciliens au SMIC contre 14 % dans le Grand Sud-Ouest et 12 % dans le Grand Sud-Est et le Nord. Cette structure salariale sectorielle déprimée explique en partie que la spécialisation de certains territoires dans ces fonctions de la reproduction sociale a un effet d'entraînement économique parfois limité du fait de la faiblesse des revenus salariés induits.

## Les mutations de la structure des emplois et la division spatiale du travail

### *Les dynamiques de l'emploi, des métiers et de l'emploi salarié*

En quarante ans, la France a connu une profonde mutation de l'emploi et du travail comme l'indique l'évolution du poids relatif des catégories socioprofessionnelles (CSP), nomenclature utilisée pour codifier les professions, dans l'emploi total. Ces bouleversements sont dus aux mutations productives, aux évolutions des qualifications et à la féminisation de certains emplois.

**Tableau 2.10 L'évolution des catégories socioprofessionnelles (% du total des emplois)**

| | 1962 | 1968 | 1975 | 1982 | 1990 | 2000 | 2011 |
|---|---|---|---|---|---|---|---|
| Agriculteurs exploitants | 16 | 12,6 | 8,1 | 6,9 | 4,5 | 2,7 | 1,8 |
| Artisans, commerçants, chefs d'entreprises | 11 | 10,2 | 8,4 | 8,5 | 7,9 | 6,6 | 6,3 |
| Cadres et professions intellectuelles supérieures | 4,7 | 5,5 | 7,3 | 8,6 | 11,7 | 13,1 | 16,9 |
| Professions intermédiaires | 11,1 | 12,5 | 16,2 | 17,8 | 20 | 23,1 | 23,7 |
| Employés | 18,3 | 20,5 | 22,9 | 25,6 | 26,5 | 28,9 | 29 |
| Ouvriers | 38,9 | 38,7 | 37,1 | 32,6 | 29,4 | 25,6 | 22,3 |

Source : INSEE.

Ces trente dernières années, on assiste au fort recul des agriculteurs exploitants (– 67 %) et des ouvriers non qualifiés (– 41 %) et à la sensible érosion des artisans et commerçants. Face à la stabilité de l'emploi ouvrier qualifié, les cadres et professions intellectuelles supérieures (CPIS), les employés, qualifiés mais aussi déqualifiés, et des professions dites intermédiaires connaissent une forte croissance.

**Tableau 2.11 L'évolution de l'emploi par catégories socioprofessionnelles (en milliers et % des emplois)**

| | 1982 | 2011 | Diff. | Diff. en % | % 1982 | % 2011 |
|---|---|---|---|---|---|---|
| Agriculteurs exploitants | 1 570 | 521 | - 1 049 | - 67 | 7 | 2 |
| Artisans commerçants | 1 856 | 1 680 | - 176 | - 9,5 | 8,3 | 6,5 |
| Cadres et professions intellectuelles | 1 767 | 4 531 | + 2 764 | + 156,5 | 7,9 | 17,6 |
| Professions intermédiaires | 4 420 | 6 297 | + 1 877 | + 42,5 | 19,7 | 24,4 |
| Employés qualifiés | 3 386 | 3 837 | + 451 | + 13 | 15,1 | 14,9 |
| Employés non qualifiés | 2 255 | 3 469 | + 1 214 | + 54 | 10 | 13,8 |

| | 1982 | 2011 | Diff. | Diff. en % | % 1982 | % 2011 |
|---|---|---|---|---|---|---|
| Ouvriers qualifiés | 3 647 | 3 567 | - 80 | - 2 | 16,2 | 13,8 |
| Ouvriers non qualifiés | 3 179 | 1 873 | - 1 306 | - 41 | 14,2 | 7,3 |
| **Total** | **22 453** | **25 778** | **+ 3 325** | **+ 15** | **100** | **100** |

Source : INSEE.

Les catégories socioprofessionnelles sont inégalement réparties dans le territoire national et chaque système territorial, aux différentes échelles, est marqué par de fortes spécificités socioprofessionnelles. Géographiquement, quatre catégories sont spatialement les plus discriminantes : les agriculteurs, les artisans et commerçants, les CPIS et les ouvriers. Par contre, la géographie des professions intermédiaires et des employées, similaire à la géographie des actifs, est peu discriminante.

Les agriculteurs sont surreprésentés dans le Grand Ouest, le Grand Sud-Ouest et le Massif central, dessinant au total un net gradient nord-est/sud-ouest qui renvoie à la fois à leur poids relatif dans la population active et au fort différentiel d'intensité entre les agricultures du Grand Bassin parisien et du Nord, très intensives et hautement capitalistiques, et les agricultures du Sud-Ouest (Aquitaine, Midi-Pyrénées) et du Massif central, moins intensives et plus paysannes (*cf.* chap. 4). Les 761 000 artisans, les 696 000 commerçants, en fort recul, et les professions libérales – en particulier les médecins, les pharmaciens libéraux, les dentistes, psychologues ou vétérinaires – sont surreprésentés dans la moitié sud du pays, dans les cinq régions qui courent de l'Aquitaine à la PACA. Cette géographie dessine pour sa part un net gradient nord/sud qui renvoie jusque dans les années 1970 à l'histoire du développement économique du pays au XIX^e^ et début du XX^e^ siècle, à la faiblesse relative du poids des activités salariés modernes, en particulier industrielles, à des modèles de bourgeoisies entrepreneuriales très différents ; puis, à partir des années 1970-1980, au vieillissement de la population, au développement de la sphère de la reproduction sociale et aux migrations interrégionales liées aux nouvelles attractivités.

### Les mutations de la France ouvrière

Sur 22,7 millions de salariés, les catégories socioprofessionnelles que l'on peut assimiler aux « catégories populaires » - ouvriers, employés, apprentis - sont loin d'avoir disparues puisqu'avec 12,7 millions de postes, elle représente 56 % du salariat. Elles continuent de jouer un rôle économique, social et électoral, sinon politique, important tout comme les professions classées par l'INSEE comme « intermédiaires » (techniciens, maîtrise, cadres moyens, instituteurs : 5,9 millions, 26 %) face au groupe des cadres, ingénieurs et professions libérales (4 millions, 18 %). Dans ce contexte, la France ouvrière est loin d'avoir disparue malgré les profondes transformations du schéma productif et de la sphère de la production (recul du taylorisme de masse, gains de productivité, montée des emplois plus qualifiés vers les postes de technicien, rôle de la maintenance...). Avec 5,4 millions de postes, les catégories ouvrières représentent encore un quart du salariat, contre 40 % cependant dans les années 1950. Mais la sphère de la production n'occupe plus que 56 % du salariat ouvrier et les ouvriers ne représentent plus que 47 % de l'emploi industriel, contre 57 % de l'emploi du bâtiment/travaux publics.

Face à cette « désouvriérisation » relative de l'industrie, l'emploi ouvrier est aussi fortement mobilisé par la sphère périproductive, en particulier dans le commerce de gros, les transports et l'entreposage (1,2 million) et les activités techniques de soutien des services aux entreprises (590 000, dont 220 000 dans le nettoyage soit presque autant que dans l'industrie agro-alimentaire). Ce processus de spécialisation fonctionnel et sectoriel débouche sur deux France ouvrières très différentes : la France ouvrière de la production domine globalement en termes relatifs dans le milieu et le bas de la hiérarchie urbaine et le monde rural, la France ouvrière de la sphère périproductive et des services - souvent marquée par la déqualification, les faibles salaires et l'emploi de travailleurs immigrés - tend à se polariser dans les métropoles, en particulier en Île-de-France.

Cependant, dans la division sociale et salariale du travail, deux catégories jouent un rôle géographique majeur – les CPIS et les ouvriers – à travers une nette disjonction spatiale entre ces deux groupes sociaux. Des années 1950 à 1975, les catégories ouvrières connaissent une forte croissance nationale (1968-1975 : + 450 000 postes) pour se stabiliser dans les années 1980 avant de fortement reculer depuis (1982-2009 : – 600 000 postes), traduisant ainsi – pour une large partie – la montée du système taylorien puis son entrée en crise. Face à la forte désouvriérisation de l'Île-de-France et au déclin sensible du Grand Nord-Est, on assiste à la fois au renforcement de la spécialisation ouvrière du Grand Bassin parisien et surtout au sensible développement du Grand Ouest qui reflète un processus spécifique d'industrialisation des décennies 1980-1990 fondé à la fois sur des transferts et sur des développements plus endogènes (*cf.* développement de l'agroalimentaire par exemple).

Face à une France des cadres étroitement articulée à la hiérarchie urbaine (*cf.* chap. 3), la France ouvrière demeure en effet importante dans le Grand Nord-Est (Vosges : 31 % des emplois sont ouvriers, Ardennes : 31 %, Jura, Pas-de-Calais...), dans le Grand Bassin parisien (Haute-Marne, Asines, Eure, Somme, Aube, Yonne...) et une partie du Grand Ouest (Vendée : 33 % des emplois, Orne, Mayenne, Sarthe...). Au total, le système Paris/Grand Bassin parisien polarise 40 % de l'emploi ouvrier national, devant deux régions à égalité – le Nord-Est (19 %) et le Grand Ouest (18 %) – qui précèdent la Rhône-Alpes (11 %).

**Tableau 2.12 Quatre décennies d'évolution de l'emploi salarié ouvrier (en milliers et %)**

| | 1968 | % 1968 | 1975 | 1982 | 1999 | 2009 | % 2009 | Diff. 1982-2009 | Diff. % 1982-2009 |
|---|---|---|---|---|---|---|---|---|---|
| Grand Bassin parisien | 846,4 | 21 | 1 001,6 | 1 038,9 | 1 014 | 878,6 | 23 | - 160,2 | - 15 |
| Île-de-France | 890,4 | 22 | 943,5 | 847,6 | 682,3 | 602,5 | 16 | - 245,1 | - 29 |
| Grand Nord-Est | 867 | 21 | 927,2 | 908,5 | 838,4 | 724,7 | 19 | - 183,8 | - 20 |
| Grand Ouest | 494,1 | 12 | 581,4 | 622,8 | 722,7 | 699,9 | 18 | + 77,1 | + 12 |
| Massif central | 172,3 | 4 | 184,6 | 185,6 | 175,1 | 157,2 | 4 | - 28,3 | - 15 |
| Rhône-Alpes | 455,2 | 11 | 516,7 | 502,2 | 487,1 | 434,9 | 11 | - 67,2 | - 13 |
| Grand Sud-Est | 341 | 8 | 362,1 | 365,6 | 388,7 | 378 | 10 | + 12,3 | + 3 |
| France | 4 066,8 | 100 | 4 517,3 | 4 471,6 | 4 308,6 | 3 876,1 | 100 | - 595,4 | - 13 |

### *La géographie des formations et des qualifications*

**Les formations.** En un demi-siècle, la France a connu un réel essor de son effort de formation et de qualification de la main-d'œuvre, qui partait il est vrai de très bas puisque 78,5 % des actifs n'avaient aucun diplôme ou seulement le CAP en 1962, traduisant ainsi les importants retards et les graves lacunes du modèle de croissance du système productif français dans la première moitié du XX^e^ siècle. Les décennies 1970-1980 mettent l'accent sur les niveaux de formation intermédiaires (BEP, BEPC) dans le cadre de la massification des études secondaires qui s'ouvrent largement alors aux catégories populaires. Puis la décennie 1990-2000 renforce le poids des formations post-baccalauréat, soit dans l'enseignement technique et technologique, soit dans les universités qui connaissent alors un boom considérable avec l'ouverture massive d'antennes universitaires dans les moyennes et petites villes.

**Tableau 2.13 La montée des niveaux de diplômes (en % total de l'emploi)**

| | 1962 | 1968 | 1975 | 1982 | 1990 | 1999 | 2007 |
|---|---|---|---|---|---|---|---|
| Aucun ou CAP | 78,5 | 68,1 | 56,6 | 48,4 | 33,8 | 20,7 | 15,9 |
| BEPC - BEP | 13 | 20,3 | 25,7 | 28,9 | 36,1 | 38,7 | 33,1 |
| Bac ou équivalent | 5,8 | 7,8 | 9,3 | 11,3 | 13,7 | 15,3 | 18,5 |
| Supérieur | 2,7 | 3,8 | 8,4 | 11,4 | 16,4 | 25,3 | 32,5 |

Source : INSEE.

Pour autant, le système de formation français se caractérise toujours par une difficulté majeure à répondre aux besoins économiques et sociaux du marché du travail, par un niveau de formation – initial et surtout continu – insuffisant face aux exigences qualitatives nées des mutations du schéma productif et par un fort dualisme des différentes structures, offres et trajectoires. Si la reproduction des élites politiques, économiques et financières est bien assurée grâce aux classes préparatoires et aux Grandes Écoles (ENA, ENS, Grandes Écoles d'ingénieurs ou commerciales), l'ascenseur social par l'éducation – un des piliers du modèle d'excellence républicaine – des classes moyennes est bloqué alors qu'une partie croissante de la jeunesse des catégories populaires connaît un inquiétant phénomène d'échec et de marginalisation. Un jeune sur sept quitte le système scolaire sans diplôme.

À toutes les échelles géographiques, les inégalités scolaires et les inégalités sociales se renforcent sensiblement ces deux dernières décennies débouchant sur d'importantes fractures territoriales, en particulier dans les grands espaces métropolitains (*cf.* débat sur l'assouplissement de la carte scolaire ou la géographie des zones d'éducation prioritaire – ZEP) comme l'ont bien étudié les géographes P. Caro et R. Rouault dans l'*Atlas des fractures scolaires* [2010]. La France est un des pays au monde, devant même le Royaume-Uni, où la corrélation entre statut économique, social et culturel, et performance scolaire est la plus forte alors que le taux de chômage des non-diplômés passe de 20 % dans les années 1970 à 40 % à la fin des années 1990-2000 pour atteindre plus de 50 % avec la crise ouverte en 2007.

### Décentralisation, formation et rôle des collectivités territoriales

Depuis 1983, le processus de décentralisation politique et administratif a confié un rôle croissant aux collectivités territoriales en termes d'éducation et d'appareil de formation, en particulier en ce qui concerne les bâtiments, les équipements et les personnels non-enseignants : écoles aux collectivités locales, collèges aux Départements, lycées, formations professionnelles, apprentissages et formations continues aux Régions, qui participent aussi activement au développement de l'appareil universitaire. En 2011, la dépense de formation d'un élève, de la maternelle au master, est évaluée à 168 300 €, dont 28 % pour le primaire, 40 % pour le secondaire et 32 % pour le supérieur, 60 % étant à la charge de l'État et 25 % à la charge des collectivités territoriales. Cette activité de formation, qui se rattache à la reproduction sociale, est donc un important facteur de transferts financiers entre les territoires. Ce processus de transfert s'est traduit par de très importants investissements des collectivités et une large mise à niveau des bâtiments et des équipements, inégaux cependant selon les ressources financières et les choix réalisés par les élus. Un des grands enjeux d'avenir à trait au développement de la formation professionnelle qui associe, à travers les Contrats de plan régional de développement des formations (CPRDF) pluriannuels, l'État, les Régions, les CESER (Conseils économiques et sociaux régionaux), les partenaires économiques et sociaux, et Pôle Emploi. Une des principales questions posées est de savoir si les élites économiques et politiques locales et régionales sont ou

> seront capables de s'emparer de ces leviers pour améliorer de manière structurelle le niveau général de formation et de qualification de leurs territoires dans le cadre de projets de développement à long terme. Cet enjeu est à la fois social, économique et géopolitique puisqu'il suppose la conception et la mise en œuvre d'un véritable projet collectif.

**Les qualifications.** En lien étroit avec la géographie de l'appareil de formation et avec les spécialisations fonctionnelles et sectorielles des systèmes productifs régionaux, une des principales caractéristiques de l'organisation du territoire national réside dans la structuration extrêmement hiérarchisée de la géographie des qualifications. En effet, si la France produit des générations qui arrivent plus qualifiées sur le marché du travail, le curseur des exigences de qualification de la main-d'œuvre se déplace toujours plus vers le haut, introduisant en retour une transformation des normes de qualification. Ces inégalités de qualifications se retrouvent, par exemple, largement dans le niveau de formation initial des salariés. L'Île-de-France arrive largement en tête en polarisant plus du tiers des actifs diplômés des 2e et 3e cycles universitaires, des Écoles d'ingénieurs et des Grandes Écoles devant le Midi-Pyrénées et la Rhône-Alpes, très largement devant la queue de peloton (Picardie, Haute-Normandie) alors qu'on trouve en position intermédiaire l'Aquitaine, la Bretagne, la PACA, le Languedoc et l'Alsace.

**Figure 2.4 La géographie des qualifications**

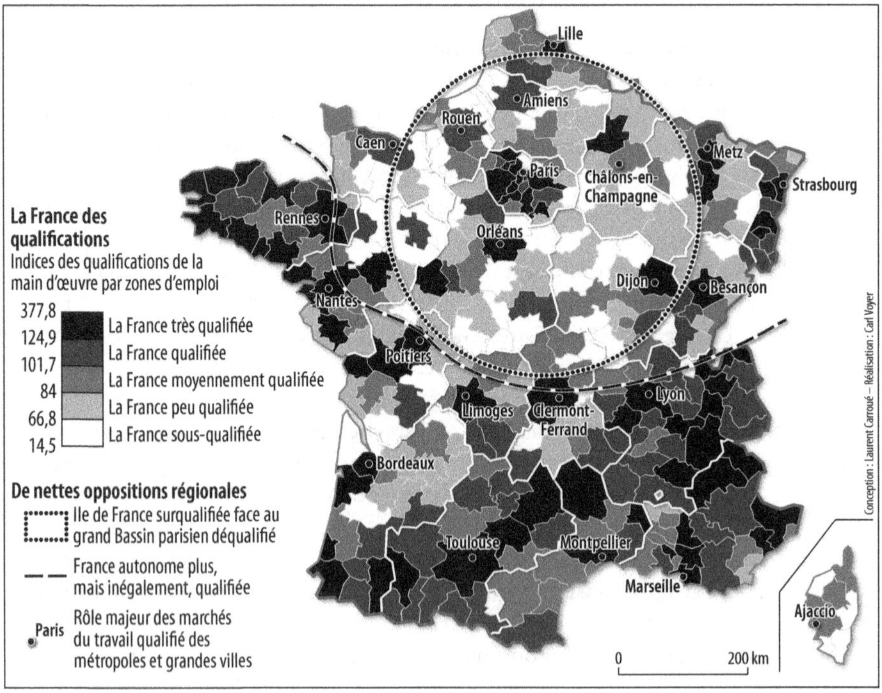

Au-delà du rôle structurant des métropoles et grandes villes comme marchés du travail qualifié, l'Île-de-France apparaît en effet comme un espace surqualifié face au Grand Bassin parisien, au Nord et au Grand Est déqualifiés. Face à ce premier dispositif, la *France autonome* apparaît sensiblement – bien qu'inégalement – plus qualifiée, comme l'indiquent les fragilités d'une partie du Sud-Ouest. Depuis un siècle et demi, cette *France autonome* a placé l'investissement dans l'éducation comme un facteur central d'organisation de ses ressources humaines face à des systèmes productifs fragiles et incomplets, le diplôme ouvrant en particulier l'accès soit à la fonction publique, soit aux services périproductifs. Dans le contexte actuel, ce puissant héritage s'avère un atout considérable pour attirer de nouvelles dynamiques productives.

Au total, on assiste donc à un bouleversement systémique de grande ampleur entre France du Nord et France du Sud concernant les qualifications de la population active, un phénomène très largement ignoré dans de nombreuses études portant sur le dynamisme productif de la *France autonome.* Aujourd'hui, un des principaux défis à relever pour la France du Nord consiste à rebâtir un système de qualification permettant d'accompagner les mutations des systèmes productifs sur un modèle dynamique et viable, socialement et économiquement intégrateur.

### Le phénomène de déclassement géographique des diplômés

En mettant en relation le niveau de diplôme d'une part et la qualification du poste réellement obtenu par un actif de l'autre, il est possible de mettre en évidence un important « phénomène de déclassement », c'est-à-dire le fait d'être surdiplômé par rapport à l'emploi occupé. À niveau de diplôme égal de l'enseignement supérieur ou des Grandes Écoles, un Francilien est plus souvent cadre qu'un habitant d'une autre région, en particulier pour les actifs en position intermédiaire (niveau inférieur ou équivalent à Bac + 2) : ils sont 6,5 % à être cadres en France métropolitaine contre 11,5 %, soit presque le double, en Île-de-France. À titre d'exemple, un salarié diplômé du 2^e^ ou du 3^e^ cycle universitaire est déclassé s'il n'est pas cadre. En Rhône-Alpes, 199 000 salariés bacheliers ou diplômés du supérieur sont déclassés, soit 13,9 % des salariés de la région (contre 13 % en France métropolitaine). Selon cet indicateur, la région arrive au 17^e^ rang des régions françaises, entre l'Île-de-France (15^e^) et la Provence-Alpes-Côte d'Azur (19^e^). Paradoxalement, en apparence, si la France du Sud apparaît globalement bien plus diplômée que la France du Nord, en réalité beaucoup de diplômés y sont victimes de ce processus de déclassement. L'investissement dans la formation est ainsi en partie gâché tout simplement parce que la structure des marchés du travail ne permet une offre suffisante de postes qualifiés.

#### *La géographie des salaires : de forts contrastes géographiques*

Cette première approche sur les qualifications doit être complétée par la géographie des revenus salariaux moyens au lieu de résidence par département qui montre de grands écarts territoriaux qui se maintiennent sur plusieurs décennies du fait de la dualisation des marchés du travail et de l'emploi. À qualification ou poste en théorie égaux, les différentiels salariaux sont considérables selon les territoires du travail. La nature sectorielle et fonctionnelle des activités économiques, le type d'emploi et de qualification, le type d'entreprise et de capital (groupe/PME) et, tout autant, les traditions et cultures sociales ou syndicales locales ou régionales jouent un rôle fortement discriminant sur le territoire national.

**Figure 2.5 Revenu salarial annuel moyen**

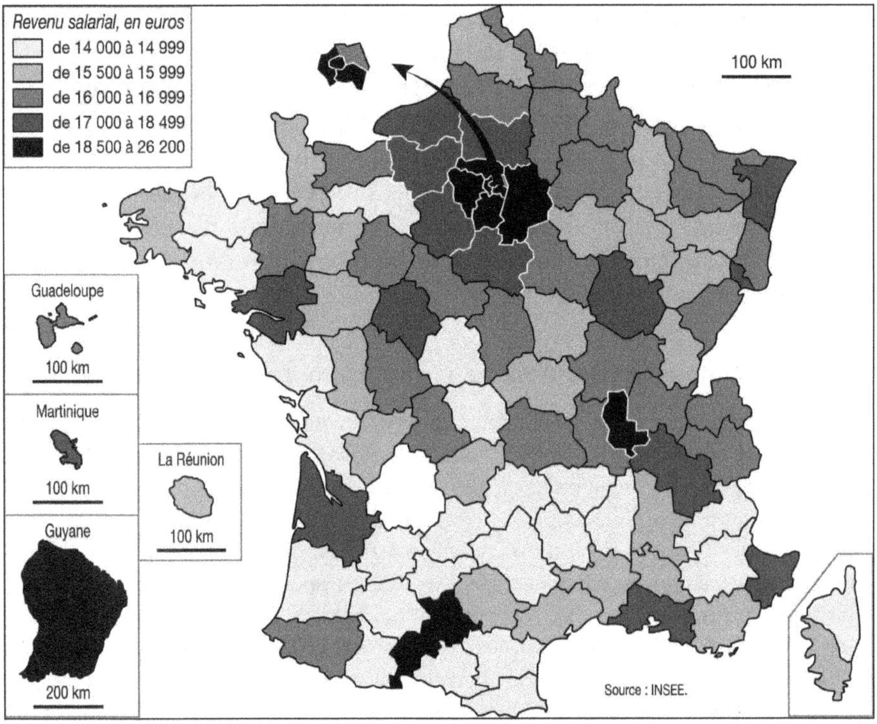


Malgré les profonds bouleversements des dernières décennies, l'ancienne coupure traditionnelle Le Havre/Paris/Lyon/Marseille qui oppose une France du Nord-Est, aux revenus salariaux plus élevés, à une France du Sud-Ouest aux revenus plus faibles demeure sensible. Elle est renforcée par une autre césure majeure : les départements dominés par une grande métropole (Nantes, Rennes, Bordeaux, Toulouse, Lyon, Marseille) disposent d'un profil sensiblement supérieur à leur espace régional environnant, soulignant ainsi l'impact majeur des fonctions métropolitaines dans la géographie des revenus salariaux. Ces différences se retrouvent y compris dans la géographie très contrastée du revenu salarial moyen des deux catégories extrêmes, les ouvriers non qualifiés d'un côté, les cadres de l'autre. Ainsi, le salaire brut moyen des cadres et fonctions intellectuelles supérieures varie de 70 198 € à Paris à 51 185 € dans le Lot, soit un différentiel de 40 %. Le différentiel est de 83 % pour un professionnel de l'informatique entre les Hauts-de-Seine et la Haute-Loire, de 77 % pour un ingénieur de l'industrie entre le Val-d'Oise et le Gers, de 22 % pour un ouvrier qualifié de l'industrie entre les Yvelines et le Cantal, et de 40 % pour un ouvrier non qualifié de l'industrie entre les Yvelines et l'Aude. Derrière la même appellation générale, ce ne sont en fait pas les mêmes emplois.

**Figure 2.6 Revenu salarial annuel moyen des cadres**

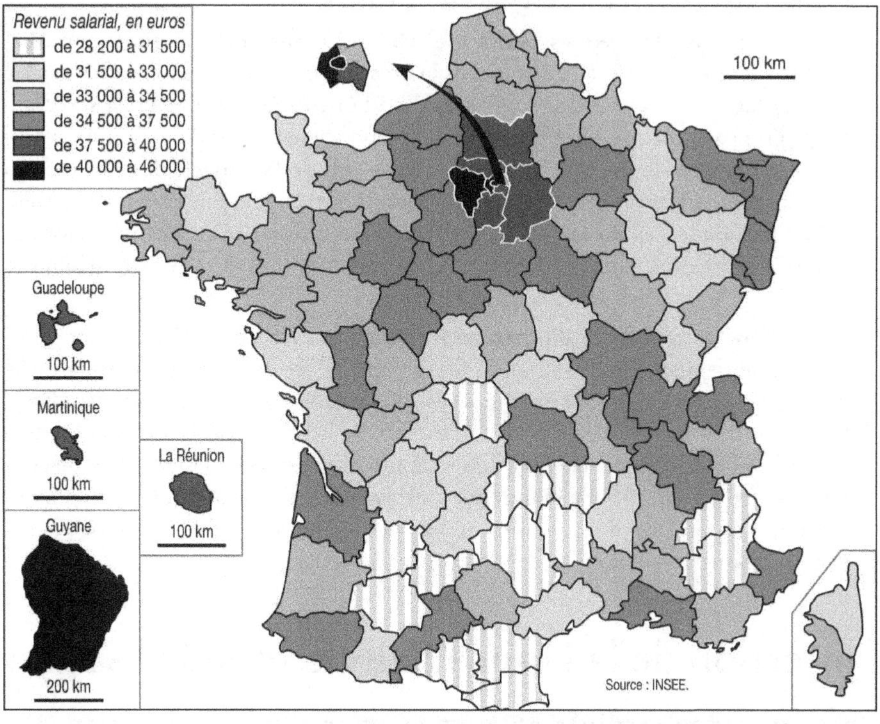


## *Qualifications, mobilités migratoires et cycles de vie professionnel*

Un des principaux facteurs de régulation entre marché du travail et population active réside dans les mobilités migratoires, en plein développement depuis deux décennies, dans le cadre de projets professionnels et de cycles de vie (études, emplois, retraite). En moyenne chaque année, 2 % de la population change par exemple de régions. L'orientation des flux interrégionaux fait apparaître une nette opposition entre les régions du sud et de l'ouest du pays, attractives, face au nord et au nord-est, moins attractifs, voire répulsifs. Dans le contexte national, l'Île-de-France joue un rôle central dans ces mouvements puisqu'elle polarise à elle seule 40 % des flux migratoires nationaux en fonctionnant à la fois comme une pompe aspirante (jeunes en formation et jeunes actifs de 20 à 29 ans) et refoulante (actifs de 30 à 59 ans et retraités). Pour autant, ces logiques de polarisation métropolitaine se retrouvent aussi dans de nombreuses régions lorsqu'elles sont dotées de marchés du travail, métropolitains ou urbains, dynamiques et attractifs.

### La pompe aspirante francilienne : migrations et mobilités

À l'échelle nationale et régionale, le marché du travail et de la formation francilien joue un rôle structurant dont témoignent les migrations des jeunes actifs ou l'élargissement du gradient d'attractivité des navetteurs.

**Les migrations des jeunes actifs de 18 à 29 ans**. En moyenne annuelle, 57 000 jeunes de 18 à 29 ans originaires de province – essentiellement le Grand Ouest, le Grand Bassin parisien et la Rhône-Alpes – viennent s'installer en Île-de-France alors que 35 000 la quitte, soit un solde annuel de + 22 000. À ceci s'ajoute l'arrivée de 26 000 jeunes des DOM ou de l'étranger, dont beaucoup de migrants. Cette attractivité métropolitaine s'explique soit par la poursuite d'études supérieures du fait de la densité et de la diversité de l'offre de formation (63 % diplôme supérieur), soit pour commencer une carrière professionnelle puisque 71 % sont des actifs et 25 % des cadres.

**Le gradient d'attractivité du marché francilien sur les actifs résidents** ne cesse géographiquement de s'étendre, du fait en particulier de l'expulsion résidentielle d'une partie des catégories salariées les plus pauvres vers les périphéries. Dans la 3e couronne, constituée des départements limitrophes, 10,5 % des actifs travaillent en Île-de-France. Un quart de la population active de l'Oise, 20 % de celle de l'Eure-et-Loir et 10 % de l'Eure font ainsi le déplacement quotidien. Un phénomène qui se retrouve dans le nord de l'Yonne et une partie de l'Aisne, de l'Aube et de la Marne.

# L'insertion de la France dans la mondialisation

## L'ouverture mondiale et européenne : les basculements d'échelles

### *Une insertion croissante, entre autonomie et interdépendance*

Puissance géoéconomique et géopolitique moyenne depuis la perte de l'Empire dans les années 1950-1960, la France est profondément insérée dans la mondialisation. Elle garde de ses héritages impériaux de nombreux territoires outre-mer qui la dotent de la 2e zone économique exclusive du monde (11 millions de km$^2$) et de liens migratoires, culturels et économiques privilégiés avec le Maghreb et l'Afrique subsaharienne. Membre fondateur de la CEE, son insertion dans la mondialisation passe prioritairement par son intégration multiforme à l'Union européenne et plus largement à l'Europe. En retour, la mondialisation a un impact structurant dans la mutation contemporaine de sa société, de son économie et de ses territoires. Les géants du CAC 40, les quarante plus grandes entreprises françaises côtées à Paris, réalisent ainsi 72 % de leurs ventes à l'étranger dont 30 % en Europe et 8 % en Asie.

**Le taux d'ouverture de l'économie française**, mesuré à travers le poids des importations et des exportations dans le PIB, augmente relativement peu entre 1975 et 1994 en passant de 10 % à 15 %. Mais le processus s'accélère sensiblement ces quinze dernières années pour atteindre 27 % en 2010 sous les effets de la mondialisation de l'économie et de l'intégration communautaire (libre circulation des capitaux et des marchandises, accords de l'OMC, internationalisation des groupes...). Les degrés d'ouverture et d'exposition des structures productives régionales présentent de fortes disparités en valorisant en particulier la région-capitale, les métropoles et les régions portuaires et frontalières. Les taux d'ouverture régionaux décroissent globalement du Nord Est vers le Sud-Ouest, la Haute-Normandie (Le Havre : 1er port à conteneur), le Nord, l'Alsace et, enfin, le Midi-Pyrénées (70 % des ventes aéronautiques) arrivant aux premiers rangs. Ce phénomène dépend étroitement des spécialisations productives régionales et locales : la Bretagne, au 1er rang pour la viande et les produits de la pêche, les grands bassins céréaliers, les grands vignobles comme le Cognac, le Champagne, les Bordeaux ou les Bourgogne en plein boom avec la montée de la demande asiatique, le Rhône-Alpes dans l'électronique, le matériel électrique et la mécanique, le Centre dans la pharmacie et les cosmétique...

### Statistiques, fonction productive et mondialisation : le cas de la SAFT du Sud-Alsace

Dans les comptes du commerce extérieur, l'Alsace est une des régions au taux d'ouverture le plus important du fait de la polarisation de ses échanges autour de quelques produits et grands groupes industriels français et étrangers dans la mécanique (Liebherr à Colmar, Millipore à Molsheim), l'automobile (Peugeot Citroën à Mulhouse, Mercedes-Benz à Molsheim, General Motors à Strasbourg), la chimie et la pharmacie (Lilly, BASF, Novartis, Clariant, Rhodia), ou la bureautique (Ricoh et Sharp). Cependant, la SAFT (Société d'affrètement et de transit) présente une particularité : avec moins de 50 salariés, cette entreprise est en valeur le 12e exportateur... national, devant Total, RTE-EDF ou Louis Vuitton. Localisée à Saint-Louis dans la partie alsacienne de la métropole transfrontalière baloise, la SAFT est le principal opérateur alsacien d'import-export. Elle s'est spécialisée dans le transit et le dédouanement des stimulateurs cardiaques fabriqués en Suisse par Metronic, leader mondial, à destination du centre de distribution continental du groupe situé aux Pays-Bas, soit environ 2 milliards d'euros par an.

Entrant en France pour être aussitôt réexportés *via* la zone logistique de Saint-Louis, ces flux sont comptabilisés dans le commerce extérieur national et alsacien malgré un impact régional assez faible.

Source : D'après INSEE, *Chiffres pour l'Alsace*, fév. 2012.

**Le déséquilibre des échanges.** L'évolution du commerce extérieur est un bon indicateur de l'insertion de la France dans les échanges et au-delà dans la division internationale du travail. La France connaît depuis une dizaine d'années un véritable décrochage, comme en témoigne la montée structurelle de son déficit commercial qui reflète une insertion de plus en plus fragile et dépendante. En 2011-2012, son taux de couverture est de 86 % et son déficit commercial monte à 141 milliards d'euros. Au-delà du poids de la facture énergétique (– 132 milliards, importation de gaz et pétrole) et à l'exception d'un fort excédent dans deux branches (agro-alimentaire et aéronautique), toutes les grandes branches industrielles sont en fort déficit : informatique et électronique (– 30 milliards), textile habilement (– 23 milliards), automobile (– 14 milliards) et mécanique. Géographiquement, la France a des déficits très marqués avec la zone euro (– 80 milliards), en particulier l'Allemagne (– 35 milliards), et les États-Unis (– 12 milliards) d'un côté et avec la Chine (– 55 milliards) de l'autre. Son système productif est donc pris en tenaille entre d'un côté les pays hautement développés et de l'autre les pays émergents et des Suds à bas coûts salariaux. Enfin, elle demeure très dépendante de la situation économique de la zone euro pour ses exportations face à sa faible implantation dans les grands pays émergents (8 %).

### Zone euro, dévaluation, compétitivité et désindustrialisation

Historiquement, face à ces problèmes de compétitivité, la France a longtemps pratiqué, en particulier des années 1960 aux années 1980, la dévaluation du franc afin de doper ses exportations en affaiblissant la valeur de sa monnaie. Mais la création de la monnaie unique, l'euro, l'a privé de ce levier, tout comme les États d'Europe du Sud d'ailleurs. Ces choix politiques ont été d'autant plus violents pour son système productif que l'Allemagne a réussi à imposer à la fois des critères monétaristes (*cf.* critères de Maastricht) et un euro fort (+ 40 % entre 2000 et 2011) face au dollar ou au yen, un des facteurs de la profonde crise économique et sociale actuelle de la zone euro. Pour faire face à ce changement structurel de grande ampleur, la France aurait du premièrement monter en gamme et deuxièmement fortement investir dans la formation, la recherche et l'innovation. C'est le contraire qui s'est passé, le tissu productif se spécialisant de plus en plus dans le moyen et bas de gamme en jouant sur les bas salaires dans les secteurs qui n'étaient pas portés par la demande publique et à l'abri de l'aile protectrice de l'État. Le tissu productif français présente donc une structure de plus en plus duale avec une spécialisation très étroite (aéronautique, armements, agro-alimentaire et pharmacie) sur les secteurs de haute technologie à forte valeur ajoutée face aux difficultés des secteurs de base (chimie) et surtout des biens d'équipement (*cf.* mécanique, robotique...) et à l'abandon quasi-complet de pans entiers (textiles...). C'est pourquoi depuis 1998 la capacité de production industrielle stagne globalement en France alors qu'elle a augmenté de + 30 % en Allemagne du fait d'un effort d'investissement productif beaucoup plus élevé (+ 60 %) qu'en France (+ 30 %). En 2012, l'Allemagne dégage un solde commercial de + 188 milliards d'euros grâce à ses points forts sectoriels (automobile, machines et mécanique, chimie, équipements électriques...) et à ses produits haut de gamme achetés en masse par les pays émergents, dont la Chine. Dans ce contexte, la question des coûts salariaux unitaires dans l'industrie est largement un faux problème puisqu'ils sont à peu près équivalents entre la France et l'Allemagne comme l'indiquent les données de l'INSEE ou d'un économiste comme P. Artus. La question centrale posée à l'industrie française est son positionnement défavorable du fait d'un niveau de gamme et d'un apport de valeur ajoutée insuffisants et d'une spécialisation internationale inadaptée. À ceci s'ajoute, à l'échelle de l'ensemble du système productif, la question du coût du capital, des consommations intermédiaires et des services, beaucoup plus élevés en France qu'en Allemagne, qui en vient à pénaliser la base industrielle.

L'insertion des régions dans les échanges internationaux dépend étroitement des spécialisations sectorielles et fonctionnelles des tissus productifs. En contrôlant presque un quart des échanges, l'Île-de-France demeure au cœur des fonctions commerciales, logistiques et de redistribution, en étant en particulier un nœud essentiel des importations avec le pôle aéroportuaire de Roissy qui réalise plus de 80 % du fret aérien. Malgré ses difficultés industrielles, le Grand Nord-Est demeure une importante base exportatrice devant le Grand Bassin parisien et le Grand Ouest alors que le Sud-Ouest dégage un solde commercial exceptionnel grâce, en particulier, au poids de l'aéronautique et d'Airbus à Toulouse.

À l'échelle régionale, le taux d'ouverture des économies varie fortement, de 50 % en Haute-Normandie (poids du Havre et de la pétrochimie de la basse vallée de la Seine) et 46 % en Alsace liée à son ancrage rhénan à 34 % en Midi-Pyrénées (Airbus) contre 9 % en Languedoc, Bretagne et Limousin. Cette ouverture dépend aussi largement de l'organisation de l'appareil productif des firmes. Par exemple, les rames du Citadis (tramway) de Casablanca vendues par la firme Alstom au Maroc sont assemblées à Reichshoffen, La Rochelle fournissant l'ingénierie, Le Creusot les bogies, Ornans les moteurs, Villeurbanne le système électronique embarqué, Tarbes les chaînes de traction et Valenciennes l'informatique embarquée et les prestations de formations, rechange et outillages. Ce sont donc au total sept sites industriels, situés dans sept régions, qui contribuent et bénéficient donc de ces exportations.

**Tableau 2.14 L'insertion des régions dans les échanges internationaux (en millions d'euros et %)**

| | Total des échanges | % | Expor-tations | % | Impor-tations | % | Solde commercial |
|---|---|---|---|---|---|---|---|
| Île-de-France | 162 125 | 23 | 55 805 | 17 | 106 320 | 28 | - 50 515 |
| Grand Nord-Est | 145 976 | 21 | 75 157 | 23 | 70 819 | 19 | + 4 338 |
| 6 régions du Grand Bassin parisien | 117 098 | 17 | 58 763 | 18 | 58 335 | 16 | + 428 |
| Grand Ouest | 80 619 | 11 | 35 514 | 11 | 45 105 | 12 | - 9 591 |
| Sud-Ouest | 74 208 | 11 | 43 415 | 13 | 30 793 | 8 | + 12 622 |
| Rhône-Alpes | 70 987 | 10 | 36 329 | 11 | 34 658 | 9 | + 1 671 |
| Grand Sud-Est | 41 613 | 6 | 17 858 | 5 | 23 755 | 6 | - 5 897 |
| Massif central | 13 850 | 2 | 7 403 | 2 | 6 447 | 2 | + 956 |

Source : Douanes, 2013.

### *Tissu productif, réseaux industriels et chaîne de valeur*

Cependant, du fait de la mutation des systèmes productifs et de l'internationalisation des firmes, le commerce français, européen et mondial est de plus en plus dominé par un « processus de segmentation de la chaîne de valeur » qui traduit la forte segmentation technique et spatiale des processus de production entre un nombre croissant de pays. Ce phénomène se traduit par le poids accru des importations de biens intermédiaires ou de services dans la production et par un fort contenu en produits auparavant importés des exportations (*cf.* Airbus).

#### Le *made in world* : le cas d'Airbus

Comme l'illustre le cas du *Boeing Dreamliner* de Boeing, dont la production mobilise 28 000 fournisseurs différents employant 1,2 million de personnes dans une soixantaine de pays, le secteur aéronautique civil est le symbole de ce nouveau *made in world.* Sans être aussi poussée, la fabrication des Airbus s'inscrit en partie dans ce modèle du fait en particulier du partage des fabrications entre la France, l'Allemagne, le Royaume-Uni et l'Espagne dans le cadre d'accords ayant donné naissance à la firme, l'assemblage final étant assuré par les sites de Toulouse et Hambourg, et depuis quelques années dans le cadre de la conquête du marché chinois à Tianjin. Globalement, on estime que presque la moitié des pièces et équipements de l'industrie aéronautique sont importés, pour 54 % de l'Union européenne, pour 42 % des États-Unis et pour 13 % du reste du monde. Si le secteur aérospatial représente 11 % des exportations françaises, si la France se hisse au 2$^{e}$ rang mondial avec 22 % du marché derrière les États-Unis et si le secteur dégage un solde commercial très positif, il convient de souligner qu'une partie importante de la valeur ajoutée est en fait importée préalablement. Comme le souligne les derniers travaux de l'OMC sur la chaîne de valeur, du fait de cette fragmentation de la production, la notion même de pays d'origine, soigneusement enregistrée par les douanes, perd beaucoup de son sens, car la totalité de la valeur commerciale est attribuée au pays de dernière transformation, quelle que soit sa contribution relative dans la chaîne de valeur ajoutée.

On estime en particulier que plus de la moitié des exportations françaises sont liées aux échanges intra-firmes entre la base nationale et les filiales à l'étranger. Face à la forte montée de ces logiques réticulaires internationalisées, l'enjeu pour les firmes comme pour les États et leur territoire est de garder le contrôle des nœuds stratégiques organisant le système productif. Si les États-Unis, le Japon ou l'Allemagne y réussissent parfaitement, la situation française apparaît beaucoup plus fragile, la multiplication des délocalisations, le recours croissant aux importations et l'abandon de segments stratégiques se traduisant par un délitement de certaines filières techniques de production et une perte de savoirs, savoir-faire et compétences inquiétante.

### Les limites des délocalisations : le cas des principes actifs dans l'industrie pharmaceutique

Alors que les principes actifs constituent le cœur du médicament en lui conférant ses propriétés thérapeutiques, les firmes pharmaceutiques, françaises et mondiales, en ont largement délocalisé la production ces vingt dernières années pour des raisons de rentabilité financière. Au total, la Chine et l'Inde en réalisent 80 % de la production mondiale, contre seulement 20 % il y a trente ans. Mais face à l'essor de leurs propres besoins et de ceux des pays des Suds, leurs bases productives sont incapables de répondre à la demande mondiale et européenne. Ce processus est tel qu'il pose de plus en plus la question de la qualité et de la disponibilité des traitements pharmaceutiques comme en témoignent ces dernières années d'inquiétantes ruptures intervenues dans l'approvisionnement en médicaments de la France et de certains pays européens. En France, l'Agence française de sécurité sanitaire des produits de santé est passée de deux alertes en 2009 à 31 en 2011, en particulier pour les traitements hospitaliers. Par exemple, le paracétamol, un des antidouleurs les plus usités dans le monde, n'est plus produit en Europe depuis la fermeture de la dernière usine française de Rhodia en 2008. De même, le développement des médicaments génériques a été massivement délocalisé par les firmes occidentales en Asie, la Chine polarisant à elle seule la moitié de la production de principes actifs génériques du marché européen, les grands laboratoires occidentaux se contentant de sa transformation (gélules, produits injectables...). Face à ces problèmes de santé et de sécurité publique, l'Académie des sciences exige la mise en place d'une politique industrielle cohérente française et communautaire. Dans ce contexte, alors que Sanofi produit encore la moitié de ses principes actifs en Europe, certaines firmes commencent à relocaliser les leurs. Il est grand temps que la France et Bruxelles ne laissent pas dans les mains du seul marché et des stratégies à court terme des firmes de secteurs aussi stratégiques.

### *Régime d'accumulation financière, financiarisation et nature systémique de la crise*

**Le nouveau régime d'accumulation, pilier de la mondialisation.** Ouverte en 2007, la plus grave crise mondiale depuis 1929 signe la fin d'un cycle historique de presque un demi-siècle ayant débuté dans les grands pays développés au milieu des années 1970 et s'accélérant au début des années 1980 avec l'arrivée au pouvoir de Margaret Thatcher au Royaume-Uni puis de Ronald Reagan aux États-Unis. Ce nouveau cycle s'appuie sur quatre piliers faisant système : une révolution politique, idéologique et sociale néoconservatrice ; un nouveau régime économique d'accumulation financière ; une mondialisation néolibérale et, enfin, stratégiquement, une nouvelle guerre froide. Car la mondialisation est bien loin d'être seulement l'essor éthéré d'une échelle mondiale ou d'un espace-monde interconnecté ; c'est aussi, voire surtout, un système – à chaque fois historiquement daté – à la fois géo-économique, géopolitique et géostratégique définissant un ordre mondial et un système mondial.

Dans ce cadre, à partir du milieu des années 1970, l'objectif majeur pour Londres et Washington – puis de leurs alliés occidentaux, dont la France – est bien de refonder les bases hégémoniques du capital occidental face à l'URSS et aux revendications croissantes du Tiers Monde ; l'effondrement de l'URSS et du camp communiste en 1989-1991 signant son succès inespéré. On ne soulignera jamais assez que ces décisions – dérégulation, dèrèglementation, désintermédiation... – sont éminemment politiques car du ressort de la souveraineté des États : ainsi, la directive européenne sur les marchés d'instruments financiers (MIFID), portée par la Commission de Bruxelles avec l'accord de tous les États membres et qui libéralise quasi-totalement le système financier européen, entre en vigueur en 2007 alors que le système international se fissure déjà et est sur le point de s'effondrer. Qu'il soit national, continental ou mondial, le marché est bien aussi une construction politique et géopolitique.

En ce qui concerne plus spécifiquement la thématique de cet ouvrage, il convient de souligner que ce nouveau régime d'accumulation financière – rentier et spéculatif, de plus en plus instable – va profondément transformer à la fois les systèmes productifs en plaçant une finance hypertrophiée en position nodale dans les grandes économies, et les modes de gestion des firmes.

Il se caractérise par deux composantes : une considérable explosion du stock de capital financier (2005 : 7 à 9 fois le PIB mondial), un gonflement sans précédent des flux financiers libérés de toute entrave juridique ou réglementaire et extrêmement mobiles. Sans multiplier les chiffres et à titre indicatif, sur les seuls marchés mondiaux des produits dérivés, la valeur du notionnel atteint 648 000 milliards de dollars au printemps 2012 et leurs encours passent de 50 à 900 % du PIB mondial entre 1990 et 2012. Les monnaies, ou devises, les actions des entreprises côtées en bourse, les dettes et obligations publiques et privées, les taux d'intérêts, etc., deviennent des marchandises spéculatives alors que se multiplient les innovations de produits (*cf.* crédits subprimes, CDS...) ou techniques (trading haute fréquence avec ordres d'achat ou de vente automatique de l'ordre de la nanoseconde). En quelques décennies, ce système d'accumulation financière va se traduire par la montée historique du pouvoir actionnarial et conduire au remodelage des systèmes productifs, salariaux et sociaux : stagnation des salaires réels et des revenus du travail au profit de la rente et des revenus du capital, déformation du partage des revenus entre catégories sociales, secteurs économiques et espaces géographiques, parfois désindustrialisation marquée... Afin de résoudre ces contradictions internes, car il faut bien des consommateurs, ce système a pour corollaire un mode de croissance insoutenable fondé sur une économie d'endettement généralisée, une spéculation immobilière parfois effrénée et une société d'inégalités et d'insécurité sociale de plus en plus généralisées.

**Effondrement et crise**. Ce système s'effondre à partir des États-Unis en 2007 pour déboucher en 2008-2009 sur une crise systémique généralisée, financière puis économique, industrielle et sociale. Face à l'énormité de la destruction de richesses financières, immobilières ou productives réalisées, les institutions internationales et les États se mobilisent pour sauver le système. Les États socialisent massivement les pertes en faisant porter l'effort sur les contribuables alors que les mesures de régulations des marchés financiers demeurent toujours largement dans les limbes et se heurtent à de farouches résistances, en particulier du côté du secteur financier. Comme le souligne le FMI, le niveau d'endettement public des grands pays développés retrouve aujourd'hui son niveau de 1945-1946, signalant qu'en définitive, pour les finances publiques, l'effort de mobilisation réalisé face à la crise est équivalent au coût du plus grand conflit mondial du XX^e^ siècle. Aujourd'hui, 80 % de la dette mondiale est au Nord, contre 20 % au Sud. La dette publique française passe ainsi avec la crise de 1 152 à 1 912 milliards d'euros (+ 760 milliards, + 66 %) entre 2006 et 2013, soit de 64 à 94 % du PIB alors que la dette extérieure brute du pays s'envole à plus de 5 800 milliards d'euros. De même, les Banques centrales doivent réaliser une production monétaire historiquement inédite en faisant marcher la planche à billets (injection de liquidités, achats massifs d'actifs financiers douteux...) afin de sauver les banques et les circuits économiques : entre 2004 et 2012, le bilan de la Banque centrale européenne – dont la Banque de France est une annexe – passe de 1 000 à plus de 3 000 milliards d'euros constants pour représenter l'équivalent de plus de 25 % du PIB de la zone euro. Enfin, alors que les systèmes financiers ou économiques islandais, irlandais, britanniques, grecs, portugais et espagnols s'effondrent et nécessitent des centaines de milliards d'aides du FMI, de la BCE ou de l'Union européenne, un Fonds européen de stabilité financière (FESF) puis un Mécanisme européen de stabilisation financière (MESF) sont mis en place. Ce processus de mutualisation des dettes et des risques afférents – couverts par les garanties apportées auprès des investisseurs par l'ensemble des pays de la zone euro – mettent en première ligne l'Allemagne et la France. Enfin, l'opportunité offerte par la crise financière est largement utilisée par les tenants d'une Europe supranationale ou fédérale pour réaliser un pas supplémentaire dans l'intégration communautaire et les transferts de souveraineté vers Bruxelles sans qu'à aucun moment la question de l'avenir du système d'accumulation financière européen et mondial ne soit réellement posée.

**Les enjeux français.** Comme tous les grands pays développés, le système productif français a été profondément remodelé par ce nouveau régime d'accumulation financière adopté dès le début des années 1980 par Paris, paradoxalement au départ par un gouvernement socialiste.

On assiste d'abord à une montée en puissance inédite des groupes financiers et bancaires français (BNP-Paribas, Société générale, AXA, Crédit agricole, BPCE (Banques populaires), Caisses d'épargne, Crédit mutuel (CIC)) ou étrangers présents en France (Deutsche Bank, J. P. Morgan, Morgan Stanley, UBS, Barclays…) dont l'emprise sur l'économie nationale tout comme leur internationalisation s'accélèrent, comme l'illustre l'explosion de leurs actifs et salariés dans le monde.

**Tableau 2.15 La dynamique des quatre grands groupes financiers français**

| | Actifs financiers (en milliards de $) | | | Salariés mondiaux | | | Filiales à l'étranger | |
|---|---|---|---|---|---|---|---|---|
| | 2003 | 2007 | 2011 | 2003 | 2008 | 2011 | 2003 | 2011 |
| BNP-Paribas | 986,7 | 2 969,3 | 2 551,2 | 89 071 | 173188 | 198 423 | 351 | 892 |
| Société générale | 679,6 | 1 616,6 | 1 533,6 | 87 920 | 160 430 | 159 616 | 338 | 345 |
| AXA | 567,2 | 963,5 | 947,7 | 117 113 | 109 304 | 96 999 | 340 | 589 |
| Crédit agricole | 1 102,8 | 2 635,1 | 2 237,5 | 63 140 | 88 933 | 87 451 | 196 | 274 |
| **Total 4** | **3 336,3** | **8 184,5** | **7 270** | **357 244** | **531 855** | **542 489** | **1 225** | **2 100** |

Source : UNCTAD, 2012.

On assiste ensuite à une intégration toujours plus poussée du système financier français dans l'organisation technique et économique des flux financiers européens et mondiaux. Ainsi, après s'être assurée d'une totale hégémonie sur le territoire national dans les années 1970, la société de Bourse de Paris fusionne en 2000 avec les bourses d'Amsterdam, de Bruxelles, de Lisbonne et du marché LIFFE pour constituer une société et un marché unique, Euronext. Euronext est ensuite elle-même rachetée et intégrée au NYSE new-yorkais dans le groupe NYSE Euronext, renforçant ainsi largement l'intégration transatlantique du marché boursier face à la concurrence de Londres et Francfort et des nouvelles plateformes d'échange (MTF), plus ou moins opaques, autorisées par les libéralisations de 2007. Après être passée de 761 à 4 222 milliards d'euros entre 1994 et 2007 (+ 552 %), la valeur de la capitalisation boursière d'Euronext s'effondre de moitié en 2008 pour remonter à 2 900 milliards d'euros en 2013, soit une perte de valeur du marché action – 1 322 milliards d'euros entre 2007 et 2013. Ce capital aurait sans aucun doute pu servir à bien autre chose, économiquement, socialement et territorialement.

### Les rémunérations des professionnels de marché, les traders et les bonus

Les départements BFI (Banque de financement et d'investissement) constituent au sein des grandes banques françaises et internationales le cœur du système spéculatif grâce à leurs salles de marchés où s'effectuent les opérations réalisées par des traders. En France, celles-ci sont localisées préférentiellement soit dans les grandes tours du quartier de La Défense qui accueillent les sièges sociaux et les fonctions stratégiques, soit à proximité géographique immédiate (centre-ouest de Paris, XV^e^ arrondissement). Elles sont complétées, grâce à des liens étroits, par des salles de marchés localisées dans les autres grandes places financières mondiales (Londres, New York, Singapour...). Les traders sont largement rémunérés aux résultats obtenus à travers un système de bonus. En 2010, les six principales sociétés françaises ont versé 3 milliards d'euros de bonus aux salariés de leurs BFI, dont 2 milliards d'euros de rémunérations variables à 8 200 traders. Dans cet ensemble, 25 % de l'enveloppe, soit 660 millions d'euros, a été versé à seulement 400 personnes, âgées en moyenne de 41 ans, et basées à Paris (40 %), Londres (26 %) et New York (16 %) selon un rapport de M. Camdessus remis à la ministre C. Lagarde en 2011. Les 100 traders les mieux payés ont ainsi touché au moins 1,7 million d'euros et 50 au moins 2,5 millions d'euros.

La spéculation est au cœur de l'activité de cette nouvelle aristocratie financière. Rappelons ainsi, qu'en janvier 2008, la Société générale a annoncé être la victime d'une fraude d'un jeune trader, J. Kerviel. Travaillant dans ses salles des marchés de la tour de La Défense, où se trouve le siège du groupe, sur des marchés de contrats à terme entre la France et l'Allemagne, J. Kerviel avait pu engager à lui seul un capital de 50 milliards d'euros. Le retournement brutal du marché à l'hiver 2008-2009 prend ses engagements à revers : la Société générale se retrouve au bord du gouffre en perdant dans l'affaire 4,9 milliards d'euros, soit presque l'équivalent de son bénéfice net annuel mondial de 2006 (5,2 milliards d'euros).

**Financiarisation et tissu productif.** On assiste enfin à la financiarisation croissante des modes de gestion, d'organisation et de fonctionnement des sociétés côtées en bourse sous la pression des marchés financiers (banques, assurances, Fonds de gestion, Fonds spéculatifs...) qui diffusent ainsi leurs logiques de gestion (taux de rentabilité du capital, court-terme, éclatement en centres de profit autonomes...) aux activités productives et périproductives. Ces processus pèsent largement sur les questions du coût du travail, les modes de financements, la formation, les qualifications, le mode de management, les rapports avec les sous-traitants et les fournisseurs... Dans la décennie 2000-2010, les entreprises consacrent ainsi deux fois moins d'argent à leurs investissements nets qu'à la rémunération des propriétaires de leur capital. Ceci se traduit par un sensible ralentissement de leurs investissements et à un affaiblissement structurel de leurs effort et capacités d'innovations. Entre 2006 et 2012, les actionnaires des firmes du CAC 40 reçoivent, malgré la crise, 254 milliards d'euros de dividendes alors que les investissements se montent à seulement 553 milliards d'euros. À ces revenus s'ajoutent 40,3 milliards d'euros de rachats d'actions entre 2006 et 2010 afin de soutenir les cours des actions en bourse au profit des actionnaires alors que les exonérations fiscales pour les entreprises se montent à 119 milliards d'euros. Ces prélèvements profitent aux 10 % des Français les plus riches, qui possèdent aujourd'hui des actions, et au capital étranger qui détient environ 40 % de la capitalisation boursière des entreprises du CAC 40.

Si le système financier français a globalement mieux résisté à la crise que dans d'autres pays européens où des pans entiers s'effondrent (Irlande, Grèce, Royaume-Uni, Belgique, Pays-Bas, Espagne), l'État a dû se mobiliser fortement comme en témoignent les financements de la Société de prise de participations de l'État (SPPE) à six banques (BNP-Paribas, Société générale, Crédit agricole, BPCE, Crédit mutuel et Dexia). Les grandes banques réorganisent leurs activités, réduisent leurs bilans en cédant des centaines de milliards d'actifs et licencient. Dexia – dont la partie financement des collectivités est reprise par la Caisse des dépôts et donc *de facto* nationalisée – disparaît en laissant une lourde ardoise aux contribuables et collectivités locales, le Crédit immobilier de France est à la dérive et Groupama, lui aussi sauvé par la Caisse des dépôts, en grande difficulté. La rerégulation des marchés financiers, la lutte contre la spéculation et les paradis fiscaux et la réorientation du capital vers le financement des besoins économiques et sociaux sont des enjeux d'avenir pour le système productif français alors que les entreprises, en particulier les PME, font appel pour 60 % de leurs besoins aux crédits bancaires.

## Système productif, firmes et territoires : le poids des groupes

### *Les types de capital et d'acteur : une grille d'analyse des territoires*

Le tissu économique français est composé de millions d'entreprises du secteur marchand. Il se caractérise par un fort dualisme qui oppose micro-entreprises artisanales, petites et moyennes entreprises (PME) et groupes. Ainsi, les 2,5 millions de micro-entreprises relèvent pour l'essentiel du commerce, de l'artisanat (boulangeries, charcuteries, imprimeries, restauration...) ou de services locaux à la population. Les PME, dont 11 % seulement dépassent les 50 salariés, relèvent pour beaucoup de l'hôtellerie, du nettoyage, du commerce de gros, du bâtiment et de PME industrielles traditionnelles (métaux, textiles, mécanique) ou de services plus qualifiés (activités juridiques, comptabilité, architectes, ingénierie). Cette répartition répond à des degrés d'action d'échelles géographiques très variées, des services élémentaires locaux à la population aux grands groupes internationaux s'adressant aux marchés mondiaux.

La grande nouveauté des travaux les plus récents de l'INSEE est de valider le fait, déjà bien connu des géographes industriels, que les grands groupes sont un facteur majeur d'organisation du tissu productif et de ses territoires. Entité juridique, économique, financière et productive, un grand groupe est une entreprise composée d'une société-mère et de ses filiales autour desquelles gravitent de nombreuses autres entreprises à l'amont ou à l'aval qui fournissent produits et services (sous-traitance...).

#### Tissus productif et entreprises industrielles : définition et champs d'activités

En 2008-2009, l'INSEE a introduit une nouvelle définition des entreprises en s'appuyant non plus seulement sur des critères juridiques mais aussi sur des critères économiques qui permettent de mieux décrire le tissu productif et de mieux cerner la nébuleuse que constituent les grands groupes qui disposent de nombreuses filiales. Ce changement a un impact important. Premièrement, il augmente sensiblement le poids et la taille des grands groupes : avec ces nouveaux modes de calculs, ils doublent en effet leurs effectifs salariés en passant de 15 à 31 % des emplois totaux, leur valeur ajoutée et leur poids dans la recherche & développement. Deuxièmement, il renforce le poids de l'industrie car les groupes industriels disposent de très nombreuses filiales - activités de sièges, financement, recherche, services administratifs ou de soutien dont relèvent les sièges sociaux, fonctions commerciales, logistiques - qui étaient jusqu'ici classées dans le « tertiaire ». Du fait de cette seule réintégration, les effectifs de l'industrie augmentent ainsi mécaniquement au plan statistique de + 8 %. De même, en réintégrant la part des exportations des groupes industriels facturées par leurs filiales tertiaires, la part de l'industrie dans les exportations passe de 57 à 64 %. Enfin, la géographie de la structure du capital composant les systèmes productifs régionaux en sort transformée : le poids des groupes passe de 20 à 40 % de l'emploi total régional en Île-de-France ou de 15 % à 34 % dans le Nord et la Haute-Normandie alors, par exemple, qu'en Bretagne, le poids des PME recule de 40 à 29 % des emplois régionaux au profit en particulier des groupes intermédiaires (ETI).

Source : D'après *INSEE Premières*, n° 1399, mars 2012.

La distinction entre le type de capital et les catégories d'acteurs économiques demeure un facteur fondamental de différenciation spatiale du territoire national. Le territoire national demeure marqué par une nette et ancienne opposition structurelle entre une France du Nord, historiquement largement organisée par la grande entreprise depuis la Révolution industrielle, et une France du Sud, plus en retrait et où micro-entreprises, artisanat et PME pèsent d'un poids plus lourd dans les structures économiques. Les PME et micro-entreprises représentent ainsi 73 % de l'emploi salarié en Lozère et 67 à 70 % dans les Hautes-Alpes, le Cantal, la Haute-Loire ou le Gers alors qu'à l'inverse, les grands groupes représentent 76 % de l'emploi dans les Hauts-de-Seine et les Yvelines.

### *Les grands groupes : un facteur majeur d'organisation du tissu productif*

Ces quarante dernières années, l'économie française a connu un fort processus de concentration économique, quel que soit le secteur d'activité concerné. Si l'artisanat et les toutes petites entreprises de 1 à 50 salariés se maintiennent et représentent 48,5 % des emplois privés, on assiste à un fort recul des entreprises de taille moyenne au profit du sensible renforcement des grandes entreprises. De fait, la croissance des grands groupes s'est opérée en France ces dernières décennies pour une bonne part soit par l'absorption, soit par l'étranglement économique des firmes moyennes. Si ce phénomène a permis à la France de se doter de très grands groupes internationaux, c'est au prix d'un large blocage du processus de renouvellement du tissu productif par les PME et les firmes intermédiaires. Paradoxalement, si ces dernières décennies de nombreux travaux scientifiques et universitaires s'intéressent aux *clusters*, réseaux de PME et micro-structures territoriales innovantes, l'analyse stratégique et géographique des grands groupes qui structurent pourtant de manière majeure les systèmes productifs demeure quasiment en friche du fait d'une véritable logique d'évitement des sujets les plus brûlants.

**Tableau 2.16 La structuration du tissu productif par les grands groupes**

| | **Grandes entreprises (groupes)** | **Entreprises de taille intermédiaire** | **Petites et moyennes entreprises** | **Micro-entreprises** | **Total** |
|---|---|---|---|---|---|
| Nombre d'entreprises | 217 | 4 576 | 131 253 | 2 555 003 | 2 691 049 |
| Salariés (millions) | 3,986 | 2,877 | 3,529 | 2,377 | 12,769 |
| *% salariés* | *28,4* | *23,2* | *28,9* | *19,5* | *100 %* |
| *% valeur ajoutée* | *33* | *23* | *22* | *22* | *100 %* |
| *% immobilisation* | *62,2* | *22,2* | *9,3* | *6,3* | *100 %* |
| *% CAF exportations* | *48,7* | *33,5* | *13,3* | *4,5* | *100 %* |
| *% dépenses R & D* | *62* | *26* | *11* | *1* | *100 %* |

Source : INSEE, 2012.

En vingt ans, la part des firmes de plus de 1 000 salariés dans l'emploi passe de 42 à 45 % dans l'industrie, mais surtout de 16 à 32 % dans la branche conseil et assistance, de 27 à 49 % dans les services opérationnels et de 21 à 35 % dans le commerce de détail. Le secteur du commerce de détail, en particulier alimentaire, a ainsi été complètement réorganisé par le formidable essor économique de la grande distribution : si, depuis 1980, l'emploi dans le petit commerce stagne, il est multiplié par sept dans les hypermarchés, qui quadrillent aujourd'hui le territoire national, et augmente de 40 % dans les supermarchés et superettes. Aujourd'hui, seulement 186 grandes entreprises réalisent la moitié des exportations du pays et 3 486 entreprises 82 % alors que 43 000 PME n'en réalisent que 13 % et 285 000 micro-entreprises seulement 5 %. Face aux PME et micro-entreprises artisanales, l'INSEE distingue deux niveaux d'entreprises jouant un rôle stratégique : les ETI et les très grandes entreprises.

### La réorganisation du commerce de détail par les grands groupes : le quadrillage des territoires

Depuis l'ouverture du premier magasin discount par E. Leclerc en 1949 à Landernau, du premier hypermarché à Sainte-Geneviève-des-Bois en 1963 par Carrefour, puis du premier supermarché Auchan par G. Mulliez en 1961 à Roubaix dans une ancienne usine textile, la structure économique, technique et géographique du commerce de détail s'adressant à la population (aires de chalandise, croissance périurbaine, sélectivité du commerce restant en centre-ville...) a été profondément transformée, en particulier ces trois dernières décennies. L'enjeu est considérable puisqu'elle représente 1,6 million d'emplois dans 331 000 points de vente d'une surface totale de 76,7 millions de km². Face aux difficultés du petit commerce de détail et de l'artisanat traditionnel (fruits et légumes, boucheries, poissonneries, charcuteries, boulangeries-pâtisseries...) en forte régression, cette activité est de plus en plus dominée financièrement, économiquement et techniquement par les grands groupes et les réseaux d'enseignes. Les grandes surfaces (magasins de + de 400 m²) représentent en effet 70 % des surfaces de ventes, la moitié des emplois et les deux tiers du chiffre d'affaires. On doit en particulier souligner l'importance des 11 000 hypermarchés et supermarchés du pays qui quadrillent et organisent largement les territoires de la consommation : ils représentent 33,5 millions de m², réalisent 44,6 % des ventes avec 390 000 emplois. Ces grands groupes réalisent aujourd'hui 35 % des ventes du commerce de détail, mais 60 % des ventes des produits alimentaires et des carburants automobiles.

Ce processus est d'abord porté par les six principaux groupes de la distribution : Carrefour, Leclerc, Auchan, Casino, Intermarché, Système U. Afin de mieux contrôler le marché et ses évolutions, en particulier en milieux urbains (*cf.* retour dans les centres-villes), ils se sont dotés d'une vaste gamme de taille des magasins comme l'illustre, par exemple, le groupe Carrefour (hypermarchés Carrefour, supermarchés Carrefour, Carrefour Market, superettes 8 à Huit, Carrefour Contact, Carrefour City, Shopi et Proxi). On trouve ensuite les firmes du hard-discount, encore largement détenues par les grandes enseignes allemandes (Aldi, Lidl, Norma). Les stratégies d'achat et d'approvisionnement sont organisées par de grandes centrales d'achat fonctionnant aux échelles européenne et mondiale afin de leur donner un large pouvoir de négociation (pression sur les prix, délais, qualité...) face à leurs fournisseurs (agro-alimentaire, textile, carburants...) comme EMD, Coopernic, Carrefour Europe, Auchan Europe, Casino Europe... Mais face aux critiques croissantes, certaines enseignes revalorisent malgré tout parfois les productions nationales et régionales et les cycles courts en mobilisant des producteurs locaux.

À partir de l'étroit contrôle de leur base nationale et de l'étranglement progressif du petit commerce traditionnel, ces entreprises se sont surtout fortement internationalisées. Créé en 1959 à Annecy, Carrefour emploie ainsi 472 000 salariés dans une trentaine de pays alors que ses ventes mondiales passent de 10 à 90 milliards d'euros en dix ans. En 2014, il va regrouper sur un site unique à Massy (91) les 4 500 salariés des directions de ses différents sièges franciliens (Boulogne, Levallois, Évry-Courcouronnes, Les Ulis, Neuilly). Ce dispositif est complété par de puissants groupes spécialisés, par exemple dans l'équipement du foyer (But, le suédois Ikéa...), la vente par correspondance (La Redoute...) ou les produits surgelés (Picard, détenu par un Fond financier étatsunien), et de réseaux d'enseignes franchisées (*cf.* J.-L. David, J. Dessange, F. Provost dans la coiffure).

Dans ce vaste ensemble, la trajectoire du groupe Mulliez – qui contrôle le groupe Auchan et dont la fortune est évaluée à plus de 30 milliards d'euros, ce qui le classe aux tous premiers rangs – est emblématique des mutations du capitalisme familial français. Issue des dynasties catholiques du textile du Nord (filature créée en 1847) dont le siège social est toujours à Roubaix, le groupe Mulliez abandonne progressivement le secteur industriel textile pour se réorienter vers le commerce. Pour ce faire, la famille Mulliez a créée l'AFM (Association familiale Mulliez) afin de verrouiller le contrôle du patrimoine dynastique tout en permettant à chacun de ses descendants de se lancer dans les affaires en fondant de nombreuses entreprises comme Saint-Maclou, Norauto (Midas...), Brice, Agapes Restauration (Flunch, Pizza Paï, Les 3 Brasseurs...), HTM (Boulanger, SMS Distribution....), Décathlon, Kiabi, Cultura, Picwic, Kiloutou ou en prenant des participations stratégiques dans ADEO (Leroy Merlin, Bricomann...), Les 3 Suisses, Alinéa, Jules/groupe Camaïeu ou GrosBill.

**Les entreprises de taille intermédiaire** (ETI) sont au nombre de 4 500 unités, dont la moitié emploie entre 250 et 700 salariés. Elles sont dans l'industrie l'un des talons d'Achille du système productif français (*cf.* rapport Gallois), contrairement à l'Allemagne où ce fameux *Mittelstand* est bien plus étoffé, solide et dynamique. Dans les ETI, l'ouverture internationale joue un rôle important : un tiers des ETI sont en effet des filiales de groupes étrangers implantés en France (automobile, matériel électrique, pharmacie), alors qu'un tiers des ETI françaises disposent au moins d'un établissement à l'étranger. Comme le souligne par exemple le rapport Gallois, une politique publique volontariste de développement économique et technologique devrait durablement renforcer cet échelon de l'appareil productif national qui joue un rôle important dans les territoires en augmentant le nombre d'entreprises de taille intermédiaire dynamiques et exportatrices.

**Les grands groupes.** Le tissu productif national est largement dominé par les 217 grandes entreprises, dont un tiers relève de l'industrie (automobile, navale, aéronautique, ferroviaire), devant l'énergie et les réseaux (eau, gaz, électricité, transports, télécommunications : SNCF, La Poste, EDF, GDF Suez, France Télécom...), les commerces, banques et assurances (Crédit agricole, Société générale, Crédit lyonnais, AGF...). Entamée depuis plusieurs décennies dans le cadre de la construction européenne et de la mondialisation, la concentration économique y est souvent très forte.

Ces stratégies ont débouché sur le développement de nombreuses grandes firmes transnationales qui se sont progressivement internationalisées dans la finance, l'industrie mais aussi le commerce (Auchan, Carrefour), le bâtiment (Vinci, Bouygues, Eiffage, Spie) ou l'agro-alimentaire en multipliant les accords de partenariats ou les alliances (*cf.* Renault Nissan). Seulement six firmes emploient 74 % des salariés de l'automobile, sept firmes 78 % des salariés de la construction navale, aéronautique et ferroviaire, quatre firmes 94 % des salariés dans l'eau-gaz-électricité, 23 firmes 80 % des salariés des activités financières.

La géographie du capital, français et étranger, est un facteur majeur d'organisation et d'insertion des territoires dans la mondialisation, en particulier à travers les taux de dépendances de l'emploi salarié local envers les groupes internationalisés. La part des effectifs salariés dépendant des groupes internationaux varie de 85 % dans la zone d'emploi de Roissy, dominée par la plateforme aéroportuaire, à 5 % à Porto-Vecchio ou 8,4 % à Saint-Flour.

Au total, 70 % du territoire national voit au moins un quart de ses salariés dépendre d'un groupe international et 43 % pour plus du tiers.

Par leur poids, leur importance stratégique, leurs potentiels scientifiques et leurs réseaux, ces firmes sont devenues l'élément moteur de l'internationalisation de la production et des échanges. Elles jouent en effet un rôle nodal dans la structuration économique et territoriale du système productif national en employant 30 % des salariés et en réalisant un tiers de la valeur ajoutée, 62 % des immobilisations de capital et de la recherche et la moitié des exportations. Ainsi, seulement 68 groupes industriels réalisent 36 % des exportations françaises. Mais ce phénomène de concentration économique s'est accompagné d'un dualisme croissant du système productif national fondé sur une dissociation fonctionnelle entre les grands groupes et le reste du système productif. L'impact des stratégies des grands groupes sur l'économie, l'emploi et les territoires est donc une question géographique nodale.

### *L'internationalisation spectaculaire des groupes français*

En trente ans, les entreprises françaises se sont en effet très fortement internationalisées. La France compte aujourd'hui 32 firmes transnationales hors finance parmi les 500 premières mondiales, soit plus que l'Allemagne. Le stock de capital investi à l'étranger (IDE) a été multiplié par 55 et passe de 4 à 62 % du PIB de la France entre 1980 et 2011 pour représenter 1 374 milliards de dollars. Le stock d'IDE français à l'étranger concerne essentiellement la finance (31 %), l'industrie (26 %), l'information et la communication (8 %). Si l'Union européenne demeure la destination privilégiée avec 61 % du capital, les autres grands pays industrialisés en polarisent 25 %, dont 17 % pour les États-Unis, devant le reste du monde (14 %) où l'Asie joue un rôle croissant. À côté des IDE, il convient enfin de prendre en compte le développement de « nouvelles formes d'investissements » que l'on peut qualifier de croissance réticulaire ou en réseau. Face à la complexification du système productif et à la montée de la concurrence, elle comprend la sous-traitance internationale, l'assistance technique, les accords de coproduction, de gestion ou de cofinancement ou « alliances stratégiques » telles que les ont développées par exemple les groupes automobiles comme Renault avec Nissan ou Peugeot avec, entre autres, General Motors.

#### Fiscalité, imposition et optimisation fiscale des grands groupes

Le débat sur la fiscalité des entreprises et du capital est récurent en France. Si le taux d'imposition facial, c'est-à-dire officiel, sur les bénéfices de 33,3 % est souvent dénoncé comme un boulet, les grands groupes pratiquent des stratégies massives d'optimisation fiscale (régime du bénéfice mondial consolidé, niches fiscales, sociétés offshore dans les paradis fiscaux, prix de transferts entre filiales...). En 2009, 25 % des firmes du CAC 40, les 40 plus grosses capitalisations boursières, n'ont pas payé d'impôts (Danone, Suez, Essilor, Saint-Gobain, Schneider...) alors que, par exemple, Total réalisait un bénéfice de plus de 8 milliards d'euros). Un rapport du Conseil des prélèvements obligatoires estime qu'au total le taux d'imposition sur les bénéfices des entreprises du CAC 40 était de 8 % seulement alors qu'il est de 30 % pour les entreprises de moins de 10 salariés et de 20 % pour les entreprises de moins de 500 salariés. Ce débat rebondit en France et dans l'Union européenne en 2013 à propos de la forte sous-imposition des grands groupes étatsuniens des nouvelles technologies (Apple, Google...). Les réponses à adopter sont à la fois françaises mais tout autant communautaire face aux paradis fiscaux irlandais, luxembourgeois ou néerlandais, les Pays-Bas accueillant de nombreux holdings de groupes français.

En 2010, les 2 650 groupes internationalisés, hors banques, emploient dans 31 000 filiales 4,7 millions de salariés à l'étranger contre 4,2 millions en France. Leurs effectifs à l'étranger sont donc dorénavant supérieurs aux emplois totaux cumulés de l'industrie et du bâtiment en France. Avec 43 % des effectifs mondiaux, l'Europe constitue la priorité devant les États-Unis (11 %) et la Chine (9 %), le Brésil, l'Inde et le Mexique. Le chiffre d'affaires des filiales des groupes français à l'étranger atteint les 1 080 milliards d'euros en 2010. Les groupes du commerce sont les plus internationalisés (étranger : 64 % salariés, 60 % ventes), devant l'industrie (58%, 60 %) puis les services

**Tableau 2.17 L'implantation internationale des grands groupes français**

| | Salariés | % | Ventes (en milliards €) | % | Nombre de filiales | % |
|---|---|---|---|---|---|---|
| Union européenne | 1 998 | 42,8 | 528,1 | 49 | 15 874 | 51,2 |
| BRIC | 963 | 20,6 | 110,7 | 10,3 | 3124 | 10,1 |
| Autres pays développés | 695,7 | 14,9 | 223,1 | 20,7 | 4 280 | 13,8 |
| Amérique latine | 279 | 6 | 33,1 | 3,1 | 1 204 | 3,9 |
| Maghreb et Moyen-Orient | 225,2 | 4,8 | 35,8 | 3,3 | 1 751 | 5,6 |
| Asie du Sud-Est | 204,4 | 4,4 | 37,9 | 3,5 | 1 461 | 4,7 |
| Europe hors UE | 99,1 | 2,1 | 61,4 | 5,7 | 1 422 | 4,6 |
| Afrique francophone | 80,5 | 1,7 | 14,1 | 1,3 | 533 | 1,7 |
| Afrique non francophone | 55,8 | 1,2 | 13,1 | 1,2 | 486 | 1,6 |
| Asie centrale et orientale | 7,7 | 0,2 | 1,2 | 0,1 | 78 | 0,3 |
| Autres pays | 62,8 | 1,3 | 19,1 | 1,8 | 791 | 2,6 |
| Ensemble hors UE | 2 673,2 | 57,2 | 549,5 | 51 | 15 130 | 48,8 |
| **Monde** | **4 671,2** | **100** | **1 077,7** | **100** | **31 004** | **100** |

Source : INSEE, 2012.

(45 %, 39 %). Enfin, dans la finance, les principales banques françaises détiennent environ 2 300 filiales à l'étranger en 2010 qui réalisent un produit net bancaire de 62 milliards d'euros et emploient près de 300 000 personnes en dehors de l'hexagone.

Cependant, l'internationalisation des firmes dépend à la fois de la nature de leurs activités et de leur taille. Si le bâtiment et les services demeurent plus nationaux, dans l'industrie et le commerce l'activité à l'étranger est aujourd'hui dominante au sein de ces groupes. Les activités les plus internationalisées sont, dans l'industrie, l'agro-alimentaire, le raffinage, l'automobile et la chimie, et dans les services, la grande distribution, la restauration, les télécommunications, et les services informatiques et de conseil. Plus le groupe est important, plus sa base territoriale mondiale est étendue et diversifiée. Aujourd'hui, 62 % de la base productive des seize groupes les plus internationalisés sont à l'étranger. En effet, la concentration économique demeure un vecteur majeur : pour les grands groupes, l'étranger représente dorénavant 60 % de leurs ventes et de leurs salariés. C'est pourquoi seulement 87 firmes françaises réalisent 87 % des ventes et 83 % des effectifs totaux à l'étranger. Le redéploiement du capital des firmes françaises privilégie l'Union européenne qui représente la moitié des ventes et 43 % des effectifs mondiaux, en particulier les quatre grands voisins immédiats devant les pays d'Europe centrale. Hors Union européenne, les États-Unis gardent une place considérable avec 31 % des ventes et 19 % des effectifs hors UE malgré la montée récente des grands pays émergents (Chine, Brésil, Russie, Inde) devant le Maroc et la Tunisie.

**Tableau 2.18 L'internationalisation des groupes par taille et secteurs**

| Types de groupes | Unités | % caf hors France | % effectifs hors France | Nombre de pays | Activités | % caf hors France | % effectifs hors France |
|---|---|---|---|---|---|---|---|
| Grands groupes | 146 | 58 | 59 | 50 | Industrie | 60 | 58 |
| Taille intermédiaire | 1 083 | 44 | 42,5 | 12 | Construction | 25,5 | 29,5 |
| PME | 1 412 | 25 | 34 | 3 | Commerce | 60,5 | 64 |
| **Ensemble** | 2 651 | 52 | 53 | 15 | Services | 39 | 45 |

Source : INSEE, 2013.

Les stratégies de conquêtes de marchés et d'extraversion des grands groupes français se sont donc traduites par l'accélération des localisations d'activités à l'étranger et par une mobilisation croissante de la sous-traitance internationale au détriment de nombreux secteurs industriels, des réseaux de

**Tableau 2.19 Les seize groupes français les plus internationalisés**

| | Secteur | Siège social | % actifs étrangers | Ventes (en milliards $) | % ventes à l'étranger | Emplois mondiaux | % emplois à l'étranger |
|---|---|---|---|---|---|---|---|
| Total | Énergie | La Défense (92) | 93 | 197,4 | 77 | 96 104 | 64 |
| GDF Suez | Énergie | La Défense (92) | 65 | 82,7 | 66 | 218 873 | 51 |
| EDF | Énergie | Paris (VIII^e^) | 30 | 35,4 | 39 | 156 168 | 19 |
| Sanofi | Pharmacie | Paris (VIII^e^) | 65 | 42 | 30 | 113 719 | 49 |
| EADS | Aéronautique | Paris (XVI^e^) | 63 | 61,6 | 90 | 133 115 | 64 |
| France Télécom | Télécom. | Paris (XV^e^) | 58 | 23,8 | 38 | 171 949 | 39 |
| Veolia Env. | Eau gaz électricité | Paris (XVI^e^) | 75 | 25,2 | 61 | 331 266 | 68 |
| Lafarge | Matériaux BTP | Paris (XVI^e^) | 92 | 18,6 | 88 | 67 924 | 82 |
| Saint-Gobain | Produits de base | La Défense (92) | 77 | 42,8 | 73 | 194 658 | 75 |
| Schneider Electric | Mat. électrique | Rueil (92) | 91 | 28,3 | 91 | 140 491 | 87 |
| Carrefour | Commerce | Boulogne (92) | 59 | 65,2 | 57 | 412 464 | 73 |
| Renault | Automobile | Boulogne (92) | 36 | 42,4 | 72 | 128 322 | 57 |
| Vivendi | Communications | Paris (VIII^e^) | 56 | 16,7 | 42 | 58 400 | 70 |
| Air Liquide | Chimie | Paris (VII^e^) | 94 | 16,2 | 81 | 46 200 | 48 |
| Pernod-Ricard | Agro-alimentaire | Paris (XVI^e^) | 84 | 9,3 | 90 | 18 226 | 85 |
| Alstom | Mécanique | Levallois (92) | 74 | 24,5 | 89 | 92 645 | 50 |
| **Total des 16** | | | **62** | **1 075,6** | **68** | **2 380 524** | **61** |

Source : Unctad, 2012.

PME, fournisseurs et sous-traitants et de bassins d'emplois durement frappés par la désindustrialisation. Derrière le débat sur le poids et le rôle des délocalisations d'activités et d'emplois, c'est toute la question de la désarticulation des filières de production organisant les territoires qui est en définitive posée comme en témoigne, par exemple, l'industrie électronique depuis le début des années 1980 ou l'automobile aujourd'hui.

### *Le poids des firmes transnationales étrangères en France*

L'insertion du territoire dans la mondialisation repose aussi sur l'importance des firmes transnationales étrangères en France qui représentent un stock d'IDE étrangers de 991 milliards de dollars (6,6 % du total mondial), particulièrement important dans la finance (31 %), l'industrie (automobile, chimie, pharmacie, 24 %) et l'immobilier (22 %). Les groupes étrangers en France représentent globalement 15 % de l'emploi salarié, soit 1,5 million d'emplois, des investissements et de la valeur ajoutée. Un tiers de l'emploi manufacturier français est contrôlé par des firmes étrangères (métallurgie : 64 %, papier carton : 56 %, chimie : 42 %, boissons : 38 %, agro-alimentaire : 23 %) et plus du quart des emplois des secteurs information-communication et des activités spécialisées périproductives (conseils informatiques, édition, publicité et études de marché). Les firmes étatsuniennes viennent en tête avec 770 000 salariés, devant le Royaume-Uni ( 339 000), l'Allemagne (320 000), la Suisse (169 000) et le Japon (58 000). Elles s'implantent en France soit par croissance interne, c'est-à-dire par la création d'une nouvelle filiale ex-nihilo dont la localisation est le fruit d'un arbitrage entre différents facteurs endogènes et exogènes. Soit par croissance externe, qui prend de plus en plus d'importance car elle est beaucoup plus rapide, c'est-à-dire le rachat d'une entreprise française préexistante (*cf.* Mittal avec Arcelor), les localisations étant alors un héritage qui est souvent l'objet de mesures de restructurations parfois importantes (licenciements, fermetures de sites).

#### Deux exemples de redéploiements du capital étranger : Continental et Texas Instrument

**Continental à Clairoix (60).** En 2008, le groupe de pneumatique allemand Continental – fondé à Hanovre en 1891 – décide de la fermeture de l'usine de pneus de Clairoix dans l'Oise, la plus petite de ses onze usines européennes, employant 700 salariés. Tout en protégeant sa base allemande (33 % de ses salariés mondiaux), elle décide de basculer sa production européenne en Europe de l'Est vers ses usines d'Otrovice (Rép. tchèque), Púchov (Slovaquie) et Timisoara (Roumanie) pour une raison simple : renforcer sa rentabilité en mettant en concurrence le différentiel de coût de main-d'œuvre entre la France et l'Europe de l'Est, qu'elle estime être de 60 % avec l'ex-Tchécoslovaquie et de 75 % avec la Roumanie. Si Continental représente un exemple éclatant de délocalisation productive vers les pays à bas salaires des périphéries européennes, il signale aussi le changement d'échelle introduit par le passage de la CEE à l'UE, et de 6 à 27 membres. Dans les années 1970-1980, les groupes internationaux doivent encore « nationaliser » leur présence en s'implantant industriellement sur les grands marchés respectifs, dont bien sûr la France ; dans la décennie 2000, ce n'est plus le cas.

**Texas Instrument à Villeneuve Loubet (Nice).** En décembre 2012, le géant étatsunien des semi-conducteurs Texas Instrument décide brutalement de fermer son centre de recherche de Villeneuve Loubet dans les Alpes-Maritimes. Ce site de 20 hectares qui emploie 550 ingénieurs hautement qualifiés est spécialisé dans la conception de microprocesseurs pour tablettes et téléphones mobiles. En s'implantant dès 1963 et en employant jusqu'à 2 000 salariés, Texas Instrument fut dans les décennies 1970-1990 l'un des principaux symboles du développement des hautes technologies sur le technopole de Sophia-Antipolis. Comme d'autres groupes (NPX, Freescale, Infineon Technologies, STMicroelectronics), Texas Instrument - pourtant globalement bénéficiaire et rentable - se retire du marché des puces pour mobiles face à l'effondrement du finlandais Nokia, un de ses grands clients, et à l'émergence d'Apple et Samsung pour se repositionner sur les applications embarquées (automobile, industrie, multimédia). Si les sites à Dallas, Bengalore (Inde) et Ra'anana (Israël) sont touchés par ce plan mondial de 1 700 suppressions, seul le site français est fermé. Cependant 234 salariés retrouvent du travail dans les établissements voisins de l'étatsunien Intel et du coréen Samsung, ce dernier ayant racheté en 2012 l'établissement du britannique CSR. Dans ce contexte, le député-maire UMP d'Antibes et Président de la communauté d'agglomération affirment que le site doit demeurer un site industriel orienté vers les hautes technologies tandis que le Gouvernement, à travers l'action du ministre du Redressement productif, s'est fortement mobilisé sur ce dossier afin de faciliter les reclassements. Pour autant, l'enjeu n'est pas seulement local mais européen. Après les abandons successifs en Europe ces dernières années de l'étatsunien Freescale, de l'allemand Infineon Technologies (ex-Siemens), du franco-italien STMicroelectronics ou du néerlandais NXP (ex-Philips), la fermeture de Villeneuve Loubet témoigne de l'abandon complet par l'Europe de la maîtrise de pans technologiques entiers pourtant cruciaux pour la révolution numérique actuelle et future face à la montée de la pression étatsunienne, japonaise ou chinoise.

Les facteurs de localisation des IDE étrangers sont de nature très différente selon la logique des acteurs et leur branche : recherche d'économies d'agglomération, proximité des principaux marchés européens, attrait de marchés nationaux et régionaux en croissance, promotion de branchement efficace sur un potentiel de recherche public et privé, mobilisation de gisements de mains-d'œuvre qualifiées... Au-delà du poids de l'Île-de-France qui polarise un tiers des emplois étrangers du fait de ses fonctions métropolitaines, la géographie du capital étranger privilégie la région Rhône-Alpes, le Nord, l'Alsace et la région PACA. La carte fait apparaître un net gradient nord-est/sud-ouest qui témoigne du poids des capitaux allemands, suisses, britanniques ou néerlandais en France qui survalorisent le Grand Nord-Est français, plus proche de leurs bases nationales respectives. Si avec 20 % de ses emplois, l'Alsace fonctionne sur une forte articulation rhénane, les groupes étrangers représentent 13 à 16 % de l'emploi total en Lorraine, Picardie, Haute-Normandie et dans le Nord. Avec la crise, on assiste à un fort déclin des emplois, bien différencié selon les branches et la nature des capitaux. Face aux fortes créations dans le commerce (allemand Lidl, suédois Ikéa) et la restauration (américain Yum! Brands, Pizza Hut et Kentucky Fried Chicken), on assiste par contre à une forte rétraction des emplois industriels (Arcelor Mittal dans la sidérurgie, Glaxosmithkline en pharmacie...).

**Figure 2.7 Géographie des FTN étrangères en France**

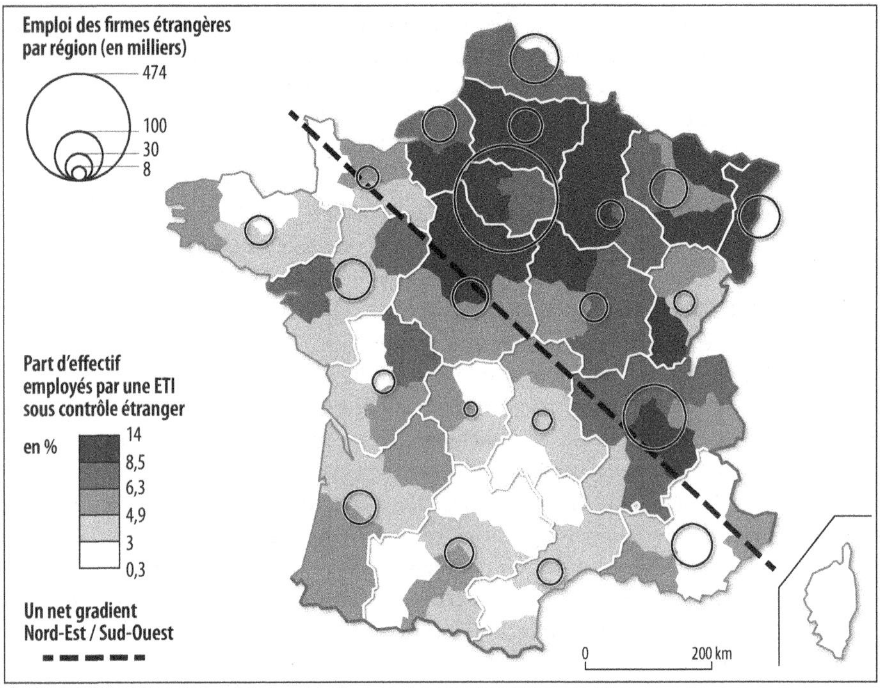


## *La structuration des tissus productifs par les groupes régionaux*

Les tissus productifs régionaux sont organisés, à partir de leurs héritages et trajectoires historiques, par les grands groupes selon des modalités bien différenciées qui expliquent en partie des mutations régionales spécifiques. Globalement, dans la banque et l'assurance, les activités de réseaux et le grand commerce, la domination de groupes nationaux est à peu près complète et spatialement généralisée sur l'ensemble du territoire national. De même, les grands groupes jouent un rôle majeur dans la France du Nord et les métropoles provinciales (Rennes, Toulouse, Bordeaux...). Ainsi, un quart de l'emploi salarié marchand franc-comtois dépend de seulement 25 entreprises, du fait en particulier de la présence de Peugeot et Alstom. L'INSEE évalue ainsi les taux de dépendance des tissus économiques locaux et régionaux par rapport à un siège social situé à l'extérieur, en particulier en région parisienne qui polarise 80 % des sièges sociaux des grandes firmes.

À côté des grands groupes nationaux et internationaux, des firmes de tailles intermédiaires jouent un rôle majeur dans la structuration de certains pôles d'emploi qui polarisent plus de la moitié de leurs emplois français comme par exemple le Groupe DBA Lux2/collant Dim en Saône-et-Loire ou BTG Industries et Santé/Laboratoire Urgo en Côte d'Or. En effet, dans certains secteurs du bâtiment, de l'industrie et des services, il existe encore un capital régional, ou du moins issu de la région, qui garde ou souhaite garder un ancrage régional privilégié. On trouve ainsi en Bretagne Yves Rocher, Bolloré, Samsic et le groupe de presse SIPA/Ouest-France, dans le Tarn les laboratoires Pierre Fabre ou dans le Nord les Cristalleries d'Arques.

### Les laboratoires Pierre Fabre à Castre : *success-story*, ancrage local et mondialisation

Les laboratoires Pierre Fabre sont un groupe pharmaceutique et cosmétique fondé en 1962 par P. Fabre, un pharmacien de Castres (Tarn). À la suite d'innovations dans une niche aux limites entre la pharmacie, la santé, la cosmétique et le bien-être, d'une active stratégie de croissance externe (Klorane en 1965, Ducray en 1969, Furterer en 1978...) et d'une rapide internationalisation (1970 : Espagne, Italie, Allemagne...), le groupe représente aujourd'hui 2 milliards d'euros de ventes, dont la moitié à l'international, et 40 filiales dans le monde. La particularité de ce groupe régional important est de garder un fort ancrage local et régional. Sur 10 000 salariés mondiaux, il emploie 9 000 personnes en Midi-Pyrénées, dont 2 600 dans le Tarn. Sa présence explique que 24 % des salariés du Tarn travaillent dans une grande entreprise, un profil très spécifique face à des départements comme l'Ariège, le Gers, le Lot, le Tarn-et-Garonne ou les Hautes-Pyrénées. Les laboratoires tissent des liens avec les laboratoires universitaires et du CNRS toulousains ou participe à l'ouverture en 2009 du Cancéropôle Grand Sud-Ouest. Enfin, il joue un rôle notable dans la vie économique, sociale et politique du Bassin castrait (soutien aux équipes de sport et au tissu associatif...).

## Atout et crise du modèle : pour une nouvelle révolution industrielle

### *La France dispose donc de nombreux atouts pour relever les défis d'avenir*

Malgré la crise, la France dispose de nombreux atouts si elle sait s'en saisir – économie, société et territoires faisant système – comme son modèle social, relativement protecteur et solidaire, son dynamisme démographique et la jeunesse de sa population, le rôle des services publics, la qualité de la formation et de l'appareil scientifique, de recherche et d'innovation ou le bon niveau d'équipements du territoire. Dans son insertion dans la mondialisation, elle a su maintenir – par des choix politiques volontaristes développés à partir des années 1960 – de réelles marges de manœuvre. Sa forte dépendance énergétique dans les hydrocarbures a cependant été limitée par le développement de l'énergie nucléaire qui assure les trois-quarts de sa production électrique, la modernisation de son agriculture en a fait une grande puissance européenne, elle demeure une des premières destinations du tourisme international et certaines politiques sectorielles lui ont aussi permis de se doter de pôles d'excellence, en particulier dans l'aéronautique (*cf.* succès d'Airbus, d'Ariane) ou les biens d'équipements civils et militaires. Pour répondre aux défis d'avenir, quatre solutions sont posées.

Premièrement, répartir à l'échelle nationale de manière économiquement efficace et socialement et territorialement juste les efforts à fournir pour assurer un équilibre financier des ressources publiques.

Deuxièmement, remettre le système bancaire et financier à la place qu'il n'aurait jamais dû quitter : financer une croissance économique, sociale et territoriale efficace, durable et solidaire en réorientant dans un cadre national, communautaire puis international l'énorme stock de capital financier développé depuis la libéralisation des années 1980 vers le financement des besoins économiques et sociaux des territoires. Les solutions en sont connues mais ne sont pas mises en œuvre du fait d'un manque de courage politique (mise en place de nouvelles régulations économiques et financières communautaires et internationales, lutte contre les produits dérivés, encadrement des fonds spéculatifs, mise au pas des paradis fiscaux...).

Troisièmement, réhabiliter les fonctions de pilotage d'un État stratège définissant des politiques industrielles, scientifiques et technologiques et des investissements à long terme en s'appuyant sur les dynamiques des territoires productifs régionaux.

Quatrièmement, refonder le pacte communautaire autour d'un nouveau projet européen tant la France est aujourd'hui intégrée à l'espace, au marché et au projet communautaires. Dans cette perspective, il convient de réarticuler de manière cohérente et efficace les politiques économiques, financières et fiscales, industrielles, technologiques et sociales de l'Union européenne sur des bases nouvelles. Il faut rompre avec les logiques de concurrences fiscales et de dumping social mises en œuvre depuis vingt ans, transformer en profondeur les logiques de la zone euro, qui a jusqu'ici fonctionné comme une zone mark élargie, aboutissant à l'effondrement économique de l'Europe du Sud, et régler la question des contradictions croissantes apparues entre logiques d'élargissement et logiques d'approfondissement. Il est en particulier plus qu'urgent que la France et l'Union européenne se soucient enfin de leur avenir industriel, scientifique et technologique en se dotant d'un cadre d'action stratégique en adéquation avec les enjeux posés. En effet, comme l'illustrent les débats actuels sur les potentielles relocalisations industrielles dans les pays hautement développés (nouvelles contraintes énergétiques, productivité/coûts salariaux, protection technologique et concurrentielle...) ou sur les processus de « déglobalisation », liés en particulier à la montée de l'autonomie géoéconomique de l'Asie et des nouveaux liens Suds/Suds, il n'y a aucune fatalité à la marginalisation de la France et de l'Europe.

### *Nouveau modèle de développement durable et révolution scientifique et technologique*

La question posée par la crise est bien de changer de paradigme de croissance d'un côté, d'organisation fonctionnelle, productive et hiérarchique des territoires de l'autre. L'économie, la société et le territoire sont durablement fragilisés par un mode de croissance encore largement extensif, une internationalisation des firmes déstructurant souvent les réseaux et territoires productifs et une organisation territoriale fondée sur des logiques de hiérarchisation, de ségrégations socio-fonctionnelles, d'évitement et de fragmentation.

Dans ce contexte général, le système productif doit se fonder sur un nouveau modèle de développement durable et une « nouvelle révolution industrielle et productive » de la même ampleur que celle de la fin du XIXe siècle afin de répondre aux défis technologiques et scientifiques de cette entrée dans le XXIe siècle. Face à la montée des grands pays émergents qui redessine rapidement et en profondeur la carte des équilibres géopolitiques et géoéconomiques mondiaux, la France dispose d'une génération, c'est-à-dire d'une trentaine d'années, pour assurer une nouvelle mutation structurelle lui assurant la pérennité de son rang en Europe et dans le monde.

L'enjeu posé est bien de franchir une nouvelle frontière décisive dans les activités d'avenir qui puissent servir de socle aux réponses à apporter aux défis communautaires et mondiaux du XXIe siècle. Par exemple, dans l'énergie, les déséquilibres croissants entre l'offre et la demande, la montée structurelle des prix des matières premières à moyen et long termes et la question centrale de la sécurité des approvisionnements obligent à une augmentation sans précédent de l'intensité énergétique, à une utilisation plus rationnelle et économe des ressources énergétiques et minérales (généralisation de nouvelles filières de recyclage...) et au déploiement à la fois de nouvelles énergies et d'une vraie rupture technologique dans le nucléaire (réacteur nucléaire de nouvelle génération, gestion des déchets radioactifs à haute activité et longue vie...). Face à la hausse de 50 % d'ici 2025 des besoins alimentaires mondiaux, les défis à relever sont considérables pour produire à la fois plus et mieux en répondant aux nouvelles exigences environnementales, sanitaires (*cf.* pandémies, grippes aviaires...) et sociétales (problème des OGM et du clonage) tout en assurant la sécurité alimentaire.

Il faut donc la tenue d'un véritable débat de société sur la restauration de politiques communautaires et nationales de réindustrialisation volontaristes. Cette orientation suppose de rompre avec le vieux schéma qui enferme le système productif français, lorsqu'il n'est pas soutenu par les politiques sectorielles publiques, dans le moyen et bas de gamme. Cette remontée en qualité doit s'accompagner d'un net développement à long terme de l'effort d'innovation, de recherche fondamentale et appliquée, de formation et de qualification de la main-d'œuvre, en particulier de la part des entreprises. Il faut de même assurer l'émergence de nouvelles spécialisations autour d'un renforcement de l'offre fondée sur de nouveaux producteurs et de nouveaux produits. Cela exige de la France de mobiliser dans ces champs 4 à 5 points de PIB supplémentaires, un effort indispensable mais tout à fait soutenable.

Les champs potentiels en sont considérables : énergies nouvelles et décarbonées, mobilité durable, technologies vertes, biotechnologies et sciences du vivant, chimie du végétal, nouveaux matériaux, nanotechnologies, sciences cognitives et nouvelles technologies informatiques et de communication, renforcement et modernisation des infrastructures (réseaux fibres optiques...).

Cette stratégie doit s'appuyer géographiquement sur les nombreuses potentialités des territoires locaux et régionaux, sur un renforcement qualitatif et une mise en réseau des métropoles régionales de second et troisième rangs et sur la création de pôles spécialisés portées par les nouvelles politiques publiques, comme cela fut le cas à partir des années 1960 tout en rééquilibrant une métropolisation de plus en plus déséquilibrée, excluante et au total trop peu efficiente.

Chapitre 3

# Système urbain et système(s) productif(s)

L'ÉTUDE GÉOGRAPHIQUE des systèmes productifs nécessite, à côté et en complément des études sectorielles de telle ou telle branche ou des études régionales sur tel ou tel espace, de s'inscrire dans une démarche systémique qui rende compte de la globalité des facteurs et processus en jeu, aux échelles nationales, régionales et locales. C'est pourquoi, après avoir brossé au chapitre précédent un panorama d'ensemble des principales mutations du système productif, il convient maintenant de s'intéresser au rôle de la ville et des villes dans l'organisation et les dynamiques des systèmes productifs. Car les dynamiques de la société et de l'économie française sont très largement organisées et pilotées par le fait urbain. En retour, on ne peut comprendre les dynamiques urbaines si on fait l'économie de l'étude de leur dimension productive. Les villes sont en effet par excellence les lieux nodaux de la production des biens et des services et au cœur de la circulation des informations, des techniques, des richesses et des hommes. Il nous semble donc essentiel de présenter dans cet ouvrage un chapitre, non pas centré sur l'analyse du système urbain, mais sur les dynamiques d'articulation entre système urbain et système productif.

Cette approche du fait urbain et du lien dynamique entre fait urbain et système productif a été méthodologiquement et conceptuellement profondément renouvelée par les travaux des géographes travaillant sur ces questions ces dernières décennies. L'approche fonctionnelle du système productif met en lumière le rôle majeur joué par la hiérarchie urbaine dans l'organisation de la division nationale et régionale du travail, dans l'encadrement des territoires et dans l'insertion différenciée de ces derniers dans la mondialisation ; en particulier à travers le processus de métropolisation. Car si la sphère de la reproduction sociale présente un profil assez linéaire, du bourg rural à la capitale, la sphère productive est par contre profondément hiérarchisée comme en témoignent le statut et le rôle, exceptionnels à l'échelle européenne, de l'Île-de-France et, dans une moindre mesure, des onze grandes métropoles de province face au reste du pays.

Dans ce cadre, les villes présentent des trajectoires contrastées qui s'inscrivent à la fois dans le poids des héritages antérieurs et dans leurs propres dynamiques contemporaines. Au cœur du système, l'Île-de-France organise et domine largement l'ensemble du système productif national. Pour autant, comme l'illustrent les mutations du système lyonnais ou des métropoles de la *France autonome*, tout ne se joue pas à Paris, loin de là.

# La ville et l'urbain au cœur du système productif

## La France en villes, la France des villes : une France urbaine

### *La ville et l'urbain : un rôle économique et social nodal*

La France est un pays très largement urbanisé non seulement par la population vivant en ville ou sous influence urbaine – en 2010, 61 millions d'habitants, soit 95 % de la population – mais surtout du fait que les villes sont au cœur de l'organisation des activités économiques et sociales, y compris dans les espaces ruraux. La trame urbaine, l'armature urbaine et les réseaux urbains structurent l'organisation et l'intégration des territoires et de leurs systèmes productifs aux échelles régionales, nationales, européennes et mondiales. Les villes servent de clef de voûte à l'architecture des constructions régionales, des bourgs ruraux aux métropoles. Dans ce cadre, et comme le soulignent les travaux de Th. Saint-Julien, les différentes formes de centralité urbaine et leurs dynamiques sont une clef essentielle d'analyse.

Aujourd'hui, les espaces urbains, ou sous influence urbaine, regroupent 84,5 % des emplois du pays, contre 77 % en 1999, alors que les espaces ruraux tombent à l'inverse de presque un quart à seulement 15 %. En dix ans, les premiers gagnent 3,8 millions d'emplois (+ 21 %) alors que les seconds en perdent 1 million (– 21 %), témoignant ainsi de l'importance des recompositions à l'œuvre. Au sein des espaces urbains ou sous influence urbaine, on doit distinguer deux ensembles : d'un côté les grands pôles urbains qui constituent le cœur du dispositif, de l'autre les espaces périurbains eux-mêmes composés de deux couronnes plus ou moins polarisées selon la distance au centre (tableau 3.1).

En dix ans, le poids des grands pôles urbains, à périmètres géographiques identiques, se renforce sensiblement : ils gagnent 2,5 millions d'emplois pour polariser dorénavant 70 % de l'emploi national, et ce alors que leur population résidente ne progressait que de + 1,3 million d'habitants. Ce renforcement quantitatif en emplois se traduit par un renforcement qualitatif de leurs capacités de polarisation et d'attractivité des actifs des espaces périurbains. En effet, alors que les grands pôles urbains offrent un stock de 18 millions d'emplois, seulement 14 millions (77 %) sont occupés par leurs populations résidentes. Cela signifie que les 4 millions d'emplois restants sont occupés par les habitants des couronnes (2,7 millions) et des communes multipolarisées des grandes aires urbaine (1,3 million) qui viennent travailler dans les pôles urbains centraux. On mesure ainsi l'effet d'attractivité exercé sur le territoire national par les marchés du travail des grandes villes et l'importance des mobilités journalières qui s'y rattachent. Nous sommes là au cœur de la thématique chère à L. Davezies de la dissociation, partielle, entre économie productive et économie résidentielle (*cf.* chap. 1 et 5).

**Tableau 3.1 La polarisation des dynamiques de l'emploi par les espaces urbains**

| | **Emplois 1999** | **% 1999** | **Emplois 2008** | **% 2008** | **Évol. en %** | **Différence** |
|---|---|---|---|---|---|---|
| Grands pôles urbains (1) | 15 363 320 | 67 | 17 945 057 | 70 | 16,8 | + 2 581 737 |
| Couronne des grands pôles urbains (2) | 1 923 702 | 8 | 2 856 676 | 11 | 48,5 | + 932 974 |
| Communes multipolarisées des grandes aires urbaines (3) | 537 115 | 2 | 862 783 | 3,5 | 60,6 | + 325 668 |
| Espaces périurbains (2 + 3) | 2 460 817 | 10 | 3 719 459 | 14,5 | 51,2 | + 1 258 642 |
| ***Espaces urbains/ sous influence urbaine (1 + 2 + 3)*** | ***17 824 137*** | ***77*** | ***21 664 516*** | ***84,5*** | ***21,5*** | ***+ 3 840 379*** |
| ***Autres espaces (rural)*** | ***4 976 594*** | ***23*** | ***3 931 413*** | ***15,5*** | ***– 21*** | ***– 1 045 181*** |
| **France métropolitaine** | **22 800 731** | **100** | **25 595 929** | **100** | **12,3** | **+ 2 795 198** |

Source : INSEE, 2011.

Pour autant, la dynamique des grands pôles s'accompagne aussi de la croissance sensible des espaces périurbains qui gagnent + 1,2 million d'emplois et pèsent aujourd'hui un poids équivalent à l'ensemble de l'espace rural. Deux tiers de cette croissance concerne les couronnes immédiates des grands pôles urbains, un tiers les communes périphériques des franges multipolarisées. Il y a donc à la fois un processus général de polarisation croissante des activités et des emplois dans les grands pôles urbains, et à l'intérieur de leur aire de polarisation une recomposition des équilibres internes à travers un certain desserrement des activités vers les périphéries. Ce processus traduit en particulier un phénomène d'affinage fonctionnel entre espaces centraux et périphériques.

Au total, la géographie du système productif est bien recomposée tant par l'extension des zones d'influences urbaines dans leurs espaces d'insertion régionale à travers un processus de hiérarchisation marqué que par les logiques fonctionnelles et sectorielles à la fois de complémentarité et de concurrence qui les organisent. Les nouvelles approches théoriques de l'économie spatiale mettent ainsi l'accent sur les facteurs de localisation, sur les « coûts de transaction » monétaires, informationnels ou physiques (délais, disponibilité, fiabilité, régularité, qualité...) et les possibilités offertes aux entreprises d'un accès à des ressources plus ou moins rares. Elles soulignent en particulier que les processus d'agglomération et la concentration des facteurs de production (capital, travail, technologies, savoirs et savoir-faire...) jouent un rôle croissant à travers, en particulier, les économies d'échelle et les articulations plus ou moins efficientes existantes entre offres et demandes sur les différents marchés.

### *Un défi : évaluer la production économique des villes*

Comme nous l'avons déjà souligné, l'étude de la géographie des systèmes productifs régionaux se heurte à un certain nombre de difficultés conceptuelles ou méthodologiques ayant trait d'un côté à la qualité des données statistiques disponibles, de l'autre à l'inadéquation des découpages administratifs avec les réalités économiques. Ainsi, il demeure très difficile de saisir réellement la valeur de la production économique des grandes villes. Car s'il est relativement facile de saisir à l'échelle nationale le PIB et la valeur ajoutée d'un pays, sa décomposition spatiale en unités inférieures (régions, départements, aires urbaines) pose de redoutable défis statistiques et méthodologiques du fait de l'insertion des territoires dans des réseaux économiques et productifs denses et complexes. C'est pourquoi les données concernant l'emploi et ses qualifications, bien plus faciles à saisir, sont souvent largement mobilisées.

Pour autant, des études existent sur le poids économiques des métropoles et aires métropolitaines. Par exemple, l'Association des maires des grandes villes de France (AMGVF) a financé en novembre 2011 une recherche sur le rôle économique des grandes villes qui mobilisait en particulier les PIB régionaux mais tout autant les bases fiscales des entreprises et secteurs d'activités. Cette étude portant sur 183 collectivités urbaines estime que les grandes villes – attention, saisies ici à travers les découpages des communautés d'agglomération qui sont donc de l'ordre des structures politiques – réalisent en moyenne 51 % de la valeur ajoutée de leur département et 42 % de la valeur ajoutée de leur région. Les villes sont donc bien globalement au cœur de la production de la richesse et les stratégies des acteurs territoriaux – élus, entrepreneurs, institutions, associations – sont essentielles pour assurer le développement économique local et régional.

**Tableau 3.2 Estimation du poids économique des communautés urbaines (en % valeur ajoutée)**

| Communautés | % région | % dépt. | Communautés | % région | % dépt. | Communautés | % région | % dépt. |
|---|---|---|---|---|---|---|---|---|
| Toulouse | 45 | 74 | Montpellier | 27 | 58 | Le Havre | 16 | 21 |
| Bordeaux | 38 | 71 | Nantes | 26 | 63 | Nancy | 16 | 52 |
| Strasbourg | 37 | 56 | Caen | 25 | 49 | Tours | 14 | 63 |
| Cl.-Ferrand | 37 | 59 | Dijon | 24 | 63 | Metz | 13 | 29 |
| Limoges | 35 | 63 | Reims | 24 | 46 | Amiens | 13 | 46 |
| Marseille/Aix | 35 | 75 | Orléans | 20 | 60 | Mulhouse | 11 | 34 |
| Rouen | 29 | 39 | Besançon | 19 | 38 | Nice | 10 | 42 |
| Rennes | 27 | 63 | Montbéliard | 17 | 34 | Toulon | 6 | 41 |

Source : AMGCF, 2011.

Le poids économique d'une aire urbaine dans son département et dans sa région dépend à la fois de son poids relatif, de l'assiette et de la structure territoriales des découpages administratifs et, enfin, de l'organisation du réseau urbain dans lequel elle s'insert. C'est ainsi qu'en Auvergne, Clermont-Ferrand réalise 37 % de la valeur ajoutée régionale et 59 % de celle du département du Puy-de-Dôme qui pèse en retour pour 64 % de l'économie régionale. En Midi-Pyrénées, la communauté urbaine de Toulouse polarise les trois-quarts de la valeur ajoutée départementale et presque la moitié de la valeur ajoutée régionale. Dans ces deux cas, le poids d'une grande firme (*cf.* Michelin) ou d'un secteur (*cf.* aéronautique), comme nous le verrons par la suite (*cf.* chap. 4), joue un rôle majeur.

## Le système urbain français : pavage et encadrement par les aires urbaines

Le territoire métropolitain est fondamentalement organisé par 354 *aires urbaines.* L'INSEE définit une aire urbaine comme l'ensemble territorial composé d'un pôle urbain regroupant plus de 10 000 emplois et de sa zone d'influence dans laquelle au moins 40 % de la population résidente travaille dans le pôle central. Le travail, l'emploi et les migrations pendulaires sont donc au cœur de la définition des aires urbaines. Ces 354 aires urbaines polarisent au total 48 millions d'habitants et 20,7 millions d'emplois. Cependant, toutes les aires urbaines ne se valent pas du fait d'un poids économique et d'un rôle fonctionnel très contrastés : quelle différence entre l'aire urbaine de Lyon (965 000 emplois) et celle de Maubeuge (17 000 emplois) ! Au sein des 354 aires urbaines, on doit donc distinguer quatre grands ensembles bien différenciés.

**Tableau 3.3 Le poids démographique et économique des 354 aires urbaines (en millions)**

| | Habitants | % | Emploi total | % |
|---|---|---|---|---|
| Île-de-France | 12,16 | 25 | 5,56 | 27 |
| 11 aires métropolitaines | 11,83 | 24 | 4,65 | 22,5 |
| ***Sous total IDF + 11 = 12 grandes aires*** | ***24*** | ***49*** | ***10,21*** | ***49,5*** |
| 29 grandes aires urbaines | 9,72 | 20 | 41 | 19,4 |
| 313 aires urbaines | 155 | 31 | 6,45 | 31,2 |
| **Total des 354** | **48,77** | **100** | **20,68** | **100** |

Source : INSEE, 2006-2011.

### *Douze aires métropolitaines : 50 % des emplois*

Le haut de la hiérarchie urbaine est, premièrement, largement dominé par l'Île-de-France, qui regroupe à elle seule plus du quart de la population et de l'emploi du pays et qui constitue avec Londres, son pendant outre-Manche, les deux plus puissantes métropoles d'Europe. Au deuxième rang, on trouve onze puissantes aires urbaines : Lyon, Marseille, Lille, Toulouse, Bordeaux, Nice, Nantes, Strasbourg, Grenoble, Rennes et Montpellier. Si les différences sont entre elles parfois significatives, Lyon pèse 3,8 fois plus que Montpellier en termes d'emplois, on peut qualifier cependant ces onze aires urbaines d'aires métropolitaines ou de *métropoles,* car elles regroupent plus de 500 000 habitants, plus de 200 000 emplois et plus de 20 000 cadres des fonctions métropolitaines. Au total, ces douze grandes aires métropolitaines (IDF + 11) sont au cœur de l'économie nationale en polarisant à elles seules la moitie de la population et des emplois. On doit remarquer que leur répartition spatiale est largement périphérique du fait de l'ombre portée par la puissance de l'attraction francilienne sur toute la partie septentrionale du pays. En particulier, deux appartiennent au système rhône-alpin et cinq directement à la *France autonome* qui échappe à l'influence directe de Paris alors qu'en quelques décennies Nantes et Rennes ont réussi à conquérir une autonomie marquée grâce à la forte croissance démographique et économique du Grand Ouest qu'elles métropolisent.

### *55 aires urbaines moyennes*

On trouve ensuite, en troisième rang, 55 aires urbaines – que nous qualifions d'aires urbaines moyennes – qui regroupent de 199 000 emplois (Clermont-Ferrand, Saint-Étienne, Avignon, Orléans...) à 50 000 emplois (Boulogne-sur-Mer, Thionville, Évreux, Cholet...). Par rapport au découpage de l'INSEE, qui identifie en troisième rang les 29 aires urbaines les plus puissantes, il nous a semblé nécessaire dans cette étude de descendre plus bas dans les classements en incorporant 26 aires urbaines supplémentaires car il apparaissait tout simplement un véritable seuil qualitatif par rapport à l'encadrement de l'espace rural au-delà de celles-ci. Si certaines de ces 55 aires urbaines moyennes sont en positions très périphériques dans l'espace national (Brest, Dunkerque, Toulon, Pau, Bayonne...), elles sont aussi nombreuses dans le Grand Bassin parisien (Caen, Rouen, Le Havre, Orléans, Tours, Le Mans, Poitiers, Limoges, Dijon, Besançon, Nancy, Amiens...) où elles servent à la fois de capitale régionale et de relais et support direct à la division spatiale du travail entre la région-capitale et sa grande périphérie.

*Les aires urbaines inférieures ou petites villes*

Enfin, nous considérons les 257 aires urbaines de moins de 50 000 emplois qui pavent le territoire comme des petites villes qui jouent un rôle majeur dans l'encadrement de l'espace rural.

Au total, contrairement à une représentation courante, la répartition de l'emploi national apparaît relativement bien équilibrée entre les quatre grands blocs ainsi identifiés et constituant la France des villes que sont l'Île-de-France (22,4 % des emplois nationaux), les métropoles (22,7 %), les villes moyennes (21,8 %) et les petites villes (22,7 %), alors que l'espace rural n'accueille que 10,5 % des emplois. Pour autant, ce phénomène ne doit pas masquer que tous les pôles urbains ne se valent pas au plan hiérarchique. En effet, le contenu des activités économiques des villes et les interrelations entre les villes reposent sur des logiques fonctionnelles, organisées par une division spatiale du travail, qui permettent de caractériser les villes par leurs dominantes et leurs associations fonctionnelles. Comme nous le verrons par la suite, l'espace français est profondément hiérarchisé.

## Système urbain, métropolisation et insertion nationale, européenne et mondiale

**L'intégration européenne** et l'insertion de la France dans la mondialisation sont, ces dernières décennies, un facteur essentiel de la dynamique des territoires productifs en introduisant un profond changement d'échelle dans l'ouverture et l'intégration du territoire métropolitain. Elles transforment en retour en profondeur l'organisation même du territoire productif, et en particulier sa structure urbaine et métropolitaine. Comme l'illustrent les travaux de R. Brunet et du GIP Reclus, de P. Hall ou de S. Sassen de la décennie 1980-1990 sur les villes mondiales, ou ceux plus récents de D. Pumain et C. Rosenblat sur l'analyse comparée des métropoles européennes (DATAR, 2012), ou encore les recherches de nombreux géographes travaillant sur l'économie et les stratégies des firmes, il est aujourd'hui impossible de faire l'impasse sur cette problématique.

En effet, les grandes métropoles sont devenues les lieux essentiels du pilotage et de l'insertion de la France dans la mondialisation. Le commandement économique, industriel, technologique, financier et commercial est de plus en plus polarisé sur le haut de la hiérarchie urbaine, tout comme les grands nœuds logistiques (hubs aériens, nœuds ferroviaires et autoroutiers, places portuaires). En particulier, l'exceptionnel processus de concentration économique et financier des dernières décennies qui débouche sur la constitution de grands groupes de plus en plus internationalisés (*cf.* chap. 2) transforme profondément le rôle fonctionnel de l'Île-de-France. Comme en témoigne le rôle du quartier d'affaires de La Défense et la mutation fonctionnelle des Hauts-de-Seine dans le commandement économique et financier, Paris s'est hissé au rang des grandes métropoles mondiales pilotant la mondialisation.

### Le pôle de commandement de La Défense dans les Hauts-de-Seine : au cœur du pouvoir économique

**Le commandement économique et financier.** Lancé en 1960 sur décision présidentielle par le Général de Gaulle dans l'axe historique parisien sur les communes de Nanterre, Puteaux et Courbevoie, alors très industrielles, le pôle de La Défense est devenu le premier quartier d'affaires du pays et un des tous premiers en Europe dans la continuité des quartiers ouest de Paris (triangle d'or, Neuilly...). Sa réalisation en fut confiée à un établissement public, l'EPAD, créé en 1958 ; avant que ne soit créé l'EPADESA en 2010 qui en assure dorénavant le pilotage et qui voit son périmètre d'action élargit (la Garennes-Colombes) tout en devant mieux partager avec les maires des communes concernées un peu de ses pouvoirs d'aménagement jusqu'alors exorbitants. Au-delà de quelques tours d'habitation et d'un important centre commercial ouvert en 1981, le quartier se caractérise par la présence de 71 grandes tours de bureaux, dont la plus haute culmine à 231 mètres, représentant 3,5 millions de m$^2$ et accueillant 2 500 entreprises et 180 000 salariés.

Si quelques ministères sont localisés dans la Grande Arche, le quartier est surtout dominé par les sièges sociaux ou les directions fonctionnelles de grandes firmes françaises et étrangères, fortement internationalisées de l'industrie (Total, Aventis, AREVA, EDF, GDF Suez, Air liquide, Saint-Gobain...), de la banque et des assurances (Société générale, HSBC, Dexia, AFG, GAN, AXA, Allianz, Citibank) et des conseils et services aux entreprises (Ernst and Young, Mazars, KPMG, Technip, Logica IT, CSC Computer...). En trente ans, l'emploi des trois communes augmente de moitié pour atteindre les 260 000 salariés, du fait en particulier du fort développement des cadres des fonctions métropolitaines qui passent de 28 500 à 102 000, soit un taux d'encadrement qui monte de 20 à 40 % de l'emploi total. Ce phénomène de polarisation est en tout point exceptionnel : ces trois seules communes disposent en effet d'un volume de cadres des fonctions métropolitaines quasi équivalent à celui de l'ensemble de l'aire métropolitaine lyonnaise. Face à la saturation du site, à des prix immobiliers très élevés et à l'engorgement des réseaux de transports, les fonctions de commandement et de gestion se sont diffusées progressivement sur les communes voisines, en particulier celle de

Rueil-Malmaison (siège social et services de gestion de Vinci, Schneider Electric, Unilever France, Novartis Pharma, Bristol Myers Squibb).

**Les Hauts-de-Seine : un quart de l'économie francilienne.** Si le développement de La Défense présente un caractère tout à fait spectaculaire, il reflète largement les mutations fonctionnelles qui touchent tout le département des Hauts-de-Seine, un des principaux poumons du système productif francilien avec 23 % du PIB et 18 % des emplois franciliens. On doit en particulier souligner l'importance des 2 700 entreprises étrangères qui, avec 183 000 emplois, contrôlent un quart des emplois départementaux (Shell, IBM, Hewlett Packard, Sony, Canon, Astrazeneca, Unilever, Philips, Microsoft, Oracle, Prisma Presse, Roche, Ipsen Pharma, Koné et Otis, Johnson and Johnson, Henkel...). On estime que les Hauts-de-Seine polarisent un tiers des centres de gestion et de supervision des filiales de groupes étrangers implantés en Île-de-France dont les aires d'actions peuvent être française, européenne ou continentale (*cf.* gestion du sous-continent Afrique/Moyen-Orient pour certains groupes). Alors que l'emploi y augmente de + 30 % en trente ans pour atteindre 935 000 postes, la fabrication concrète y recule de moitié et tombe d'un quart à 9 % des emplois totaux au profit des fonctions abstraites de la sphère productive qui augmentent de plus de moitié, en particulier dans la gestion, la conception-recherche (+ 62 %) et les prestations intellectuelles qui doublent leurs emplois. On ne peut donc pas parler au sens propre de désindustrialisation des Hauts-de-Seine, mais d'un bouleversement fonctionnel de sa sphère productive qui touche en particulier les villes d'Issy-les-Moulineaux (siège social de Sodexo, Microsoft France avec 1 700 salariés), Levallois (Alstom), Clichy (L'Oréal), Bois-Colombes (IBM France : 4 500 salariés, Aviva), Colombes (Oracle), Anthony, Suresnes (Philips), Gennevilliers et Boulogne-Billancourt. Ainsi, en trente ans, l'emploi de production à Boulogne-Billancourt - berceau historique du groupe automobile Renault - tombe de 20 600 à 3 500 salariés (- 83 %), du fait en particulier de la fermeture en 1992 des usines Renault (75 hectares sur le Trapèze, l'Île Seguin et Meudon), au profit de la gestion (sièges sociaux de Renault et Carrefour), de la conception, des prestations intellectuelles et du secteur culture-loisir (siège social de la chaîne TF1) alors que le taux de cadres métropolitains y passe de 13 à 35 % de l'emploi.

Dans ce contexte, il existe une étroite articulation entre métropolisation et mondialisation. Les mutations productives s'accompagnent en effet d'un actif processus de métropolisation qui explique que les grandes métropoles et leurs régions immédiates polarisent aujourd'hui l'essentiel de la croissance économique et démographique. Les logiques d'internationalisation et de concurrence produisent un territoire fonctionnel très hiérarchisé techniquement, socialement et économiquement, en particulier par les entreprises (formation professionnelle, recherche-développement, accompagnement en services pour l'industrie, localisation des hautes technologies ...). La recherche d'un avantage comparatif permanent survalorise les espaces déjà les mieux dotés en potentiels productifs, d'intermédiation et de connexion (*cf.* marchés métropolitains de cadres et ingénieurs).

Ce processus débouche cependant sur des territoires différenciés aux atouts inégaux du fait du jeu des héritages historiques et des positions relatives des villes à l'interface entre l'espace national, européen et mondial. En particulier, le tissu économique et urbain du Nord est directement connecté au delta du Rhin et au Bassin londonien par la densité des réseaux (autoroutes, voies ferrées et TGV, tunnel sous la Manche) alors que l'Alsace et une partie de la Lorraine sont connectées à l'axe rhénan et à l'Allemagne. De même, la région lyonnaise et Rhône-Alpes s'insèrent dans le réseau des grandes régions métropolitaines et industrielles qui pavent en Europe le puissant dispositif alpin (Allemagne du Sud, Suisse, Italie du Nord). Enfin, le territoire national connecte à l'échelle continentale les métropoles de l'Europe du Nord à celles de l'Europe du Sud, vers les Péninsules ibérique et italienne *via* en particulier les réseaux ferroviaires (*cf.* enjeux du tunnel Lyon/Turin en débat) et surtout autoroutiers. Face à la saturation des faisceaux autoroutiers traditionnels (autoroute Paris/Lille et Paris/Lyon/Méditerranée), la France a multiplié ces dernières décennies les grands équipements (autoroute des Estuaires, Clermont-Ferrand/Montpellier, A5 en Champagne et Lorraine...) dont l'impact régional ou local sur les économies urbaines et régionales peut être considérable.

### Calais : l'effet du tunnel sous la Manche sur la mutation fonctionnelle du potentiel productif

Vieille ville portuaire et industrielle du Nord en crise (textile...), le potentiel productif de l'aire urbaine de Calais a été profondément transformé par la mise en œuvre du tunnel sous la Manche. Débuté en 1987 et achevé en 1993 pour une mise en service en 1994, ce tunnel transmanche de 50 km relie Calais au Kent britannique. Entre 1994 et 2011, le nombre de passagers passant par Calais passe de 18,8 à 38,7 millions (+ 20 millions). Le tunnel est utilisé à la fois par les lignes ferroviaires à grande vitesse (Eurostar, 9,6 millions de passagers) et par les navettes locales d'Eurotunnel qui transportent poids-lourds (1,2 million en 2011) et voitures (19 millions de passagers), qui entrent cependant en concurrence frontale avec le transport par ferries (10 millions de passagers). Sa mise en service s'est accompagnée d'un branchement autoroutier sur la nouvelle autoroute littorale A16. La création du terminal de Coquelle, qui s'étend sur plus de 700 hectares, s'est accompagnée de l'ouverture de grandes zones d'activités logistiques et commerciales. En trente ans, l'emploi de l'aire urbaine a augmenté d'un tiers pour atteindre 48 000 postes, 85 % de cette croissance est due aux six secteurs étroitement liés à ces nouvelles activités (transports-logistique : + 43 %, commerce interentreprises, gestion, distribution, entretien-réparation) qui passent de 46 à 56 % de l'emploi total. En particulier, le nombre de cadres des fonctions métropolitaines est multiplié par deux pour atteindre 4 % de l'emploi total afin d'assurer la bonne conduite de ces grandes infrastructures techniques. Face au vieillissement de la population (23 % de retraités), au fort recul de l'emploi de fabrication

(- 47 %), à un taux de chômage élevé (20 %) et à de fortes difficultés urbaines (zones urbaines sensibles...), la création du tunnel sous la Manche a constitué un réel atout dans la redynamisation du potentiel productif local au prix d'une mutation fonctionnelle de grande ampleur sans régler pour autant un certain nombre de problèmes structurels locaux.

Au total, l'intégration économique et monétaire tend à renforcer la rationalisation et les spécialisations sectorielles et fonctionnelles régionales dans un cadre de compétition accrue où chacun valorise ses avantages comparatifs dans un cadre concurrentiel. À partir d'une analyse multicritère (PIB et valeur ajoutée, accessibilité et mobilité, structures des firmes transnationales, congrès et salons internationaux, coopérations scientifiques et universitaires...), D. Pumain et C. Rosenblat proposent par exemple un classement fonctionnel hiérarchique réinsérant les villes françaises en Europe.

**Tableau 3.4 Les villes françaises dans la hiérarchie des principales métropoles européennes**

| | |
|---|---|
| Métropoles internationales de rang mondial | Paris |
| Grandes villes d'importance européenne | Lyon, Marseille, Toulouse |
| Grandes villes à potentiel européen | Strasbourg, Bordeaux, Lille, Nice, Montpellier, Nantes, Grenoble |
| Villes d'importance nationale affirmée | Cannes, Rennes, Nancy, Dijon, Rouen, Angers, Clermont-Ferrand, Mulhouse, Brest |

Source : DATAR, 2003.

**Territoires et réseaux de villes : intégration, interconnexions et mobilités.** Les travaux récents de Nadine Cattan et de l'équipe Géocités (DATAR, 2012), qui viennent compléter et mettre à jour les recherche de l'équipe GSP Strates, insistent sur les formes plus réticulées et polycentriques de la dynamique urbaine en lien avec la dynamique productive en renouvelant les recherches sur la mise en réseau des villes aux échelles régionales et locales. En particulier, dans les fonctions et les emplois les plus stratégiques, le système urbain repose sur un marché du travail national ou régional mettant les métropoles en réseaux grâce à l'interconnexion par les systèmes de transport à grande vitesse (TGV, lignes aériennes) qui favorise les déplacements domicile/travail.

Si la polarisation par Paris fonctionne à l'échelle nationale et joue un rôle décisif en particulier pour Lyon, Marseille, Lille, mais aussi bien sûr pour Orléans, Rouen ou Amiens, de puissants systèmes régionaux autonomes d'échanges fonctionnent sur des bases régionales : dans le Sud-Est entre Marseille, Toulon, Nîmes et Montpellier, en Rhône-Alpes, entre Lyon, Saint-Étienne, Grenoble et Annecy. Ce dispositif réticulaire est complété par de puissants doublets comme entre Nantes et Rennes, Metz et Nancy, Strasbourg et Mulhouse, Besançon et Dijon, Rouen et Le Havre ou Pau et Bayonne. Au-delà de l'attraction parisienne qui s'étend à tout le territoire national et polarise en particulier le Grand Bassin parisien, les métropoles de la moitié sud sont en forte interrelations alors que le maillage de la France de l'Ouest s'affirme.

La dynamique des systèmes productifs régionaux repose en particulier sur les capacités des métropoles de province à mailler leur espace régional à leur profit dans le cadre de logiques productives basées sur des complémentarités ou spécialisations fonctionnelles et sectorielles intégrant les réseaux des villes moyennes et des petites villes encadrant les espaces ruraux à leur aire d'influence, les *réseaux urbains de proximité.* Au-delà de l'ensemble lyonnais, deuxième système métropolisé français, Toulouse, Bordeaux, Nantes ou Rennes ont sensiblement renforcé ces dernières décennies leurs fonctions régionales. Dans le Nord-Pas-de-Calais, la crise du bassin minier a fait basculer toute la partie centrale constituée par Douai et Lens dans l'orbite fonctionnelle directe de la métropole lilloise qui entretient aussi des liens croissants avec Valenciennes et Dunkerque.

## Hiérarchie urbaine, structures fonctionnelles et métropolisation

Comme nous l'avons vu (*cf.* chap. 1), l'étude de tout système productif repose sur une double logique : économique d'un côté, sociale de l'autre. Il convient donc dans un premier temps de bien identifier la répartition des différentes fonctions dans l'espace géographique en articulant spécialisation fonctionnelle, division du travail et hiérarchie urbaine. Dans un second temps, nous aborderons la question de la géographie des cadres, car, ces trente dernières années, c'est bien le processus de hiérarchisation non pas seulement fonctionnel mais tout autant social des espaces productifs – saisi ici à travers l'emploi des cadres – qui est devenu le facteur déterminant des rapports entre production, territoires et sociétés, auquel renvoie d'ailleurs le concept de métropolisation. Si dès 1994, F. Damette dans *La France en villes* alertait déjà sur ce processus, en vingt ans il s'est encore sensiblement renforcé avec l'internationalisation des firmes et la mondialisation de l'économie. La surpolarisation des cadres et des fonctions d'encadrement en Île-de-France au détriment de l'ensemble du territoire national est devenue aujourd'hui un important facteur de déséquilibre socio-économique, d'inefficacité productive globale et de paralysie.

## Hiérarchie urbaine, division du travail et spécialisations fonctionnelles

La répartition géographique des fonctions apparaît particulièrement hiérarchisée, en particulier dans les entreprises, bien que de manière très inégale selon les fonctions avec des contrastes géographiques de faibles à très marqués. Car les fonctions exercées par Paris, une grande métropole ou un bourg rural isolé ne sont pas identiques. Si l'action publique homogénéise les territoires, les entreprises, et donc le capital, hiérarchisent très fortement les territoires.

### *La sphère de la reproduction sociale : l'opposition public/privé*

Dans la sphère de la reproduction sociale, la principale grille d'analyse distingue globalement l'opposition entre sphère de la reproduction publique et sphère de la reproduction privée.

**La sphère de la reproduction publique**, avec ses 5,8 millions d'emplois, est en effet géographiquement la fonction la plus ubiquiste puisque son objet est d'assurer une couverture relativement, voire la plus, homogène du territoire national. Ceci est une des principales caractéristiques du poids des services publics d'un côté, du modèle républicain d'allocation homogène – voire volontariste au nom du rééquilibrage et de la solidarité des territoires – des ressources publiques de l'autre. Pour autant, cette fonction joue un rôle majeur dans la constitution de l'armature urbaine et de la hiérarchie urbaine du pays du fait, non pas de la localisation des services administratifs, mais du rôle structurant des grands équipements publics, en particulier universitaires et hospitaliers (rôle des CHU) comme l'illustre par exemple le cas du Grand Sud-Ouest. On retrouve-là le rôle moteur des métropoles et grandes villes. Soit elles accentuent une spécialisation déjà prononcée (Grenoble, Toulouse, Montpellier, Rennes), soit elles connaissent en trente ans un processus de rattrapage fonctionnel de mise à niveau (Caen, Strasbourg, Poitiers, Limoges, Clermont-Ferrand ou Besançon...). Dans ces économies urbaines ou métropolitaines, l'action de l'État joue un rôle majeur, en ce sens elles appartiennent à ce que F. Damette appelait les « villes d'État ».

**Dans la sphère de la reproduction privée**, on retrouve les mêmes caractéristiques de relativement forte homogénéité nationale. Cependant, la qualité et la diversité de la sphère de la reproduction privée dépendent fortement du niveau de solvabilité des ménages, lui-même déterminé par les emplois, les qualifications, les niveaux de salaires et le pouvoir d'achat des ménages résidents. Guidée par le marché, la reproduction privée a donc tendance à refléter et à renforcer les inégalités socio-spatiales en se calant très largement à la fois sur la hiérarchie urbaine et sur les logiques de ségrégations internes aux espaces locaux ou régionaux.

**Figure 3.1 Les espaces d'attractivité des universités du Grand Sud-Ouest**

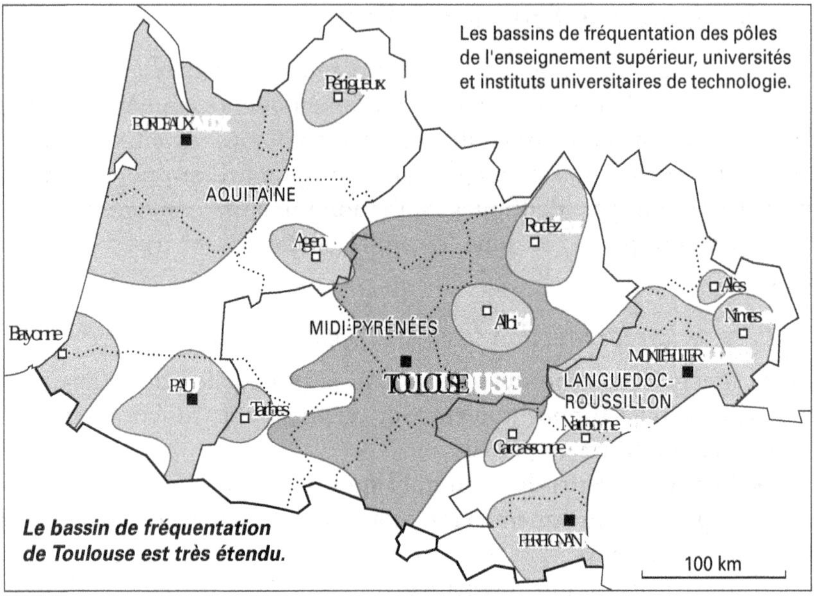


Source : INSEE recensement de la population 1999.

Source : Boyer J.-C., Carroué L., Gras J., Le Fur A., Montagné-Villette S., 2009, *La France. Les 26 régions*, Paris, Armand Colin, p. 210.

C'est pourquoi, globalement, la sphère de la reproduction sociale publique et privée est une des spécialités fonctionnelles des villes moyennes et petites, en particulier des préfectures polarisant leurs espaces ruraux comme dans l'Ouest et le Sud-Ouest (Tulle, Aurillac, Rodez, Cahors, Vannes...). Au total, une quarantaine de villes moyennes voient leur dominante économique organisée sur le modèle traditionnel de la ville-relais jouant le rôle de centre de services du monde rural. Ce processus caractérise aussi certaines capitales régionales plus puissantes comme Metz, Poitiers, Besançon, Montpellier, Nîmes, Béziers, Caen, Amiens, Dijon ou Limoges. Cependant, à l'inverse, ces fonctions demeurent assez faibles dans les villes industrielles, qu'elles soient en crise (Nord : Béthune, Lens, Douai, Valenciennes...) ou plus dynamiques (Oyonnax, Cluses). Le facteur industriel s'y est en effet caractérisé historiquement par un sous-équipement prononcé, malgré un processus de rattrapage ces deux dernières décennies, qui y explique encore des difficultés structurelles et des problèmes de reconversion.

Au total, il n'y a donc pas d'injustice spatiale flagrante à l'échelle nationale dans la répartition de ces deux fonctions complémentaires alors que les petites villes de moins de 50 000 emplois jouent un rôle majeur comme point d'appui dans la qualité générale de l'encadrement des espaces ruraux.

**Figure 3.2 L'organisation fonctionnelle du système urbain : la production concrète**

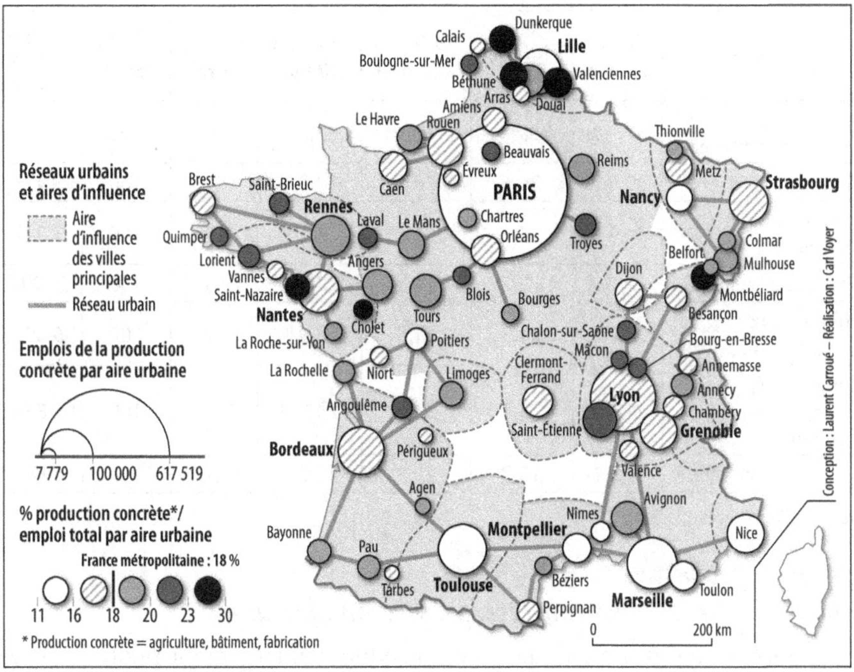


**Figure 3.3 L'organisation fonctionnelle du système urbain : la recherche et les prestations intellectuelles**

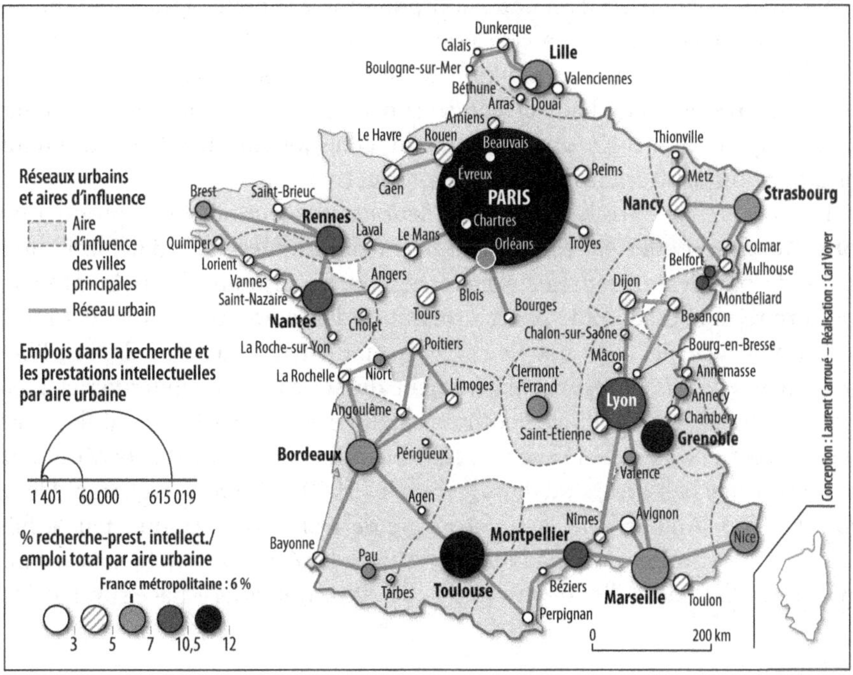

**Tableau 3.5 Répartition des fonctions par niveaux hiérarchiques en 2009 (en % et milliers)**

| Fonctions | Île-de-France | Sup. 200 000 emplois | 50 000 à 200 000 | Inférieur 50 000 | Espace rural | Emploi total | Emploi total (milliers) |
|---|---|---|---|---|---|---|---|
| Recherche/ prestations intellect. | 37,7 % | 28,4 % | 16,9 % | 12,3 % | 4,5 % | 100 | 1 591,5 |
| Gestion | 30,8 % | 24,5 | 20,8 | 18,2 % | 5,7 % | 100 | 3 415,9 |
| Comm. inter-etp/ transport | 24,6 % | 23,7 | 21,6 | 21,1 | 9 % | 100 | 3 047,5 |
| *Emploi total national* | *22,4 %* | *22,7* | *21,8* | *22,7 %* | *10,5 %* | *100* | *25 717,9* |
| Sphère de la reproduction privée | 21,7 % | 21,9 | 21,8 | 23,9 % | 10,7 % | 100 | 6 895,2 |
| Sphère de la reproduction publique | 21,1 % | 23,8 | 23,5 | 23,9 % | 7,6 % | 100 | 5 854,3 |
| Production concrète | 12,9 % | 18,7 | 22,8 | 26,9 % | 19,7 % | 100 | 4 840,8 |

Source : d'après INSEE, 2013.

### *La sphère productive : l'opposition production concrète/production abstraite*

À l'opposé, la géographie de la sphère productive, largement pilotée par les stratégies spatiales des firmes, fait apparaître de puissants contrastes entre les niveaux hiérarchiques urbains définissant ainsi une nette division fonctionnelle et géographique du travail. Ce dispositif systémique repose sur une remarquable symétrie : d'un côté, la production concrète, agricole et industrielle, est surreprésentée dans la France profonde (villes moyennes, petites villes, rural), de l'autre, la production abstraite (recherche, gestion) et les services périproductifs de haut niveau se concentrent en Île-de-France et dans les métropoles. Au total, une trentaine de villes jouent un rôle central dans l'organisation territoriale de la sphère productive.

Dans la sphère productive, les fonctions d'exécution de la production concrète ont en effet été refoulées à partir des années 1960 dans la France profonde par des entreprises à la recherche d'une nouvelle main-d'œuvre ouvrière rendue disponible par la croissance démographique et le fort recul de l'emploi agricole. Face aux vieux bassins industriels du Nord-Est et à l'Île-de-France, elle s'avère alors relativement docile car peu syndiquée et bien moins politisée, peu qualifiée et offrant un différentiel salarial à qualifications égales d'un tiers à la moitié avec la région-capitale (*cf.* transferts de Moulinex dans le bocage bas-normand dans les années 1960-1970 vers Argentan, Flers, Domfront...). Aujourd'hui, cette stratégie de transfert se traduit par le fait que 70 % des emplois nationaux des fonctions d'exécution sont localisés dans un espace allant des villes de moins de 200 000 emplois à l'espace rural. Cette stratégie spatiale de desserrement des activités franciliennes s'est traduit par une logique d'évitement des villes à forte tradition industrielle de la France du Nord-Est au profit des villes du Grand Bassin parisien puis d'une partie du Grand Ouest, qu'elles soient proches (Compiègne, Creil, Vernon, Évreux, Dreux, Sens...) ou plus lointaines (Reims, Amiens, Orléans, Tours, Le Mans, Auxerre, Angers...).

**Tableau 3.6 Trente ans de crise et de désindustrialisation de quelques villes moyennes**

| | Emplois Total 2009 | Évol. emplois totaux 1982-2009 | Évol. en % | Emploi prod. concrète 2009 | Évol. emplois prod. concrète 1982/2009 | Évol. en % | % emplois prod. concrète 1982 | % emplois prod. concrète 2009 |
|---|---|---|---|---|---|---|---|---|
| Longwy | 16 394 | - 9 014 | - 35 | 2 949 | - 6 603 | - 69 | 38 | 18 |
| Forbach | 28 681 | - 13 199 | - 32 | 5 715 | - 14 593 | - 72 | 48 | 20 |
| Maubeuge | 43 830 | - 8 422 | - 16 | 11 393 | - 11 603 | - 50 | 44 | 26 |
| Le Creusot | 15 377 | - 2 759 | - 15 | 3 967 | - 3 789 | - 49 | 43 | 26 |
| Roanne | 42 101 | - 6 447 | - 13 | 9 385 | - 11 891 | - 56 | 44 | 22 |
| Creil Montataire | 40 501 | - 4 087 | - 9 | 6 905 | - 9 791 | - 59 | 37 | 17 |
| Montluçon | 31 638 | - 2 050 | - 6 | 7 107 | - 5 505 | - 44 | 37 | 22 |
| Dreux | 21 449 | - 1 327 | - 6 | 4 392 | - 4 836 | - 52 | 41 | 20 |
| Soissons | 23 958 | - 1 426 | - 6 | 4 555 | - 4 949 | - 52 | 37 | 19 |
| Saint-Quentin | 41 884 | - 2 488 | - 6 | 9 167 | - 7 541 | - 45 | 38 | 22 |
| Flers | 18 577 | - 567 | - 3 | 5 591 | - 3 821 | - 41 | 49 | 30 |
| Cambrai | 29 340 | - 804 | - 3 | 6 178 | - 5 134 | - 45 | 38 | 21 |

Source : d'après INSEE, 2012.

À partir des années 1975-1980, le processus de désindustrialisation – que l'on peut définir comme le fort recul de la production concrète de plusieurs branches industrielles (charbonnages, textile, sidérurgie, métallurgie, mécanique, chantiers navals, électronique grand public...) – débouche dans certaines aires urbaines du Nord-Est (Longwy, Forbach, Maubeuge...), du Grand Bassin parisien (Creil, Dreux, Soissons, Saint-Quentin...), de l'Ouest (Flers...) ou du Centre (Le Creusot, Roanne, Montluçon...) sur de puissantes crises économiques, sociales et urbaines dont témoigne le recul net de l'emploi total. Ces bassins d'emplois étaient en effet souvent structurés autour d'une activité sectorielle souvent dominée historiquement par une grande firme. En position subalterne dans la division spatiale du travail, une partie d'entre elles sont en difficulté pour assurer le renouvellement de leur base productive, en particulier du fait de l'incapacité de la sphère de la reproduction sociale à prendre le relais.

### La crise de la sidérurgie lorraine : la crise de l'aire urbaine de Longwy

Déjà marquée par la proto-industrie (faïences, coutellerie, première sidérurgie au bois...), Longwy, dans le nord de la Meurthe-et-Moselle, connaît un développement spectaculaire – tout comme les communes des bassins industriels nord-lorrains (*cf.* communes de Rombas, Hagondange, Florange...) – lors du développement de la sidérurgie sous la houlette initiale de la Société des Aciéries de Longwy fondée en 1880 puis des Maîtres des Forges (les De Wendel) grâce à l'exploitation du minerais de fer et du charbon lorrain. La réorganisation des firmes (Sollac, puis Usinor puis ArcelorMittal), la rationalisation de l'appareil productif et le glissement des activités vers le littoral (*cf.* sites de Dunkerque et Fos-sur-Mer) débouchent sur une crise très profonde entre 1978 et le début des années 1980 malgré la création du Pôle européen de développement (PED) en 1985. Entre 1968 et 2009, la population de l'aire urbaine tombe de 88 000 à 72 500 habitants (– 18 %, ville de Longwy : – 30 %). Entre 1982 et 2009, l'emploi recule de 35 %, en particulier du fait de l'effondrement de l'emploi de la production concrète (– 70 %) qui tombe de 38 à 18 % des emplois. Dans ce contexte très dépressif, le travail frontalier vers le Luxembourg voisin permet d'amortir la crise sociale (*cf.* chap. 5).

À l'opposé, les fonctions productives du commandement, de l'innovation et des échanges sont fortement polarisées sur le haut de la hiérarchie urbaine. Ce sont bien ces dernières catégories fonctionnelles qui sont les principaux facteurs de la métropolisation. Ce processus hiérarchique fonctionnel est étroitement associé à la hiérarchisation sociale et aux qualifications qui renvoient à la fois aux dynamiques des marchés du travail et de l'emploi et tout autant à la division géographique du travail dans l'espace national par les firmes. Au total, et contrairement là encore à une idée trop courante, la primatie parisienne et la métropolisation ne sont pas le fait de l'État mais bien fondamentalement des entreprises.

### Marchés du travail métropolitains et mobilité professionnelle : les spécificités franciliennes

Un des grands atouts des marchés du travail métropolitains réside dans leur taille et leur diversité sectorielle et fonctionnelle (secteurs d'activités, catégories d'entreprises, spécialités professionnelles, éventail des salaires...) qui permettent une importante mobilité professionnelle des actifs (changement de métier, de poste, de niveau de qualification ou d'entreprise...). En favorisant une meilleure rotation de la main-d'œuvre et un brassage des actifs, ce type de mobilité favorise la sécurisation des trajectoires professionnelles (passage chômage/emploi) et le changement de métier et de groupe socioprofessionnel, donc une forme de mobilité sociale ascendante. Mais surtout, elle joue un rôle décisif dans la création et la circulation des connaissances et des innovations à travers la mobilité interentreprises des ingénieurs, techniciens et cadres qui emportent avec eux informations, savoirs et savoir-faire. On ne soulignera en effet jamais assez que, dans un cadre très concurrentiel entre acteurs économiques, l'innovation et la connaissance constituent un avantage comparatif parfois si déterminant que le mouvement général est à sa protection et à son cloisonnement (*cf.* dépôts de brevets, engagement lors d'un départ d'un cadre à ne pas aider la concurrence pendant quelques années...). Loin d'être à la diffusion, le processus général de l'innovation est d'être à la rétention, pour des raisons économiques, financières et concurrentielles. Comme l'illustrent de nombreux exemples (*cf. Silicon Valley* californienne...), c'est bien la mobilité - spontanée ou organisée (*cf.* stratégie d'essaimage des grands groupes) - des salariés les plus qualifiés détenteurs d'un fort capital humain spécifique qui stimule les dynamiques d'échanges et d'innovation.

Dans ce contexte, la région-capitale présente un profil spécifique de mobilité du fait de ses très vastes dimensions, de sa forte densité d'emplois, du niveau de diplôme de sa population active, de la proportion importante de cadres, de la juxtaposition à la fois de grands groupes et des PME... Ainsi, selon une enquête Formation et Qualification Professionnelle de l'INSEE publiée dans *Économie et Statistique* de 2010 par F. Lainé, un tiers des cadres, contre 19 % en province, ou 37 % des ouvriers qualifiés, contre 28 % en province, changent d'entreprise en six années. Cette mobilité est particulièrement importante chez les jeunes actifs qui peuvent ainsi accéder à des emplois plus stables et à des niveaux de qualification plus élevés. La mobilité dans l'emploi, entre employeurs ou au sein de la même firme, s'accompagne aussi souvent d'un changement de métier (32 %, contre 27 % en province), et ce à tous les niveaux de qualification.

En trente ans, ces logiques hiérarchiques se renforcent sensiblement : l'Île-de-France et les métropoles captent l'essentiel de la croissance en emplois des fonctions stratégiques comme la recherche (73 %) et les prestations intellectuelles (66 %). À l'inverse, cet écrémage fonctionnel se caractérise aussi par le report des fonctions banales (commerce interentreprises, gestion de base, logistique) dans le bas de la hiérarchie urbaine et les zones rurales. Enfin, si la primatie francilienne demeure incontestable, on assiste aussi à un sensible rééquilibrage dans l'allocation des fonctions stratégiques au profit des métropoles de la *France autonome* comme en témoigne la géographie de la recherche, qui se diffuse par transferts (Toulouse, Bordeaux...) ou créations nouvelles (Lyon, Grenoble, Nice, Nantes, Rennes), ou celle des fonctions de gestion. En position d'interface entre les espaces régionaux et l'espace national, les métropoles accueillent en particulier les sièges régionaux des entreprises nationales organisées en réseau (énergie, transports, poste et télécommunications ou banque et finance...) ou intervenant dans le commerce et les services périproductifs. Dans la gestion, la finance, la logistique, on assiste en fait à un partage hiérarchique des tâches : l'Île-de-France se concentre sur les fonctions de pilotage d'échelles internationales et nationales, les métropoles sur les échelles régionales.

**Tableau 3.7 Trente ans d'écrémage fonctionnel métropolitain : poids de l'Île-de-France et des métropoles (en %)**

| Fonctions | Croissance nationale 1982-2009 (en milliers) | % IDF/ croissance | % métropoles/ croissance | IDF + métropoles | Reste du territoire national |
|---|---|---|---|---|---|
| Conception, recherche | + 333,5 | 32,7 | 40,2 | 72,8 | 27,2 |
| Prestations intellectuelles | + 551,4 | 36,4 | 29,4 | 65,8 | 34,2 |
| Culture, loisirs | + 350,5 | 37,9 | 23,6 | 61,5 | 38,5 |
| Commerce interentreprises | + 370,9 | 24,3 | 31,5 | 55,8 | 44,2 |
| Gestion | + 685,5 | 9,8 | 37,8 | 47,6 | 52,4 |
| Transports, logistique | + 235,9 | 2,8 | 20,6 | 23,4 | 76,6 |

Source : d'après INSEE, 2012.

## Le processus de métropolisation : la géographie des fonctions d'encadrement

Si, comme nous venons de l'étudier, la répartition des grandes sphères et des grandes fonctions productives est fortement hiérarchisée, ce processus est aujourd'hui largement surdéterminé par la hiérarchisation sociale à l'intérieur-même des différentes sphères et fonctions que l'on peut saisir à travers l'étude des fonctions d'encadrement.

À partir des travaux de F. Damette et du laboratoire Strates sur les analyses fonctionnelles de l'emploi, l'INSEE, dans la décennie 1990, a identifié un certain nombre de *fonctions métropolitaines supérieures* associées aux fonctions d'encadrement, de gestion stratégique et d'innovation (services aux entreprises, finance, commerce, informatique, recherche et innovation...). Cette démarche vise à articuler dans une logique opératoire géographie fonctionnelle et hiérarchisation sociale des territoires. En trente ans, les fonctions d'encadrement stratégique connaissent un fort développement (+ 127 %) avec 1,5 million de créations de postes, dont presque + 500 000 en gestion, + 350 000 en recherche et + 300 000 dans les prestations intellectuelles.

**Tableau 3.8 Trente ans de montée des cadres des fonctions métropolitaines (en milliers et %)**

| Fonctions | 1982 | 1999 | 2009 | Diff. 1982/2009 | Diff. en % | % croissance nationale | % 1982 | % 2009 |
|---|---|---|---|---|---|---|---|---|
| Gestion | 493,7 | 194,2 | 982 | + 488,3 | + 99 | 35 | 44,8 | 39,2 |
| Conception, recherche | 170,1 | 201,9 | 512,2 | + 342,1 | + 201 | 25 | 15,4 | 20,5 |
| Prestations intellectuelles | 124,2 | 1 744,2 | 426,4 | + 302,2 | + 243 | 22 | 11,3 | 17 |
| Commerce interentreprises | 211,5 | 411,7 | 300,8 | + 89,3 | + 42 | 6 | 19,2 | 12 |
| Culture, loisirs | 102,2 | 674,2 | 282,8 | + 180,6 | + 177 | 13 | 9,3 | 11,3 |
| Total | 1 101,8 | 262 | 2 504,2 | + 1 402,4 | + 127 | 100 | 100 | 100 |

Source : INSEE, 2013.

Dans cette dynamique, la polarisation géographique des emplois d'encadrement sur l'Île-de-France et les métropoles constitue un des traits majeurs des mutations de la géographie urbaine et économique française. Douze métropoles assurent l'essentiel de l'encadrement du dispositif national : Paris et les onze aires métropolitaines polarisent en effet la moitié des emplois, mais surtout 61 % des emplois des fonctions métropolitaines et 72 % des cadres des fonctions métropolitaines. Alors que le taux d'encadrement est le principal indice de la très forte hiérarchisation sociale du territoire national, il indique la juxtaposition spatiale de structures sociales, et donc de sociétés, très différentes. Trois ruptures qualitatives jouent un rôle majeur.

**La césure Paris/province**. La polarisation de l'emploi d'encadrement sur la région-capitale constitue un des enjeux centraux de l'organisation de l'armature urbaine et de l'espace productif national. En trente ans, l'Île-de-France polarise 43 % des créations et maintient son poids relatif autour de 45 % de l'ensemble national. Un niveau de polarisation exceptionnel en Europe qui témoigne de son rang européen et de son rôle nodal dans le pilotage du système productif national. Les cadres des fonctions métropolitaines y passent en effet de 253 000 à 1,1 million. Surtout, Paris double son taux d'encadrement qui passe de 14 à 20 % des emplois totaux. De plus, la région-capitale écrase tout le reste de la hiérarchie nationale en disposant de dix fois plus de cadres des fonctions métropolitaines que Lyon, qui vient en 2^e^ place, et de 14 fois plus que Toulouse qui vient en 3^e^ place.

**Tableau 3.9 Répartition des cadres des fonctions métropolitaines : une nette hiérarchie (en milliers et %)**

| Hiérarchie urbaine | CFM 1982 | CFM 2009 | Croissance nationale | % croissance nationale | % CMF emploi 1989 | % CMF emploi 2009 | % CMF national 1882 | % CMF national 2009 |
|---|---|---|---|---|---|---|---|---|
| IDF | 508,2 | 1 111,9 | + 603,7 | 43 | 10,6 | 19,3 | 46,2 | 44,5 |
| Métropoles | 228,7 | 639,1 | + 410,4 | 29,3 | 5,4 | 10,9 | 20,8 | 25,5 |
| 50 000 à 200 000 | 172,5 | 375,3 | + 202,8 | 14,5 | 3,8 | 6,7 | 15,7 | 15 |
| Inf. à 50 000 | 144,4 | 277,1 | + 132,7 | 9,4 | 2,9 | 4,8 | 13,1 | 11 |
| Espace rural | 47 | 100,8 | + 53,8 | 3,8 | 1,8 | 3,7 | 4,3 | 4 |
| France | 1 100,8 | 2 504,2 | + 1 403,4 | 100 | 5,2 | 9,7 | 100 | 100 |

Source : INSEE, 2011.

**Le rôle des 12 aires métropolitaines.** Deuxièmement, une nette rupture oppose les 12 aires métropolitaines de plus de 200 000 emplois, dont Paris, au reste du territoire national puisqu'elles polarisent 72 % des cadres. Cependant, même si elles se renforcent sensiblement en captant 29 % des créations et montent à un quart de l'emploi national toutes ensemble, les métropoles de province demeurent largement distancées par Paris. Cependant, chacune d'entre elles, selon les héritages historiques et les choix de spécialisation opérés ces dernières décennies, présentent des dynamiques et des profils fonctionnels assez différents. Toulouse et Grenoble se caractérisent par un haut niveau d'encadrement (14 %), largement devant Montpellier (11,7 %), Nantes et Lille (10 %). Les fonctions de recherche et prestations intellectuelles sont surreprésentées dans les deux métropoles technopolitaines que sont Grenoble (45 % des cadres) et Toulouse (40 %) face à la relative faiblesse de Nice et Montpellier (29 %) alors que Lyon (17 %), Lille, Bordeaux et Nantes sont surreprésentées dans le commerce interentreprises.

**Des trajectoires contrastées.** Enfin, troisièmement, les dynamiques d'encadrement font apparaître des trajectoires contrastées. On assiste, en particulier ces vingt dernières années, à d'importants reclassements. Face au dynamisme bien connu et largement souligné dans la littérature de Toulouse, Lyon et Grenoble, il convient aussi de relever le dynamisme de Rennes, Nantes, Lille, Strasbourg, Bordeaux, Brest, Aix-Marseille, Nice, Clermont-Ferrand et Orléans, alors qu'à l'inverse, Nancy, Metz, Rouen, Saint-Étienne, Avignon ou Limoges stagnent.

**Tableau 3.10 Évolution de l'emploi et des cadres des fonctions métropolitaines**

| | CFM 2009 | % CFM 1982 | % CFM 2009 | Diff. de points | | CFM 2009 | % CFM 1982 | % CFM 2009 | Diff.de points |
|---|---|---|---|---|---|---|---|---|---|
| Paris | 1 111 934 | 14 | 19,3 | 5,3 | Orléans | 17 242 | 5,3 | 9,2 | 3,8 |
| Toulouse | 80 481 | 5,8 | 14,5 | 8,7 | Clermont-Ferrand | 16 392 | 4,1 | 8,2 | 4,1 |
| Grenoble | 41 806 | 6,6 | 14 | 7,4 | Nancy | 14 853 | 5,2 | 8,1 | 2,9 |
| Lyon | 118 700 | 6 | 12,3 | 6,3 | Reims | 10 034 | 4,5 | 7,4 | 2,8 |
| Montpellier | 26 719 | 6 | 11,7 | 5,7 | Rouen | 18 601 | 4 | 7 | 3 |
| Nantes | 43 069 | 5,1 | 11 | 5,9 | Caen | 11 859 | 3,6 | 7 | 3,4 |
| Lille | 55 574 | 5,2 | 11 | 5,8 | Mulhouse | 7 757 | 4,7 | 6,9 | 2,2 |
| Rennes | 32 894 | 4,1 | 10,8 | 6,6 | Metz | 11 551 | 3,8 | 6,8 | 3 |
| Nice | 40 658 | 5,8 | 10,3 | 4,5 | Saint-Étienne | 12 870 | 3,8 | 6,5 | 2,7 |
| Strasbourg | 35 033 | 5,6 | 10,3 | 4,7 | Limoges | 7 268 | 3,4 | 6,2 | 2,8 |
| Marseille | 68 354 | 5,5 | 10 | 4,5 | Amiens | 7 036 | 3,6 | 5,8 | 2,2 |
| Bordeaux | 49 126 | 5,4 | 10 | 4,6 | Le Havre | 7 118 | 3,5 | 5,8 | 2,4 |
| *11 métropoles* | *592 414* | *5,6* | *11,5* | *5,9* | Douai | 7 694 | 2,3 | 4,4 | 2,1 |

Source : INSEE, 2013.

Face à Paris et aux métropoles, le reste du système productif national demeure marqué par un véritable sous-encadrement qui pose de redoutables problèmes d'autonomie stratégique et de développement endogène. En particulier, les villes moyennes de 50 000 à 200 000 emplois présentent un profil quasi-identique (15 %) aux petites villes (11 %). En effet, face aux mutations du schéma productif et à l'intellectualisation croissante du travail industriel et des services périproductifs, la localisation des cadres, ingénieurs et techniciens est devenue un facteur majeur de localisation des activités les plus stratégiques et les plus dynamiques. La répartition géographique de ce groupe social dans l'espace – c'est-à-dire pour les entreprises l'accès à un marché du travail qualifié, dense et mobile composé de centaines de milliers de cadres – est devenue un facteur majeur de distribution des activités productives et périproductives. Ces exigences – en lien avec la géographie de l'appareil de formation (Grandes Écoles…) d'un côté et avec la géographie résidentielle des cadres de l'autre aux différentes échelles (nationales, métropolitaines, locales) – fonctionnent depuis plusieurs décennies sur un mode cumulatif qui survalorise l'Île-de-France et les métropoles de province dans le cadre d'un marché du travail d'échelle nationale et, de plus en plus, européen, voire mondial. Dans un contexte de tension sur le marché du travail et de rareté de l'offre, le déficit de main-d'œuvre hautement diplômée et hautement qualifiée survalorise les marchés métropolitains du travail déjà les mieux dotés au détriment des besoins du reste du territoire national. En quelque sorte, la métropolisation est fille de la rareté.

**Tableau 3.11 Poids des diplômés du supérieur cycle long (en %)**

| | | | | | |
|---|---|---|---|---|---|
| Île-de-France | 22,5 | Rennes, Lyon, Lille | 16 | France | 12,7 |
| Toulouse | 20,5 | Nice, Nantes, Bordeaux, Marseille | 15 | Toulon | 11,5 |
| Montpellier | 20,4 | Strasbourg | 14,8 | Rouen | 11,2 |
| Grenoble | 19,5 | Clermont-Ferrand | 13,5 | | |

Source : INSEE, 2011.

Pour autant, il n'y a pas de fatalité comme l'illustre la dynamique de certaines aires urbaines de taille moyenne du Grand Ouest comme Le Mans, Brest, Vannes, La Rochelle ou Niort (poids des mutuelles et assurances : 57 % des cadres) ou de Rhône-Alpes (Annecy, Chambéry, Valence). À l'inverse, certaines aires urbaines de plus de 200 000 emplois sont largement sous-encadrées (5 à 7 %) comme Rouen et Toulon ou dans le Nord, Douai-Lens, Valenciennes et Béthune. C'est un des facteurs de leurs faiblesses productives actuelles.

**Figure 3.4 Géographie des cadres des fonctions métropolitaines**

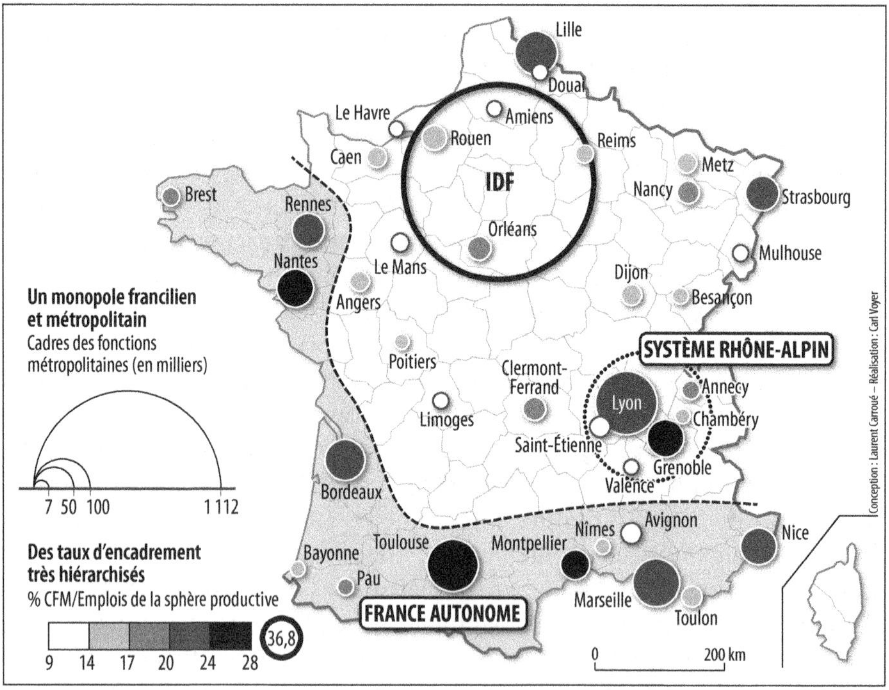

# Villes et systèmes productifs régionaux

## Système urbain et organisation régionale des systèmes productifs régionaux

Comme nous l'avons souligné au début de cet ouvrage (*cf.* chap. 1), il existe une large inadéquation entre le découpage administratif des régions et départements et la structuration des territoires par le(s) système(s) productif(s). En particulier, le défi lancé est de passer de l'étude d'un système productif français, cohérent face aux autres États européens voisins, à des systèmes productifs régionaux. Dans cette démarche d'emboîtement des échelles scalaires, il est donc nécessaire de mobiliser comme système d'analyse la hiérarchie urbaine, les réseaux urbains et les aires d'influence des villes et métropoles qui organisent ainsi des systèmes productifs régionaux et sous-régionaux bien distincts et aux fonctionnements spécifiques.

Paris et l'Île-de-France organisent dans toute la France du Nord un Grand Bassin parisien dont le système productif est très cohérent car fortement intégré, polarisé et hiérarchisé du fait des héritages historiques et des puissants processus tayloriens des années 1950-1975 qui y ont organisé une nette division sociale et spatiale du travail. Ces vingt dernières années, cette polarisation francilienne s'est renforcée fonctionnellement et élargie géographiquement vers le Nord, l'Est, la Bourgogne et le Sud-Ouest (axe de la Loire moyenne, Poitiers...) du fait de crises locales qui ont parfois fortement affaibli les autonomies de certains territoires, de la densification des réseaux de transports (autoroutes, TGV) et des transferts d'activités productives vers des périphéries intégrées.

Du fait des effets d'accumulation démographiques et productifs qui lui assure une réelle autonomie et malgré certaines crises sectorielles sévères, le Nord demeure un ensemble régional spécifique de plus en plus soumis à la métropolisation lilloise comme nous le verrons par la suite. Au Nord-Est, si le système productif alsacien présente une réelle identité rhénane, la structure lorraine apparaît plus contrastée. Au-delà de la forte fragilisation des bases productives traditionnelles, la région souffre aussi d'une structure bipolaire à la fois asymétrique et concurrente entre Nancy et Metz, les deux capitales régionales, alors que Metz est de plus en plus confrontée à la montée de la concurrence métropolitaine luxembourgeoise dans toute la partie septentrionale de son aire d'influence. Au marge de ces grands ensembles, vers le sud-ouest, la Bourgogne et la Franche-Comté apparaissent comme des espaces intermédiaires à la cohérence assez faible et subissant la forte attractivité divergente des métropoles parisienne et lyonnaise ou de la Porte d'Alsace sans que les deux aires urbaines de Dijon et Besançon ne réussissent à imposer une forte polarité sur leurs ensembles régionaux.

**Figure 3.5 Le système urbain français**

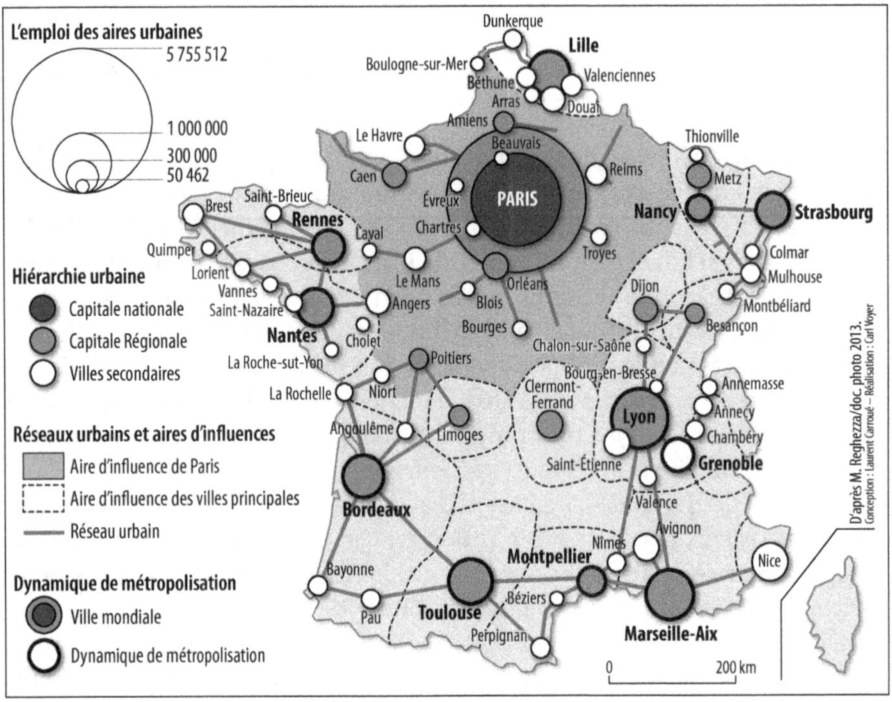


Face à cette France du Nord, la *France autonome* s'affirme de manière plus nette, portée par un fort dynamisme démographique et productif. Trois grands dispositifs jouent un rôle majeur. Premièrement, le système lyonnais et rhône-alpin constitue à l'échelle nationale une véritable exception du fait de sa puissance et de sa diversité et d'un espace à la fois polarisé (Lyon, Grenoble) mais fortement maillé qui en assure les équilibres internes. Il tend progressivement à élargir sa base régionale en intégrant le sud de la Bourgogne et de manière croissante l'est du Massif central, comme en témoigne la montée des échanges avec Clermont-Ferrand, pour constituer progressivement une grande région Centre-Est. Deuxièmement, la Bretagne et une partie du Grand Ouest s'affirment de plus en plus comme un système autonome. Initialement fortement portée par les grands programmes de modernisation gaullistes (télécommunications à Lannion et Rennes…) et les transferts tayloriens des années 1960 (automobile et Citroën-PSA à Rennes, électronique…), ses élites économiques et politiques régionales ont aussi su engager un véritable processus de modernisation endogène, symbolisé en particulier par sa mutation agro-industrielle, qui s'est appuyé sur l'essor d'une structure métropolitaine bipolaire constituée par Rennes et Nantes (*cf.* débat sur l'aéroport conjoint de Notre-Dame-des-Landes). Enfin, troisièmement, le Grand Sud-Ouest a lui aussi connu un réel essor, bien que plus inégal, porté par le bipôle métropolitain Toulouse/Bordeaux relayé en interne par les pôles secondaires de Bayonne et Pau sous les effets en particulier du développement des activités aérospatiales militaires et civiles à partir des transferts initiaux franciliens.

Face à ces trois ensembles, les structures territoriales et productives du littoral méditerranéen semblent plus incomplètes et fragiles. On y assiste à la juxtaposition de cellules régionales spécialisées mais peu intégrées en interne qui peinent à définir des systèmes productifs régionaux cohérents. S'ils sont réels, les processus de métropolisation de Montpellier et d'Aix/Marseille demeurent fragiles du fait d'une base productive incomplète, en particulier industrielle. Toulon voit son statut métropolitain fortement s'éroder ces dernières années alors que le pôle Nice/Cannes s'oriente de plus en plus vers le tourisme au dépend de ses greffes technopolitaines (*cf.* difficultés de Sophia Antipolis). Mais le grand défi est celui que doit relever le pôle Marseille/Aix qui, malgré des atouts considérables et un fort potentiel, ne remplit pas son rôle, du fait en particulier de la faiblesse de ses élites économiques et politiques qui peinent à définir un véritable projet social et productif d'envergure nationale et internationale.

## L'Île-de-France au cœur du système productif national

Deuxième région économique en Europe occidentale après Londres, l'Île-de-France est au cœur de l'organisation du système productif français par son poids quantitatif et son rôle qualitatif. Si la prééminence parisienne fut une caractéristique constitutive de la monarchie française puis de la construction républicaine, elle est ces dernières décennies profondément renouvelée par l'insertion de la France dans la mondialisation. Capitale du pouvoir économique, financier, technologique et politique du fait de ses fonctions nationales et internationales (*cf.* sièges de l'OCDE ou de l'Unesco), elle est à la fois à la tête du réseau urbain national et au cœur de l'articulation entre l'espace national et mondial.

**Les mutations du système productif francilien**. La sélectivité parisienne repose sur une double logique de spécialisation dans les niveaux supérieurs, à la fois sectorielle et fonctionnelle, comme l'illustre par exemple son poids dans les cadres des fonctions métropolitaines. Surtout, elle se renforce sensiblement ces dernières décennies dans le commandement économique et financier (*cf.* sièges sociaux à Paris et La Défense) et dans les fonctions stratégiques de la sphère productive abstraite. En dix ans, la région-capitale polarise 57 % de la croissance nationale des emplois dans les services informatiques pour concentrer 56 % du total des emplois nationaux, 64 % dans l'audiovisuel et l'édition, 37 % dans les activités financières et les activités juridiques et d'ingénierie (40 %), 80 % dans les télécommunications (40 %),

34 % dans les arts et spectacles (34 %) et 24 % dans les activités scientifiques et techniques (33 %).

**Tableau 3.12 Évolution de l'emploi et des cadres des fonctions métropolitaines (en milliers et %)**

| | Emploi 2009 | Diff. 1982-2009 | Emplois sphère productive 2009 | Diff. 1982-2009 | % sphère productive/ emploi total | CFM 2009 | % CFM/ emploi 1982 | % CFM/ emploi 2009 |
|---|---|---|---|---|---|---|---|---|
| Paris | 1 790,5 | - 17,4 | 900,9 | - 182,5 | 50 | 428,9 | 14 | 24 |
| Hauts-de-Seine | 934,4 | + 209,4 | 581,3 | + 88 | 62 | 299,1 | 14 | 32 |
| Seine-Saint-Denis | 544,3 | + 80,9 | 274,3 | - 15,3 | 50 | 73 | 7 | 13 |
| Val-de-Marne | 515,7 | + 75,2 | 256,3 | + 1,1 | 50 | 69,5 | 7 | 13 |
| Seine-et-Marne | 442,1 | + 162,8 | 214,6 | + 48,7 | 49 | 37,2 | 4 | 8 |
| Essonne | 433,5 | + 122,2 | 222,2 | + 41,1 | 51 | 62,4 | 8 | 14 |
| Yvelines | 546,9 | + 136,6 | 285 | + 45,6 | 52 | 94,2 | 8 | 17 |
| Val-d'Oise | 437,8 | + 170,7 | 230,1 | + 78,3 | 53 | 40,1 | 6 | 9 |
| Île-de-France | 5 645,4 | + 940,7 | 2 965 | + 105,3 | 53 | 1 105 | 11 | 20 |

Ce processus s'accompagne d'une profonde réorganisation interne du système productif régional. Paris se spécialise de plus en plus, sous les effets de la pression foncière et immobilière, soit dans les fonctions résidentielles et culturelles, soit dans les activités très haut de gamme du commandement politique, administratif et économique alors que les sièges sociaux glissent vers les Hauts-de-Seine et une petite frange vers la première couronne (*cf.* mutations fonctionnelles de la Seine-Saint-Denis). On assiste surtout au développement des quatre départements de la deuxième couronne francilienne qui représentent dorénavant un tiers des emplois totaux et de la sphère productive et captent 64 % de la dynamique régionale des trente dernières années. Le fort développement du pôle de Roissy autour de l'aéroport Charles-de-Gaulle, de la Cité scientifique Île-de-France Sud à cheval sur l'Essonne et les Yvelines, de la Plaine-Saint-Denis, de Marne-la-Vallée, de Cergy ou du pôle de Vélizy/Satory se traduit par un sensible renforcement du caractère polycentrique de l'organisation métropolitaine.

**Une région de plus en plus polarisée et duale.** Pour autant, ces mutations ne doivent pas masquer l'explosion des disparités socio-spatiales et fonctionnelles qui débouche sur une région métropolitaine, puis au-delà sur un Grand Bassin parisien à deux vitesses opposant une zone centrale hautement privilégiée à des marges urbaines, périurbaines puis rurbaines en position dominées, voire dévaluées. Quels que soient les critères retenus (taux d'activité, taux de chômage, qualifications, revenus et salaires, RSA, niveaux de productivité...), l'agglomération est globalement coupée en deux par une ligne nord-ouest/sud-est. La très ancienne césure intra-parisienne (Faubourg Saint-Germain/Faubourg Saint-Antoine) – réactivée par la présence royale et nobiliaire (châteaux de Saint-Germain-en-Laye et de Versailles) puis par l'industrialisation des XIXe et XXe siècles entre banlieues populaires au nord-est et banlieue bourgeoises au sud-est – s'accentue et s'élargit à l'ensemble de l'agglomération centrale puis à la grande banlieue. Comme le souligne, par exemple, les travaux de la géographe M. Berger ces sept dernières années, le nombre des ménages de cadres s'accroît trois fois plus vite (+ 24 %) que le nombre de ménages franciliens (+ 7 %) et les migrations nationales et internationales et les mobilités résidentielles internes accentuent la concentration des cadres dans Paris et dans le quadrant sud-ouest. Paris et les Hauts-de-Seine logent 51 % des cadres et professions intellectuelles supérieures, 59 % avec les Yvelines, quant à la Seine-Saint-Denis et la Seine-et-Marne, elles logent 35 % des ouvriers.

Ces ségrégations socioprofessionnelles sont étroitement associées aux mutations du système productif qui se fondent à l'échelle nationale sur une forte spécialisation sectorielle et fonctionnelle de l'espace francilien et, à l'échelle régionale, sur de puissantes logiques d'évitement et de ségrégation. En trente ans, les fonctions métropolitaines se sont sensiblement renforcées pour représenter 2,1 des 5,57 millions d'emplois (38 % d'emploi régional) tout en s'étendant de l'ouest parisien à tous les Hauts-de-Seine, l'est des Yvelines et le nord de l'Essonne. Alors que les fonctions décisionnelles glissent de Paris vers les Hauts-de-Seine, les industries de pointe, le complexe militaro-industriel – dont les effets structurants sont très souvent inconnus ou sous-évalués dans la littérature – et les activités scientifiques et techniques glissent vers le sud-ouest. En trente ans, les Hauts-de-Seine (33 %), l'Essonne (13 %) et les Yvelines (8 %) polarisent ainsi plus de la moitié des 135 000 créations d'emplois dans la recherche-développement derrière Paris (23 %). À l'inverse, les fonctions productives et les fonctions transversales sont surreprésentées dans le nord-est, le sud-est et l'est de la région et en grande couronne. En particulier, le Val-d'Oise et la Seine-et-Marne captent 80 % des créations d'emplois dans la logistique.

### Les profondes mutations du potentiel productif de Seine-Saint-Denis

Symbole de l'industrie francilienne, de la classe ouvrière et de la ceinture rouge longtemps dominée par le Parti communiste, la Seine-Saint-Denis connaît à partir des années 1960 de profondes mutations de son potentiel productif qui symbolise alors la désindustrialisation de la région-capitale. Ces trente dernières années, le département gagne pourtant 81 000 emplois (+ 17 %) pour dépasser les 540 000 postes, selon cependant des logiques spatiales contrastées. Si des communes comme La Courneuve, Romainville ou Le Bourget connaissent un net recul de l'emploi local (de - 10 à - 40 %), d'autres connaissent une forte croissance, en particulier Saint-Denis (+ 45 %), Pantin, Saint-Ouen, Montreuil et Bobigny du fait de leur proximité, pour les quatre premières, d'avec Paris d'un côté, Noisy-le-Grand porté par le développement de la ville nouvelle de Marne-la-Vallée, et surtout Villepinte et Tremblay qui bénéficient des effets d'entraînement du pôle aéroportuaire de Roissy de l'autre.

Si la sphère productive connaît globalement un léger recul de ses emplois (- 16 000, - 5 %) pour représenter 275 000 postes en 2009, son poids relatif dans l'emploi départemental tombe de 63 à 50 % du fait de la forte croissance de la sphère de la reproduction sociale qui gagne + 100 000 postes pour représenter 270 000 emplois. Dans celle-ci, la sphère privée (services de proximité, distribution, entretien...) connaît une croissance assez moyenne du fait des difficultés sociales d'une partie importante de la population, en particulier d'origine immigrée (taux de chômage, RSA...), qui limite fortement les niveaux de consommation de produits et services privés. Par contre, la sphère publique (administrations, action sociale, éducation) créée 60 000 emplois (+ 80 %) pour arriver à 132 000 postes. Elle passe ainsi de 42 % à la moitié de la sphère de la reproduction sociale et surtout de 16 à 24 % de l'emploi total. Ainsi, face aux difficultés économiques et sociales d'une partie de la population, l'engagement de l'État et des collectivités territoriales demeure tout à fait considérable.

Pour sa part, la sphère productive qui, on l'a vu, se maintient globalement, connaît un profond bouleversement fonctionnel. Si le bâtiment et la logistique reculent un peu, c'est bien l'effondrement de la fonction de fabrication qui constitue le fait majeur en perdant 49 000 postes (- 57 %) pour tomber à 36 600 postes, soit de 29 à 13 % de l'emploi de la sphère productive. Entre 60 et 80 % des emplois de cette fonction disparaissent dans le noyau dur des communes communistes comme Montreuil, Saint-Ouen, La Courneuve, Saint-Denis, Romainville, Pantin, Aubervilliers, Sevran... Ce tsunami se traduit socialement par une forte rétraction de la classe ouvrière, fortement syndiquée et politisée, et par une implosion des modèles de contrôle, promotion et intégration à la vie économique, politique et sociale locale d'une large partie des catégories populaires, un phénomène accentué dans l'important parc de logement social par le départ des populations les mieux intégrées et les plus solvables vers le périurbain. Cette brutale rétraction se traduit dans l'espace urbain des communes de la première couronne, fortement marquées historiquement par la mixité de l'habitat et des grandes usines, par l'apparition de vastes friches industrielles dans les années 1980-1990 dont la Plaine-Saint-Denis, qui s'étend sur les communes de Saint-Denis, Saint-Ouen et Aubervilliers, fut longtemps le symbole.

Depuis une quinzaine d'années, la mobilisation des collectivités territoriales (*cf.* syndicat intercommunal Plaine Commune créé en 1985) et le réinvestissement massif de l'État (*cf.* construction du Grand Stade à Saint-Denis, extension des lignes de métro, nouvelles gares RER...) ont créés les conditions sécurisant les nouveaux investissements du capital privé (firmes privées industrielles ou commerciales, groupes immobiliers...) qui valorisent ainsi des prix fonciers d'un tiers inférieur à Paris ou La Défense et une excellente accessibilité. Ces nouvelles fonctions productives et périproductives créent plus de 45 000 emplois. En particulier, les cadres des fonctions métropolitaines gagnent 43 000 postes pour arriver à 73 000 emplois. L'État crée à Pleyel un nouveau pôle santé (siège de l'agence du médicament, Établissement français du sang...) et investit massivement dans un nouveau quartier universitaire (Campus Condorcet avec le CNAM, l'EHESS, l'École des Chartes, l'INED, des laboratoires du CNRS, des annexes des universités Paris I, Paris VIII et Paris XIII...). Mais surtout, le département accueille de nouveaux sièges sociaux et les fonctions de gestion s'y multiplient (EDF, Siemens, Orange ou SFR dans la téléphonie, Generali dans les assurances, Lavazza, Véolia, Nouvelles Frontières, Cegelec, GFI...). Le groupe SFR regroupe ainsi dans une nouvelle tour à Saint-Denis 8 500 salariés jusqu'ici dispersés entre La Défense, Meudon, Nanterre et Boulogne après Orange (1 800 salariés). BNP-Paribas est ainsi devenue le premier employeur privé du département avec 8 000 salariés en déplaçant 3 000 salariés de Paris à Pantin. Les activités culturelles et médias se développent aussi (Cité du Cinéma de J.-L. Besson dans l'ancienne centrale électrique EDF, cinéma et production audiovisuelle à La Plaine-Saint-Denis dans le parc EMGP...), tout comme la conception et le commerce interentreprises.

Mais ce phénomène de renouvellement du potentiel productif est géographiquement et socialement hypersélectif. Géographiquement, par exemple, 61 % des emplois départementaux des cadres métropolitains sont polarisés par les six communes jointives de Paris, alors qu'une large partie des autres communes suit une logique d'évitement. Socialement, ces nouveaux emplois créés en Seine-Saint-Denis sont occupés par des cadres et employés n'habitant majoritairement pas le département et bénéficient donc très peu aux populations résidentes, en particulier les plus jeunes, du fait de niveaux de formation et de qualification insuffisants. Au total, alors que 24 % de la population de Seine-Saint-Denis est sous le seuil de pauvreté, les mutations actuelles du tissu productif tendent à renforcer le dualisme des structures socio-spatiales.

## Les métropoles de la *France autonome*

Comme nous l'avons vu, la puissance parisienne est en partie rééquilibrée par onze aires métropolitaines ou *métropoles* de second rang regroupant plus de 500 000 habitants, plus de 200 000 emplois et plus de 20 000 cadres des fonctions métropolitaines : ce sont Lyon et Grenoble en Rhône-Alpes, Lille et Strasbourg dans le Grand Nord et Nord-Est et, enfin, Rennes, Nantes, Bordeaux, Toulouse, Montpellier, Marseille/Aix, Nice et Grenoble organisant la *France autonome* échappant à l'influence directe de Paris.

### *Le système métropolitain lyonnais : une accumulation exceptionnelle*

S'insérant à l'échelle de l'Europe dans la couronne périalpine des grands dispositifs productifs métropolitains et à l'échelle de la France sur l'axe séquano-rhodanien ouvrant sur la Méditerranée au sud, les Flandres ou l'axe rhénan au nord à partir du fameux carrefour lyonnais, le système métropolitain lyonnais se distingue nettement, à la fois du modèle francilien et des autres économies métropolitaines de la *France autonome* par le poids des accumulations historiques (grandes foires du Moyen Âge...), par le rôle nodal d'un capital textile et financier (création du Crédit lyonnais en 1863) endogène dans la construction d'une grande région lyonnaise entre le XVIIIe et le XIXe siècle, par le réinvestissement des capitaux régionaux dans les grands secteurs modernes (mines de Saint-Étienne, industrie du gaz, chimie, pharmacie, mécanique, électricité...) portés par de grandes dynasties d'entrepreneurs ou d'ingénieurs (Ampère dans l'électricité, Guimet dans les colorants et la chimie, Berliet dans l'automobile, Mérieux dans la pharmacie....) débouchant sur la constitution de grandes firmes internationales (Péchiney, Rhône-Poulenc...). Historiquement, à l'échelle de l'hexagone, le phénomène est exceptionnel.

Elle fait de l'aire métropolitaine lyonnaise la seconde région économique et industrielle du pays. Son système productif présente des caractéristiques spécifiques : une diversité fonctionnelle et sectorielle exceptionnelle (chimie, pharmacie, métallurgie, mécanique, agro-alimentaire...), un poids des groupes compensé par un important tissu de PME, l'importance de l'appareil de recherche et d'innovation, des Grandes Écoles et des universités, le poids des services périproductifs de haut niveau et des services financiers et une vie commerciale et culturelle d'une grande richesse. Enfin, ses élites économiques et politiques ont su doter la métropole d'un véritable projet collectif de développement économique et social (systèmes coopératifs en réseaux, incubateurs et pépinières d'entreprises, nombreux centres techniques, pôles de compétitivité dont Lyonbiopôle en biologie, Axelera dans la chimie, Techtera dans les textiles). Pour autant, le tissu social et urbain lyonnais demeure marqué, au-delà des grandes opérations de rénovations urbaines (quartier des affaires à la Part-Dieu, Gerland, le Tonkin, parc de la Tête d'Or, Vaise, Confluence...), par de profondes logiques ségrégatives socioprofessionnelles, foncières et résidentielles, en particulier dans l'est et le sud de la banlieue (Vaulx-en-Velin, Décines-Charpieu, Bron, Vénissieux, Saint-Priest) alors que se déploie une vaste auréole périurbaine et urbaine de plus en plus large. Enfin, le système métropolitain lyonnais se caractérise à l'échelle régionale par la construction d'une véritable région métropolitaine reposant à la fois sur la création d'une vaste aire d'influence s'étendant sur le Rhône, l'Ain, la Loire et l'Isère et sur l'intégration fonctionnelle d'un puissant et dense réseau urbain (Chalon-sur-Saône, Bourg-en-Bresse, Saint-Étienne, Valence, Grenoble, Chambéry, Annecy).

### *Grenoble et Toulouse : les deux métropoles technopolitaines issues de greffes étatiques*

Par leur dynamisme et leurs caractéristiques productives, les aires métropolitaines de Grenoble et Toulouse se détachent notablement dans le lot des onze métropoles de province par leur statut technopolitain, qui y définit le rôle exceptionnel joué par la science, l'innovation et les hautes technologies dans leur croissance contemporaine. Si ces cités étaient déjà de grandes capitales régionales aux bases productives anciennes non négligeables, leur développement contemporain est largement fondé à partir des années 1960 sur le lancement des grands projets industriels gaullistes : l'informatique et les composants électroniques à Grenoble, l'aéronautique civile à Toulouse.

**Grenoble,** en s'appuyant sur ses activités traditionnelles préexistantes comme la mécanique et les matériels électriques nées avec le développement de l'hydroélectricité à la fin du XIX^e siècle, a en effet bénéficié de l'implantation de grands équipements scientifiques civils de niveaux mondiaux (1950 : LETI, Laboratoire d'électronique de technologie de l'information du Commissariat à l'énergie atomique, début 1990 : Synchrotron), fondant sa spécialisation dans les composants électroniques, l'informatique ou la physique des matériaux. Cette dynamique technopolitaine repose sur la densité des liens fonctionnels entre les grandes institutions (universités, Grandes Écoles, Centres de recherche publics et privés : CEA, CNRS, LETI-CEA, INRIA, INPG...) et tout un réseau de dispositifs (pépinières d'entreprises, ZIRST de Meylan, Polygone scientifique, Biopolis...) assurant de nombreux transferts d'innovations vers l'industrie et les services. Ce dynamisme grenoblois s'insère lui-même dans la forte croissance du système productif du vaste sillon nord-alpin qui associe Chambéry, Annecy, Annemasse et une partie des grandes vallées alpines.

**Toulouse**, pour sa part, est tirée par le développement des activités aéronautiques et spatiales civiles et militaires. Elles servent de locomotives à une forte croissance métropolitaine qui débouche cependant – contrairement à Grenoble, Bordeaux, Nantes ou Rennes – sur une structure macrocéphale à l'échelle régionale. Toulouse polarise mais écrase tout le système productif et urbain régional malgré, depuis la fin des années 1970, une certaine diffusion du dynamisme qui suit les axes autoroutiers A20 et A68 vers le nord du Lot, (Cahors, Montauban) et vers l'est (Rodez, Albi-Carmaux). Initié dans l'entre-deux-guerres par l'arrivée des premiers établissements militaires et aéronautiques, mis à l'abri des profondeurs du territoire face à la menace allemande, le potentiel industriel est dopé par les grands programmes civils (Caravelle en 1955, Concorde en 1969, Airbus depuis 1972). Le principal pilier du dispositif est le groupe Airbus : Toulouse, Blagnac et Colomiers accueillent son siège social, le plus grand bureau d'études centralisé d'Europe, et les sites d'assemblage qui livrent plusieurs centaines d'avions par an dont les composants principaux viennent de France, d'Allemagne, du Royaume-Uni et d'Espagne. Au tournant des années 2000, le choix de Toulouse, face à Hambourg, pour l'accueil du montage de l'A380, le plus gros avion du monde, pérennise l'activité. La présence des grands donneurs d'ordres draine un vaste réseau de fournisseurs, équipementiers (maintenance des moteurs, systèmes pneumatiques, électronique de vol, télécommunications et radionavigation...) et de PME sous-traitantes. En trente ans, s'est aussi greffé un puissant pôle spatial représentant un quart des activités spatiales de l'Union européenne (CNES, Alcatel Space, EADS Astrium, Intespace ou Spot Image). Cette spécialisation aérospatiale sert aussi de levier aux industries informatiques, électroniques et de télécommunications (robotique, automatismes, logiciels et systèmes experts...). Enfin, cette activité a attiré les organismes publics liés à la navigation aérienne et aux activités aérospatiales civiles, comme le centre d'études de la navigation aérienne (DGAC), les services techniques de la navigation aérienne pour le contrôle du trafic aérien ou le Centre national de recherches météorologiques, ou militaires (CEAT – centre d'essais aéronautiques de la DGA).

### L'aérospatiale dans le Grand Sud-Ouest : un facteur structurant du système productif

Largement portée par le boom des ventes d'Airbus qui affiche un carnet de commande correspondant à sept années de production fin 2011 et les industries militaires (34 700 salariés, 21 % total national), la filière aérospatiale mobilise globalement 1 480 établissements employant 147 600 salariés. La moitié sont des ingénieurs et cadres et un tiers des ouvriers qualifiés. L'aéronautique et le spatial représentent 87 % des exportations et 57 % des importations régionales, la région réalisant plus de 65 % des exportations nationales. La filière régionale est organisée par le pôle de compétitivité Aerospace Valley qui compte 600 adhérents, dont 300 PME innovantes. Il a labellisé en dix ans 500 projets de recherche-développement qui ont bénéficié de 810 millions de financements (fonds unique interministériel, direction générale de l'armement, régions...). Il apporte ses compétences en matière de formation, d'aides techniques et technologiques et d'actions à l'international.

Le tissu productif est d'abord piloté par les grands établissements des grands groupes constructeurs, maîtres d'œuvre et motoristes (Airbus, Dassault, ATR, CNES, Astrium, Thales Alenia Space, Turbomeca, SNECMA, CEA Cesta, DGA Essais de missiles et DGA Essais en vol) qui emploient directement 88 000 salariés (60 %). Il est complété par les 59 600 salariés travaillant chez des centaines de sous-traitants de premier, second et troisième rangs, fournisseurs et prestataires de services. Ce complexe productif intègre fonctionnellement autour des constructions aérospatiales, qui ne représentent que 12,5 % des emplois totaux, la fourniture de nombreux autres secteurs industriels (caoutchouc-plastique, informatique-électronique, machines, métallurgies, forges et usinages : 38,5 % des emplois). Au total, le secteur industriel, dans sa définition trilogique traditionnelle (*cf.* chap. 1), ne représente que la moitié de l'emploi total de la filière. En effet, au-delà des emplois induits dans le bâtiment et le commerce (6 %), les services périproductifs, classés habituellement dans le « tertiaire », jouent un rôle central (43 % des emplois) avec les services informatiques, les services d'ingénierie, de contrôle et d'analyse ou les activités spécialisées scientifiques et techniques. Nous sommes là, à travers cet exemple concret, au cœur du nécessaire dépassement conceptuel de la trilogie primaire/secondaire/tertiaire, au profit de la mobilisation du concept de système productif si on souhaite comprendre de manière opérationnelle les mutations des systèmes productifs. Cet exemple souligne en particulier qu'il ne peut y avoir de développement des services périproductifs sans une base industrielle et productive solide et dynamique.

Géographiquement, 30 % des salariés sont en Aquitaine et 70 % en Midi-Pyrénées. Les deux grandes métropoles - Toulouse (54 % des emplois régionaux) et Bordeaux (15 % des emplois) - jouent bien sûr un rôle majeur dans l'organisation du système productif régional en polarisant 70 % des emplois. On retrouve là l'importance du processus de métropolisation dans une industrie de haute technologie aux emplois très qualifiés. Ce dispositif est complété par plusieurs autres pôles historiques comme Bayonne et Pau dans les Pyrénées-Atlantiques (8 %), Tarbes (3,4 %) dans les Hautes-Pyrénées, devant la *Mecanic Valley* regroupant Figeac et Villefranche-de-Rouergue et enfin Pamiers.

Le dynamisme de ce système productif repose aussi sur un appareil de formation considérable (universités, Instituts polytechnique, Écoles d'ingénieurs : SUPAERO, ENSICA, ENAC) qui forme 75 % des ingénieurs aéronautiques français, et un puissant potentiel de recherche public et privé (calcul scientifique, recherche en informatique, dans les matériaux, la mécanique des fluides...). Enfin, progressivement depuis les années 1960, la région a réussi à promouvoir une culture de l'innovation basée sur la créativité, l'inventivité, l'accumulation de compétences et la multiplication des initiatives. On doit souligner la capacité des différents acteurs régionaux – économiques ou institutionnels, publics et privés – à développer des synergies et à s'impliquer dans de nombreuses coopérations. La Région et les différentes collectivités territoriales soutiennent par exemple huit CRITT, des plateformes technologiques ou de nombreuses pépinières d'entreprises. Dans les années 2000 sont lancés de nombreux systèmes productifs locaux (SPL) et trois grands pôles de compétitivité (*Aerospace Valley*, pôle Cancer-Bio-Santé, Agrimip Innovation) structurant les réseaux productifs. Ces stratégies expliquent que la région Midi-Pyrénées soit une des régions françaises et européennes parmi les plus dynamiques dans les domaines de pointe. La spécialisation métropolitaine de Toulouse s'est accompagnée d'un spectaculaire processus de rééquilibrage (emploi total, sphère productive, cadres des fonctions métropolitaines) entre les deux métropoles organisant le Grand Sud-Ouest au détriment relatif de Bordeaux.

**Tableau 3.13 Évolution des équilibres du duopole métropolitain Bordeaux/Toulouse (en milliers d'emplois)**

| | Toulouse | Bordeaux | Toulouse/Bordeaux en base 100 |
|---|---|---|---|
| Emploi total 1982 | 198,6 | 343,4 | 58 |
| Emploi total 2009 | 555,7 | 491 | 113 |
| Différence | + 357,1 | + 147,6 | 242 |
| Emploi sphère productive 1982 | 108,5 | 197,6 | 55 |
| Emploi sphère productive 2009 | 290 | 244 | 119 |
| Différence | + 181,5 | + 46,4 | 391 |
| Cadres fonctions métropolitaines 1982 | 13,3 | 18,4 | 72 |
| Cadres fonctions métropolitaines 2009 | 80,4 | 49,1 | 164 |
| Différence | + 67,1 | + 30,7 | 219 |

Source : d'après INSEE.

**Figure 3.6 La polarisation métropolitaine des activités aéronautiques et spatiales dans le Grand Sud-Ouest**

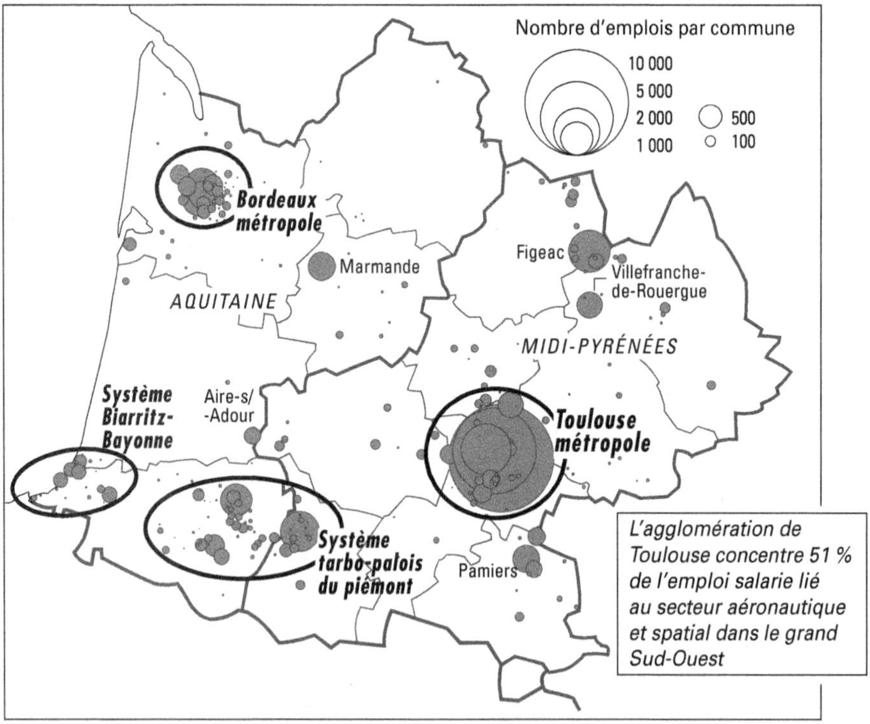


Source : INSEE, enquête Aéronautique-Espace, 2008.

Source : Boyer J.-C., Carroué L., Gras J., Le Fur A., Montagné-Villette S., 2009, *La France. Les 26 régions*, Paris, Armand Colin, p. 209.

## Des trajectoires diversifiées : les cas de Lille et Clermont-Ferrand

### *La montée de la métropole lilloise : une métropolisation par le vide*

En trente ans, le Nord-Pas-de-Calais connaît une profonde mutation de son système productif. Si l'emploi total augmente de 11 % pour arriver à 1,4 million d'emplois, la sphère productive perd – 110 000 postes pour tomber à 49 % de l'emploi total du fait en particulier du fort recul de l'emploi agricole (– 61 %) mais surtout de l'emploi de fabrication (– 143 000, – 46 %) qui tombe à 165 000 postes. À l'inverse, les fonctions abstraites de la production créent 72 000 postes pour représenter 246 000 emplois. Dans ce contexte régional de difficulté économique et industrielle, la principale caractéristique réside dans la montée, relative mais réelle, de la métropolisation lilloise.

L'aire urbaine de Lille capte presque la moitié des créations d'emplois régionales et représente aujourd'hui avec 506 000 postes plus du tiers de l'emploi régional total et 35 % de l'emploi productif face au sévère déclin de nombreux bassins d'emplois (ex-bassin minier, Cambrésis, vallée de la Sambre, pôles littoraux comme Calais et Boulogne). L'économie métropolitaine voit reculer sa fonction de production concrète (23 % des emplois régionaux) et logistique (33 %), cette dernière glissant au sud de l'agglomération vers le bassin minier (*cf.* plateforme multimodale de Dourges), au profit d'une spécialisation accrue dans les fonctions de commandement et de conception du potentiel économique régional. Elle passe ainsi en trente ans de 44 à 46 % des effectifs des fonctions régionales de gestion, de 37 à 53 % des effectifs de la conception-recherche et de 44 à 52 % des prestations intellectuelles. Ce processus de métropolisation régionale se fonde en particulier sur sa capacité, dans une région qui souffre structurellement d'un large sous-encadrement, à capter 63 % de la croissance régionale des cadres des fonctions métropolitaines, renforçant ainsi sensiblement son poids régional (1982 : 50,4 %, 2009 : 57 %). Avec 55 600 cadres, soit 11 % de ses emplois totaux, elle écrase de plus en plus fonctionnellement l'ensemble de la hiérarchie urbaine régionale, quantitativement et qualitativement, puisque Douai, Valenciennes, Béthune, Dunkerque et Boulogne ont des taux d'encadrement insignifiants (4 à 5 %), même Arras (6 % de cadres), la préfecture du Pas-de-Calais.

Au total, en trente ans, la structuration du système productif régional est passée de la juxtaposition de cellules sous-régionales spécialisées et fortement autonomes (bassin minier, Dunkerque, Calais, Boulogne, Saint-Omer, Arras, Cambrésis, Valenciennois, Maubeuge) à un système beaucoup plus métropolisé fonctionnant comme un réseau en étoile polarisé par Lille (transports, mobilités résidentielles et de travail, formation et études, mobilité de la richesse...) au large détriment cependant des capacités d'initiative des territoires locaux, autrement dit une forme de métropolisation par le vide.

Ce processus de métropolisation a aussi en retour un impact direct sur la dynamique de l'organisation fonctionnelle lilloise elle-même, en lien avec les grandes opérations d'aménagement (ville nouvelle de Villeneuve-d'Ascq, pôle immobilier de la gare Lille TGV, développement universitaire et scientifique...) et le glissement des nouvelles fonctions de gestion, conception et périproductives vers l'est et le nord de l'agglomération alors que le sud-ouest et le sud de l'agglomération se spécialisent dans les fonctions de fabrication et la logistique. Ces dynamiques reposent sur une forte montée des ségrégations socio-spatiales internes, souvent sur des distances courtes dans la zone interne la plus dense (*cf.* Roubaix/Tourcoing), entre espaces et salariés intégrés et catégories populaires les plus fragilisées et les plus marginalisées.

**Figure 3.7 L'aire métropolitaine de Lille : organisation fonctionnelle**

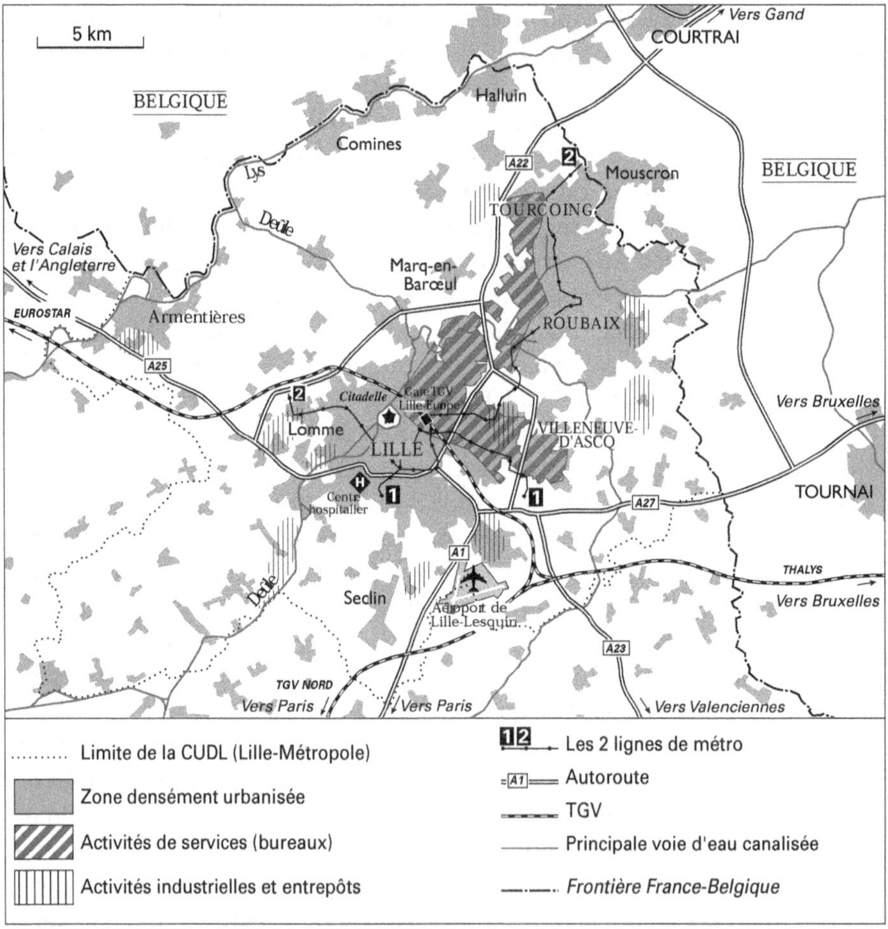


Source : Boyer J.-C., Carroué L., Gras J., Le Fur A., Montagné-Villette S., 2009, *La France. Les 26 régions*, Paris, Armand Colin, p. 236.

*Clermont-Ferrand et Michelin : jeux d'acteurs et métropolisation*

Paradoxalement, alors que Clermont-Ferrand du fait de son relatif isolement et de son passé industriel a une image de marque plutôt médiocre, celle-ci correspond assez peu aux profondes mutations qu'elle traverse depuis trente ans. Alors qu'elle a connu une croissance de 16 % de ses emplois pour atteindre 200 000 postes, la sphère productive est tombée de 60 à 48 % des emplois totaux. Cette chute est en particulier due au recul de l'emploi agricole (– 57 %) mais surtout de la fabrication concrète (– 47 %), cette dernière tombant de 32 500 à 17000 postes. Ce recul ne doit cependant pas masquer le fait que les bases qualitatives de son système productif se sont sensiblement transformées. Les fonctions abstraites de la sphère productive ont augmenté d'un tiers, en particulier la recherche (+ 17 %) et les prestations intellectuelles.

Clermont-Ferrand frôle la barre des 200 000 emplois, un poids presque équivalent (90 %) à celui de Montpellier, qui appartient, elle, à la catégorie des aires métropolitaines. Pour autant, le gap qualitatif entre les deux aires urbaines demeure considérable du fait de la puissance des héritages industriels tayloriens déqualifiés imposés par Michelin à l'agglomération jusque dans les années 1970. Mais aujourd'hui, cette structure héritée constitue un vrai handicap pour la ville, pour l'Auvergne et pour Michelin. Pour autant, Clermont-Ferrand connaît, à son échelle, un relatif processus de métropolisation depuis deux décennies. Ainsi, les cadres des fonctions métropolitaines sont passés de 4 à 8 % de ses emplois, contre 6,7 % en moyenne pour les villes de même catégorie, et représentent à eux seuls un tiers de la croissance des emplois totaux. Celui-ci s'explique assez largement par la stratégie adoptée par la firme dominant historiquement le potentiel industriel clermontois, Michelin, fondée en 1886 et qui y maintient toujours son siège social. Cette firme transnationale fonctionne sur le modèle des *konzerne* allemands qui s'appuient pour leur internationalisation sur un fort ancrage dans une base métropolitaine et régionale historique (Siemens en Bavière...), un phénomène très rare en France (*cf.* Peugeot en Haute-Alsace) face à la pression francilienne. La famille Michelin continue d'ailleurs de contrôler l'entreprise grâce à une structure en commandite par actions qui en verrouille l'actionnariat. Face à ses faiblesses métropolitaines (relatif isolement géographique, qualifications insuffisantes, culture entrepreneuriale locale limitée, faible attractivité des cadres...), l'aire urbaine dispose de réels atouts mais doit diversifier sa base productive, renforcer son appareil de formation et d'innovation, monter en gamme, rénover son patrimoine immobilier et moderniser ses réseaux de transport, en particulier ferroviaires vers Paris et Lyon.

## Michelin, le n° 2 mondial des pneumatiques : un ancrage historique auvergnat

**L'internationalisation d'une firme auvergnate**. Avec plus de 113 000 salariés, une production annuelle de 166 millions de pneus, 69 sites industriels dans 18 pays et 15 % du marché mondial, Michelin est le 2e groupe mondial du pneu. Il fait face au japonais Bridgestone, à l'étatsunien Goodyear, à l'italien Pirelli et à l'allemand Continental pour le contrôle d'un marché mondial organisé en quatre grandes aires continentales (Amérique du Nord, Cône Sud, Europe et Asie). Ce marché est lui-même segmenté en produits de qualité, de valeur ajoutée et de volumes de production très différents : automobile, qui représente la moitié des ventes de Michelin, poids lourds (31 %) et activités de spécialités (engins agricoles ou du bâtiment-travaux publics, motos, avions, 17 %). Michelin s'organise donc en lignes de produits afin de coller le mieux possible aux différentes demandes en valorisant un vaste portefeuille de marques : une marque mondiale (Michelin), des marques continentales (Uniroyal en Amérique du Nord, Kleber en Europe, Warrior en Chine). Si elle s'internationalise très tôt (Italie en 1906, Royaume-Uni en 1927), elle accélère ses implantations en Europe occidentale dans les années 1960 (Pays-Bas en 1947, Allemagne en 1966, Espagne en 1970...) puis en Europe centrale après la chute du Mur (Pologne, Hongrie, Roumanie, puis Serbie et Russie) tout en rachetant l'américain Uniroyal-Goodrich en 1989. Du fait de la crise ouverte en 2006 qui se traduit par un effondrement des marchés occidentaux, elle donne aujourd'hui la priorité aux grands pays émergents (Russie, Brésil, Chine, Inde). Au total, les marchés matures des pays développés tombent de 86 % des ventes mondiales en 2000 à 66 % en 2012 alors que les nouveaux marchés émergents passent donc de 14 à 34.

**Le renforcement de la base clermontoise**. Même si le marché français ne représente plus que 10 % des ventes mondiales, elle maintient un fort ancrage territorial dans son berceau historique : Clermont-Ferrand et l'Auvergne où elle demeure le premier employeur local et régional. Si le nombre d'emplois y recule de 30 000 à 15 000 ces vingt dernières années du fait de la disparition de nombreux postes d'ouvriers spécialisés, les profondes mutations du système productif s'y traduisent par une forte montée de l'emploi qualifié. Aujourd'hui, plus de la moitié des emplois sont des postes d'ingénieurs, de techniciens ou d'employés du fait des fonctions de gestion du siège social et, surtout, de la montée de la recherche-développement. Créé en 1965 au nord de Clermont-Ferrand, le site de recherche de Ladoux, actuellement modernisé, regroupe 3 300 salariés sur 450 hectares afin de répondre aux nouveaux besoins (*cf.* UE, Japon, Corée du Sud : normes et performances énergétiques, bruits, usures et pollutions...) qui poussent sans cesse à l'innovation. Visant le haut de gamme et des produits de qualité, l'avance de Michelin repose sur des innovations permanentes en consacrant 3,5 % du chiffre d'affaires en recherche.

Chapitre 4

# Les mutations de la sphère productive

COMME NOUS l'avons posé en introduction et dans les chapitres 2 et 3, la *sphère productive* – qui est au cœur de la dynamique du système productif – connaît de profondes mutations, quantitatives et qualitatives dans ses deux composantes majeures. La production de biens matériels, soit le monde de la production au sens classique qui incorpore l'agriculture, l'énergie, l'industrie manufacturière et le bâtiment travaux publics, voit son schéma productif et spatial profondément bouleversé par les mutations scientifiques et techniques, l'insertion de la France dans la mondialisation et l'internationalisation des firmes transnationales. Ses mutations sont à la fois fonctionnelles avec les fortes difficultés de la production concrète, et sectorielles avec des trajectoires de plus en plus divergentes comme l'indiquent les bouleversements que connaît l'industrie française. Ce processus se traduit à l'échelle nationale par une inquiétante fragilisation du Grand Nord et Nord-Est du pays, une spécialisation métropolitaine francilienne de plus en plus marquée et l'affirmation de la *France autonome*, sur des bases cependant étroites et relativement fragiles.

Dans un contexte d'affaiblissement structurel de la base productive concrète et d'éclatement croissant de ses cohérences internes, sociales, techniques et territoriales, on assiste à l'inverse au fort dynamisme des activités d'intermédiation et de circulation dont une bonne partie est rattachée traditionnellement dans le système ternaire traditionnel aux « services marchands » : services aux entreprises, banques et assurances, services de réseaux et de transport (transports maritimes, terrestres et aériens, télécommunication, distribution d'eau et d'énergie). La grande ambiguïté du système productif français réside dans le fait qu'au-delà de la réponse à des besoins économiques, sociaux, technologiques et territoriaux nouveaux, le développement contemporain des activités périproductives s'alimente et reflète aussi l'affaiblissement de la production. L'essor du système financier, de l'appareil commercial, de la logistique, des services techniques haut de gamme ou des activités immobilières ne peut continuer à s'alimenter d'une désindustrialisation de plus en plus inquiétante. La question de la désarticulation actuelle et de la réarticulation nécessaire des deux piliers constitutifs de la sphère productive constitue un enjeu majeur pour l'avenir du pays et de ses territoires.

# Les mutations de la sphère productive

## Les mutations de longue durée entre production concrète et fonctions abstraites

Comme nous l'avons déjà souligné, la sphère productive connaît ces trente dernières années de profondes transformations fonctionnelles. Tout en tombant de 62 à 50 % des emplois totaux du fait du dynamisme de la sphère de la reproduction sociale (*cf.* chap. 5), elle reste quasiment stable en terme d'emploi (– 2 %). En revanche, elle connaît de profonds bouleversements internes. La production concrète perd un tiers de ses emplois du fait du fort recul de l'agriculture et de la fabrication. La baisse de 28 à 18,6 % des emplois de la fonction de fabrication s'explique à la fois par les importants gains de productivité réalisés, mais tout autant par l'abandon de pans entiers de l'appareil productif sous les effets des choix stratégiques réalisés lors de l'internationalisation des firmes (*cf.* sous-traitance internationale dans l'électronique).

**Tableau 4.1 Évolution des emplois de la sphère productive (milliers et %)**

| | 1982 | 2009 | Différence | Diff. en % | % 1982 | % 2009 |
|---|---|---|---|---|---|---|
| **Sphère de la production** | **13 151,8** | **12 895,7** | **- 256,1** | **- 1,9** | **100** | **100** |
| ***Prod. concrète*** | ***7 274,1*** | ***4 840,8*** | ***– 2 433,3*** | ***– 33,5*** | ***55,3*** | ***37,5*** |
| *Agriculture* | 1 753,2 | *733,1* | - 1 020,1 | - 58,2 | 13,3 | 5,7 |
| *Fabrication* | 3 693 | *2 404,7* | - 1 288,3 | - 34,9 | 28,1 | 18,6 |
| *Bâtiment-Travaux Publics* | 1 827,9 | *1 703* | - 124,9 | - 6,8 | 13,9 | 13,2 |
| ***Prod. abstraite*** | ***3 437*** | ***5 007,4*** | ***1 570,4*** | ***45,7*** | ***26,1*** | ***38,8*** |
| Conception, recherche | 373,5 | 707 | 333,5 | 89,3 | 2,8 | 5,5 |
| Prestations intellectuelles | 333,1 | 884,5 | 551,4 | 165,5 | 2,5 | 6,9 |
| Gestion | 2 730,4 | 3 415,9 | 685,5 | 25,1 | 20,8 | 26,5 |
| ***Intermédiation*** | ***2 440,7*** | ***3 047,5*** | ***606,8*** | ***24,9*** | ***18,6*** | ***23,6*** |
| Commerce interentreprises | 573 | 943,9 | 370,9 | 64,7 | 4,4 | 7,3 |
| Transports, logistique | 1 867,7 | 2 103,6 | 235,9 | 12,6 | 14,2 | 16,3 |

Source : d'après INSEE.

À l'opposé, les fonctions abstraites voient croître leurs effectifs de presque la moitié (+ 45,7 %) et les fonctions d'intermédiation, qui assurent en particulier les circulations des hommes et des marchandises, d'un quart (tableau 4.1).

Ces transformations témoignent de la mutation du schéma productif (intellectualisation croissante, rôle des innovations, réorganisation des systèmes réticulaires avec la mise en place des flux tendus...), de la montée des fonctions internationales de gestion des grandes firmes transnationales et d'une insertion croissante dans la division européenne et mondiale du travail à travers l'explosion des flux. Elles soulignent surtout les difficultés croissantes de la base productive française à résister à la pression concurrentielle à la fois des grands pays développés (États-Unis, Allemagne, Japon...) sur les secteurs haut de gamme et des pays des Suds dans le moyen et bas de gamme (*cf.* Chine et Asie de l'Est).

### Le mythe des entreprises sans usine : la sous-traitance internationale dans l'électronique

En juin 2001, Serge Tchuruk - PDG du groupe français Alcatel, alors champion national des télécommunications - déclarait vouloir transformer son entreprise en « société sans usines ». Si cette déclaration fut alors largement vécue en France comme témoignant d'un profond cynisme, il suivait alors les pas des firmes transnationales des hautes technologies (IBM, HP, Dell, Lucent, Motorola, Sony, Motorola, Siemens, Ericsson, Nokia, Alcatel...). Car celles-ci avaient introduit dans les années 1990, sous l'impulsion des firmes de la *Silicon Valley* californienne, une complète révolution de leurs systèmes économiques et productifs en externalisant quasi-totalement leurs productions concrètes. Cette externalisation fonctionne comme une *segmentation* et *dissociation* - *fonctionnelle*, *technique*, *sociale*, *salariale* et *juridique* - exacerbée du travail à l'échelle mondiale. Ces activités de production sont cédées à des transnationales spécialisées dans la sous-traitance (Flextronics, Solectron, Sanmina...). Une fois propriétaires, elles délocalisent ensuite au bout de trois à quatre ans des centaines d'usines et des centaines de milliers d'emplois des pays développés vers les pays à bas coûts salariaux (Chine, Thaïlande, Malaisie, Hongrie, Roumanie...). En 2011, Solectron emploie à Timisoara en Roumanie 4 200 salariés travaillant 7 j./7 et 24 h/24 pour un salaire mensuel de 152 dollars. En France, ce changement d'échelle géographique des vieilles logiques tayloriennes de segmentation des procès productifs a eu un impact considérable sur les industries électriques et électroniques, qui perdent plus de 45 % de leurs emplois entre 1990 et 2004, et sur certaines régions françaises (Nord, Bretagne, Grand Bassin parisien, Aquitaine...). Les firmes Solectron, Flextronics, Sanmina, Jabil ou Celestina ferment ainsi en France des dizaines d'usines comme Longuenesse (ex-Ericsson, 450 salariés) dans le Nord, Pont-de-Buis et Douarnenez (ex-Matra-Nortel, 1 000 salariés) dans le Finistère, Lunéville ( 800 salariés), Laval (ex-Alcatel, 830 salariés), Chateaudun (ex -Nortel, 3 330 salariés) ou Bordeaux (ex-IBM, 4 200 salariés)...

Pendant que S. Tchuruk rêvait d'une « entreprise sans usine », c'est-à-dire sans production matérielle concrète, sans ouvrier et sans classe ouvrière, Alcatel s'est mariée avec l'étatsunien Lucent pour créer AlcatelLucent. Mais le nouveau groupe a multiplié les erreurs stratégiques, technologiques et financières dans la dernière décennie face à ses concurrents, le suédois Ericsson et le chinois Huawei en pleine croissance en Europe. Il se retrouve à l'automne 2013 au bord du gouffre après avoir dû confier son portefeuille de brevets à une banque d'affaires étatsunienne en contrepartie d'un prêt. Après les ouvriers, AlcatelLucent licencie maintenant ses derniers ingénieurs et chercheurs et ferme ses centres de recherche d'Orvault dans la banlieue de Nantes, Rennes et Toulouse et va vendre ceux d'Ormes et d'Eu pour se concentrer sur Villarceaux en Île-de-France et Lannion dans les Côtes d'Armor. Pendant ce temps, la Chine est devenue la 2e puissance économique mondiale devant le Japon en 2008, le 1er exportateur mondial devant l'Allemagne en 2009, la 1re puissance industrielle manufacturière devant les États-Unis en 2010, le 1er déposant mondial de brevets en 2011, le 1er consommateur d'énergie et le 1er importateur de pétrole en 2012 et sera sans doute la 1re puissance bancaire vers 2020. Ses exportations de biens manufacturés vers les pays développés, dopées par les délocalisations productives, lui permettent d'accumuler d'énormes réserves de change dont une partie est gérée par ses Fonds souverains qui partent à la conquête du monde. Spécialiste des équipements de télécommunication, le Chinois Huawei s'est aujourd'hui emparé de 40 % du marché européen des équipements de télécommunication fixe et mobile. Cherchez l'erreur.

## Les mutations fonctionnelles : la fabrication et la conception-recherche

### *Le déclin de la fonction de fabrication : le cœur de la désindustrialisation du pays*

Dans la sphère productive, la fonction de fabrication concrète perd donc un tiers de ses emplois en trente ans. Nous sommes bien là au cœur du processus de désindustrialisation du pays comme l'illustrent les trajectoires territoriales. Le renvoi de 70 % de la production concrète hors des espaces métropolitains (*cf.* chap. 3) témoigne d'un inquiétant déclassement fonctionnel (salaires, qualifications...) et d'une césure géographique et technique croissante d'avec les fonctions de recherche et d'innovation. Celle-ci constitue dorénavant un handicap majeur pour le développement et l'industrialisation des nouveaux procédés et produits. Au plan régional, le recul est loin d'être homogène, et est particulièrement marqué dans la France la plus industrielle, celle du Nord et du Nord-Est. Cet ensemble tombe de 60 à 53 % des emplois de fabrication, avec un relatif partage des pertes entre l'Île-de-France, où l'éjection de la fonction est particulièrement brutal (– 50 %), le Grand Bassin parisien taylorien, qui entre parfois selon les bassins d'emplois en crise profonde, et le Grand Nord-Est minier, textile et métallurgique frappé de plein fouet par des crises sectorielles de grande ampleur.

**Tableau 4.2 Évolution de l'emploi de fabrication par grandes régions**

| | 1982 | 2009 | Évolution | Évol. % | % déclin national | % 1982 | % 2009 |
|---|---|---|---|---|---|---|---|
| Île-de-France | 624 220 | 327 434 | - 296 786 | - 48 | 23 | 16,9 | 13,6 |
| Grand Bassin parisien | 812 776 | 506 058 | - 306 718 | - 38 | 23,6 | 22 | 21 |
| Grand Nord-Est | 750 556 | 432 999 | - 317 557 | - 42 | 24,6 | 20,3 | 18 |
| *Sous total* | *2 187 552* | *1 266 491* | *– 921 061* | *– 42* | *71,2* | *59,2* | *52,7* |
| Grand Ouest | 442 508 | 386 859 | - 55 649 | - 13 | 4,3 | 12 | 16,1 |
| Grand Sud-Ouest | 267 952 | 208 491 | - 59 461 | - 22 | 4,7 | 7,3 | 8,7 |
| Grand Sud-Est | 215 320 | 167 579 | - 47 741 | - 22 | 3,7 | 5,8 | 7 |
| Massif central | 147 008 | 88 326 | - 58 682 | - 40 | 4,5 | 4 | 3,7 |
| Rhône-Alpes | 432 904 | 287 125 | - 145 779 | - 34 | 11,3 | 11,7 | 11,9 |
| France | 3 693 244 | 2 404 870 | - 1 288 374 | - 35 | 100 | 100 | 100 |

Source : d'après INSEE.

**Figure 4.1 Évolution de la fonction fabrication (1982-2009)**

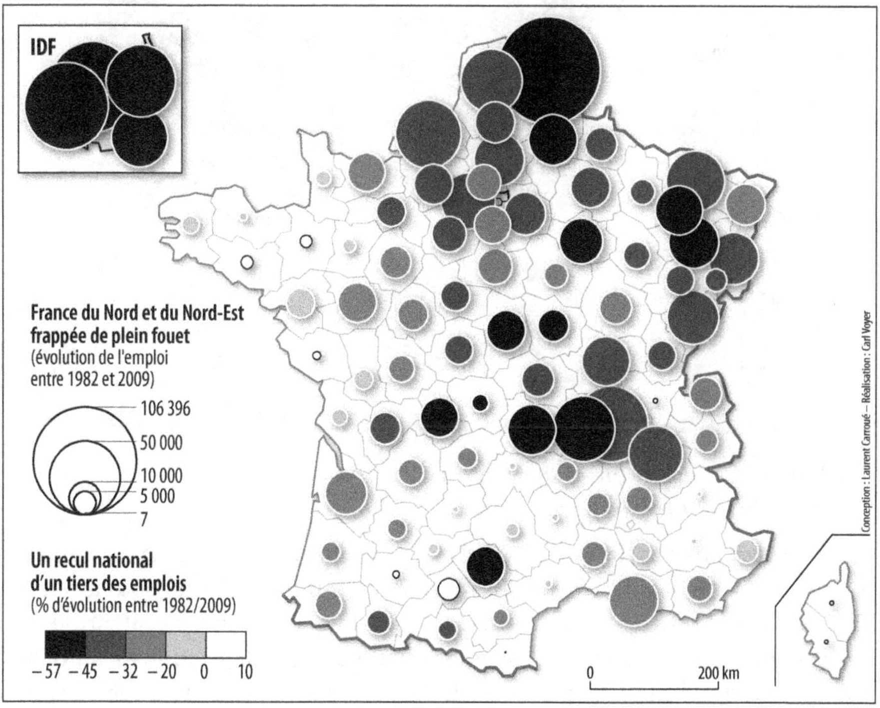

Si le Rhône-Alpes est dans la moyenne nationale, le Grand Ouest résiste mieux et renforce sensiblement son poids relatif durant la période. Neuf départements perdent plus de la moitié de leurs postes, qu'ils soient dominés par des industries plus rurales et traditionnelles (Aube, Tarn), intermédiaires (Nièvre, Aisne, Vosges) ou d'industrie lourde (Meurthe et Moselle, Nord, Loire). Au total, la forte érosion du Nord et du Nord-Est traduit un redéploiement productif de grande ampleur entre filières productives. Il s'accompagne à l'échelle nationale d'un puissant phénomène de rééquilibrage de la géographie de la fonction de fabrication au profit de la *France autonome* qui passe de 13 à 25 % des postes (tableau 4.2).

**Figure 4.2 Géographie de la fonction fabrication**

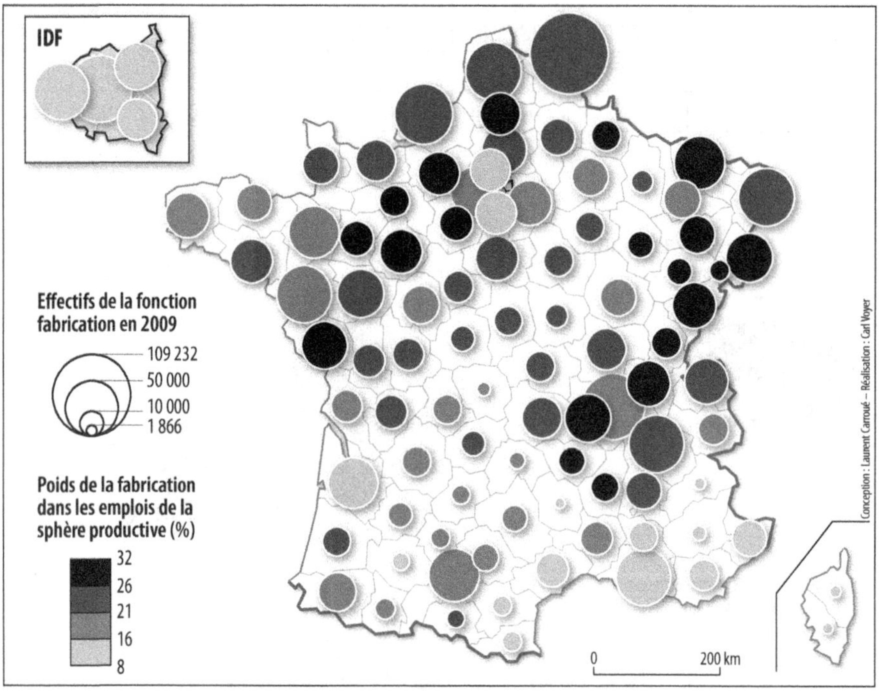


## *La fonction conception-recherche-innovation : faiblesse structurelle et polarisation*

**La fonction conception – recherche.** En trente ans, la fonction conception/recherche connaît une forte croissance de ses emplois (+ 91 %) pour atteindre 707 000 postes en 2009, soit un réel dynamisme même si les évaluations varient d'une enquête à l'autre selon les champs et les méthodologies utilisés. C'est ainsi que l'enquête annuelle de l'INSEE sur le secteur « recherche et développement » identifie 393 000 postes, soit un différentiel de 40 % par rapport à l'enquête fonctionnelle, qui s'explique par le fait que la seconde enquête sélectionne le seul « noyau dur » de la fonction.

**Figure 4.3 Géographie de la fonction conception-recherche-développement**

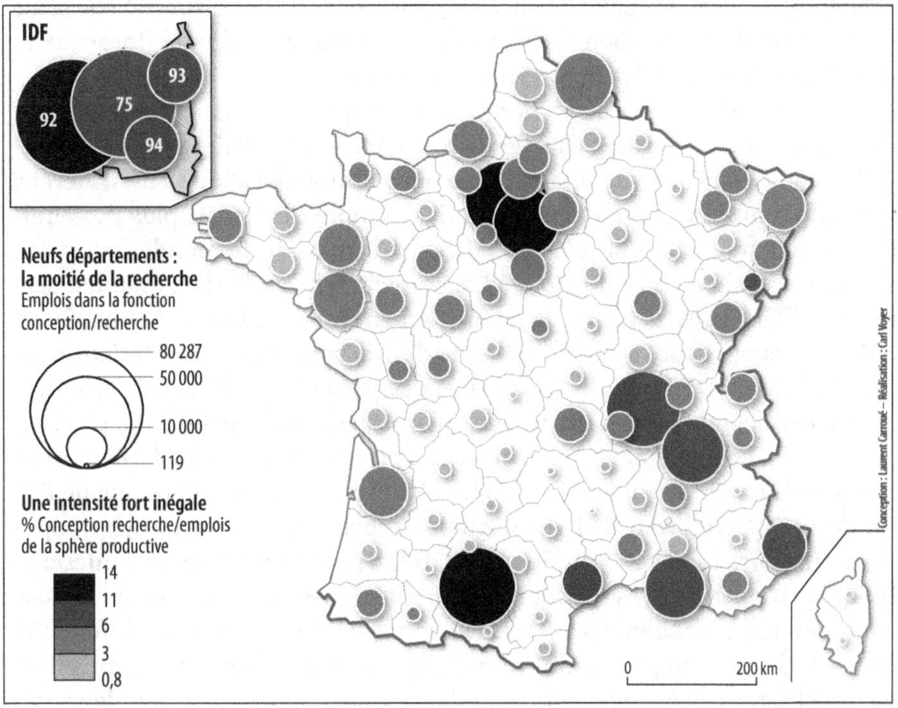


Géographiquement, la fonction conception-recherche-développement est une des fonctions les plus polarisées, tout en connaissant d'importantes mutations depuis quelques décennies. Si le potentiel francilien se renforce d'un tiers, le poids relatif de la région-capitale s'érode de 44 % à 38,5 % des emplois nationaux même si l'Île-de-France est la 1re région européenne en terme de dépense de recherche, devant les régions Rhône-Alpes (9e rang) et Midi-Pyrénées (19e rang), de dépôt de brevets et de publications scientifiques. On assiste en effet à la bonne tenue de la région Rhône-Alpes mais surtout au fort dynamisme de la *France autonome* qui passe de 20 à 28 % du potentiel national. En face, deux faits marquants apparaissent : la marginalité du Massif central mais, surtout, la très grave faiblesse générale du Grand Nord-Est. La géographie de la recherche témoigne au total d'une forte polarisation : dix départements regroupent 53 % du potentiel national et vingt 71 %. Surtout, la géographie de la recherche et de l'innovation est de plus en plus étroitement corrélée à la hiérarchie urbaine (*cf.* chap. 3) : en trente ans, en Rhône-Alpes, 75 % des créations d'emplois dans la recherche sont captées par Lyon et Grenoble ; dans le Massif central, 95 % par Clermont-Ferrand ; dans le Grand Sud-Est, 46 % par Aix/Marseille, 37 % par Nice et 30 % par Montpellier ; dans le Grand Sud-Ouest, 64 % par Toulouse et 18 % par Bordeaux ; et enfin, dans le Grand Ouest, 33 % par Nantes et 30,5 % par

Rennes. Au niveau de la géographie des représentations, il est nécessaire de souligner que la Seine-Saint-Denis, le trop fameux « 9-3 », dispose à elle seule d'un potentiel de chercheurs sensiblement supérieur à celui de Bordeaux et de la Gironde ou de Nice et des Alpes-Maritimes.

Si cette croissance de la recherche semble spectaculaire à l'échelle nationale, une comparaison aux échelles européenne et mondiale la relativise sensiblement. Ces dix dernières années, le budget mondial alloué à la recherche a en effet quasiment doublé et la planète compte désormais plus de 6 millions de chercheurs, dont plus de 60 % s'activent dans le monde industriel. La France se situe en terme de crédits de recherche au 6e rang mondial derrière les États-Unis, la Chine, le Japon, l'Allemagne et la Corée du Sud. Si, en 2011, la France consacre 43,5 milliards d'euros aux dépenses intérieures de recherche (DIRD), dont 43 % sont financés par l'État et 57 % par les entreprises, elle accumule les retards face à ses partenaires-concurrents. La comparaison France/Allemagne est d'ailleurs bien cruelle du fait du dérochage de la France à partir du milieu des années 1990 : alors que le différentiel de PIB est de + 25 % en faveur de l'Allemagne, la dépense en recherche-développement française est de 40 % inférieure ; si l'effort public est d'un tiers inférieur, l'effort privé est de presque moitié inférieur. Alors que l'Allemagne dépose 69,5 brevets par million d'habitants, la France tombe à 39, soit un différentiel de 44 %. Si les entreprises françaises acceptaient de réaliser le même effort de mobilisation global que leurs homologues allemandes en portant leurs dépenses à 1,9 % du PIB contre 1,4, il faudrait qu'elles augmentent de 36 % leurs investissements en recherche. L'Allemagne bénéficie d'un tissu industriel plus technologique qui lui donne un énorme avantage : 70 % de l'exécution de la DIRD allemande sont assurés par des entreprises contre 63 % en France. Nous touchons là aussi à un des points nodaux des difficultés structurelles du système productif français.

**Tableau 4.3 Dépenses de recherche totales, publiques et privées : comparaison France/Allemagne (millions $ et %)**

| | PIB | R & D totale | % PIB | R & D public | % PIB | R & D privée | % PIB |
|---|---|---|---|---|---|---|---|
| **France** | 2 808 265 | 61 781,83 | 2,2 | 22 466,12 | 0,8 | 39 315,7 | 1,4 |
| **Allemagne** | 3 728 623 | 104 401,44 | 2,8 | 33 557,61 | 0,9 | 70 843,84 | 1,9 |
| **% France/All.** | 75,3 | 59,2 | | 67 | | 55,5 | |

Source : OCDE, Eurostat 2011.

Car, en définitive, malgré la très forte mobilisation publique de l'État et des régions et quelques très belles réussites, l'effort de recherche français patine face aux nouvelles exigences de la concurrence internationale. Le système productif français se caractérise par trois grandes faiblesses, récurrentes et bien connues depuis une quarantaine d'années. Premièrement, les vraies insuffisances de la recherche-développement privée et industrielle, du fait d'un véritable sous-investissement dans de nombreux secteurs. Deuxièmement, une très forte concentration de la recherche dans les grandes entreprises qui réalisent 70 % de la dépenses intérieure de recherche des entreprises (DIRDE) et bénéficient de 70 % des financements publics face à un tissu de PME moyennes insuffisant. Troisièmement, une très forte concentration sectorielle sur quelques branches puisque trois branches – l'automobile, la pharmacie, l'aérospatiale – en réalisent plus de la moitié devant les services informatiques, ce qui masque de réelles et graves faiblesses dans tous les autres secteurs du fait d'une spécialisation sectorielle défavorable. Au total, la désindustrialisation du système productif et sa spécialisation de plus en plus étroite sur quelques branches locomotives a fortement pénalisé le pays en terme d'intensité de recherche et d'innovation.

### Le développement de la recherche nucléaire fondamentale : le projet ITER à Cadarache

Lancé au milieu des années 1980, le projet ITER - *Réacteur Expérimental Thermonucléaire International* - est une coopération internationale entre 34 pays - l'Union européenne qui en finance 45 %, le Japon, les États-Unis, l'Inde, la Chine... - visant à construire et expérimenter la faisabilité d'un réacteur thermonucléaire utilisant, non le principe de la fission comme actuellement dans les centrales nucléaires, mais de la fusion des atomes comme nouvelle source d'énergie dont un des grands avantages serait de produire d'infimes quantités de déchets radioactifs par rapport à la fission. C'est donc un très vaste programme de recherche fondamentale et appliquée d'au moins 20 milliards de dollars dont la mise en œuvre technique devrait débuter vers 2020. Après une dure bataille, en particulier face au Japon soutenu par les États-Unis, la France a obtenu la localisation, stratégique, de la construction du site expérimental à Cadarache (Bouches-du-Rhône) sur 180 hectares. On estime que le projet représente un investissement de 10 milliards d'euros sur quarante ans et 3 à 3 500 créations d'emplois pendant la phase de construction. Le choix du site de Cadarache s'explique par l'existence voisine d'un des plus importants centres de recherche européen sur l'énergie nucléaire, le Centre d'étude de Cadarache (CEC) du Commissariat à l'énergie atomique (CEA), qui travaillait déjà depuis 1988 sur le projet de Tokamak à aimants supraconducteurs. L'activité du CEC joue un rôle régional particulièrement structurant : il représente 5 500 emplois, souvent très qualifiés, dont 2 300 directement au CEA, 1 000 chez AREVA, 650 chercheurs ou étudiants étrangers et 1 700 salariés chez les sous-traitants. Créé en 1959 sur un site de 1 700 hectares au confluent du Verdon et de la Durance à 40 km au nord-est d'Aix-en-Provence, le CEC travaille initialement sur les moteurs à propulsion nucléaire des sous-marins nucléaires stratégiques français (SNLE) basés à l'Île Longue en Bretagne face à Brest avant de se diversifier depuis largement (solaire, biotechnologies...). Il symbolise ces grandes structures publiques de recherche et ces grands équipements issus des héritages gaullistes qui permettent à la France de garder son rang de moyenne puissance dans le monde comme en témoigne sa capacité à initier ce grand projet de coopération scientifique internationale.

Face à ces carences structurelles, l'action publique joue un rôle majeur grâce à ses importants organismes à caractères scientifique, technologique, industriel et commercial (CEA, CNES, ONERA, CIRAD, INRA, INSERM, INRIA, Institut français du pétrole, CEMAGREF Ademe...), aux universités et à ses grands programmes de recherche fondamentale et appliquée (*cf.* ITER). Ses établissements publics font partie des clefs de voûte organisant dans les systèmes productifs régionaux l'innovation. À cela s'ajoute le fait que les gouvernements successifs ont largement soutenu l'innovation et la recherche privées sans réelles contreparties (Crédits d'impôt recherche : 5 milliards d'euros en 2008-2010, fonds publics d'investissement du FSI, Grand emprunt du Commissariat général à l'investissement de 35 milliards d'euros lancé en 2010, Pôles de compétitivité...).

### Internationalisation de la recherche et grands groupes internationaux

Le système français de recherche et d'innovation est de plus en plus inséré dans des réseaux et marchés internationaux de l'innovation. Alors que l'explosion des coûts oblige à partager les investissements au sein de grandes structures partenariales privées ou publiques (*cf.* financements de l'Agence spatiale européenne, l'ESA) mettant en réseau les centres de compétences de firmes différentes, certaines firmes françaises (Renault, Sanofi, Faurecia...) n'ont pas hésité à délocaliser une partie de leur fonction recherche-développement en mettant en concurrence les coûts salariaux, non plus des ouvriers, mais aussi des ingénieurs et techniciens. À l'inverse, les firmes transnationales étrangères, dont la moitié d'européennes devant les États-Unis et le Japon, réalisent 29 % de la dépense intérieure de R & D nationale, en particulier dans l'aérospatiale, l'automobile, la pharmacie et le secteur des puces, composants et cartes électroniques. Au total, les flux financiers de R & D français vers l'étranger et de l'étranger en France s'équilibrent. Malgré la fermeture de nombreuses usines ces dernières années dans ce dernier secteur (Freescale, NXP, Altis, ST-Ericsson...), la France accueille de nombreux centres de recherche ou de développement de fabricants de semi-conducteurs (Texas Instrument, Intel avec 500 salariés à Toulouse, Montpellier et Sophia-Antipolis) ou de leaders mondiaux du design des puces (ARM, Cadence, Mentor Graphics...), en particulier autour de la téléphonie mobile (*cf.* NXP à Caen dans l'intégration des logiciels sur puces NFC par une centaine d'ingénieurs). Cette présence valorise les fortes compétences et savoir-faire actuels du pays (Gemalto et Oberthur dans la carte à puce) ou héritées (Sagem, Philips).

C'est dans ce contexte de relative rareté que doit se comprendre la polarisation spatiale croissante de la recherche française, le processus d'agglomération en Île-de-France et dans les métropoles cherchant ainsi à répondre à certaines faiblesses structurelles (effort d'innovation, productivité, niveau de gamme, marges, parts de marché...). L'Île-de-France demeure au cœur de la fonction recherche en regroupant 40 % des chercheurs totaux, soit 146 000 emplois temps plein, largement devant le Rhône-Alpes (46 800), le Midi-Pyrénées (28 100) et la PACA (27 400). La région-capitale regroupe à elle seule 44 % des chercheurs du pays travaillant en entreprise contre seulement 35 % des chercheurs publics, on retrouve là la forte logique de polarisation territoriale de la sphère privée face au rôle de rééquilibrage Paris/province de l'action publique. Le potentiel de recherche régional est en effet marqué par une nette césure géographique organisée autour du poids respectifs des acteurs publics et privés. Alors que la base publique de recherche est dominante en Languedoc, en Lorraine, dans le Nord, en Poitou-Charentes ou dans le Limousin, la base privée domine en Franche-Comté (82 %), en Haute-Normandie et en Picardie (75 %), en Champagne, dans le Centre et en Auvergne (66 %).

**Innovation et territoires**. Au-delà de la géographie de la recherche-développement, la question de l'innovation intègre les innovations technologiques (produits, procédés, brevets...), d'organisation, de marketing et, plus largement, les innovations sociales ou institutionnelles. Elle interroge sur l'impact de la production, de la circulation et du partage des connaissances et des innovations dans sa dimension systémique pour appréhender les dynamiques des systèmes productifs. Les géographes et les acteurs des territoires doivent en effet gérer une contradiction manifeste liée au fait que le processus général de l'innovation est à la rétention et au secret afin de bénéficier d'un avantage comparatif plus ou moins durable face aux adversaires ou aux concurrents. Face à une ressource rare et disputée, la question est de se demander non pas où l'innovation se diffuse le mieux, mais où elle se diffuse le moins mal face au processus global de rétention, de secret et de cloisonnement qui règne, et pourquoi et comment. En particulier, pour les géographes, quels sont les territoires favorisant au mieux le dépassement de cette contradiction centrale ?

Beaucoup de travaux sur le rôle des hautes technologies et de l'innovation dans le développement régional ont été publiés ces dernières décennies en France, comme ceux en particulier de P. Veltz, B. Pecqueur ou J. Fache, et à l'étranger (M. Porter...). Ils analysent les dynamiques de croissance, les créations d'emplois, l'émergence de nouveaux espaces en mettant l'accent sur le fait que les territoires fonctionnent comme des écosystèmes basés sur des dynamiques endogènes spécifiques (socialisation et coopérations pour décloisonner, mobilités, proximités relationnelles, mise en réseaux des acteurs, dynamiques entrepreneuriales...) dans lesquelles les acteurs institutionnels ont à jouer un rôle majeur. Dans ce cadre, une attention particulière a été consacrée aux districts industriels, aux *clusters* (« grappes d'entreprises ») ou aux systèmes productifs locaux (SPL), à partir de l'influence des exemples italiens, qui peuvent être définis comme la concentration géographique d'acteurs en interrelations, bénéficiant d'infrastructures de soutien, partageant une stratégie commune et visant un même marché.

La DATAR a ainsi labellisé un certain nombre de SPL, regroupant dans un espace restreint soit un tissu de PME travaillant dans un même secteur d'activité (Jura dans les lunettes, Choletais dans la chaussure, décolletage de la vallée de l'Arve...), soit des ensembles à vocation plus technologiques (génie biomédical à Tours...). De même, en Île-de-France, l'État a créé en mai 2010 un Établissement public Paris-Saclay interdépartemental qui couvre 49 communes et 4 communautés d'agglomération de l'Essonne et des Yvelines dont la fonction est de favoriser l'innovation et les transferts de technologies en coordonnant et en fédérant toutes les initiatives locales autour d'un projet régional commun se réclamant de la création d'une *Silicon Valley* à la française.

### Les pôles de compétitivité : pôles, réseaux et systèmes productifs régionaux

Lancée par un Comité Interministériel d'Aménagement et de Développement des Territoires en septembre 2004 puis confirmée en 2007 par un nouveau CIADT, la politique des pôles de compétitivité portée par la DATAR a été conçue comme un « accélérateur de croissance » de l'économie. Un pôle de compétitivité est défini comme « la combinaison, *sur un espace géographique donné*, d'entreprises, de centre de formation, et d'unités de recherche publiques et privées, engagées dans une démarche partenariale destinée à dégager des synergies autour de projets communs au caractère innovant ». Ce label donne droit à des moyens financiers (par ex. 1,5 milliard d'euros en 2006-2008) à partir d'appels à projet commun. En 2012, 71 pôles de compétitivité, dont 18 à « vocation mondiale », regroupant 6 500 entreprises sont labellisés. Les pôles de compétitivité ont fait l'objet de plusieurs critiques (financement accru de la recherche des grands groupes par l'argent public sans réelle contrepartie par « effet d'aubaine », place trop faible accordée aux PME...). Face aux critiques, en particulier de la Cour des Comptes, l'accent est mis à partir de 2012-2013 sur le « passage de la R & D au marché », c'est-à-dire sur la sortie réelle en production et en commercialisation de nouvelles innovations.

En géographie, deux enseignements sont à tirer de cette expérience. Premièrement, la géographie des pôles reflète très largement la domination des grands espaces métropolitains à côté de pôles locaux plus spécialisés (Valenciennes sur les transports, Lannion sur les images et réseaux, Besançon sur la micro-électronique, vallée de l'Arve sur le décolletage...). Deuxièmement, beaucoup de pôles de compétitivité, surtout les plus importants, sont tout, sauf des pôles. Celui de la *Cosmetic Valley*, centré sur Chartres, regroupe 122 établissements dispersés entre le Centre, l'Île-de-France et la Haute-Normandie (Chartres : 37, Orléans : 29, Paris : 22, Tours : 19 et Rouen : 14). Lyon Biopôle regroupe 82 établissements rhône-alpins (Lyon et Grenoble), mais aussi 3 établissements franciliens et un alsacien. Plastilogic, centré sur Oyonnax avec 43 établissements, se déploie sur Lyon (33), Grenoble (11), Saint-Étienne (12) et Paris (11). Enfin, Mer Bretagne, centré sur Brest (70 établissements), incorpore Lorient (30), Paris (18), Nantes (21) et Quimper (21). On doit en conclure qu'au-delà de l'effet d'affichage et de la volonté initiale de bien créer des pôles productifs spécialisés localement, la logique qui a prévalu à leur constitution est une logique de réseaux productifs et de filières d'innovation s'inscrivant dans des échelles régionales, voire nationales. Cette expérience concrète nous renvoie directement à la difficulté à identifier de véritables systèmes productifs locaux ou sous-régionaux. Si certaines spécialisations sectorielles ou fonctionnelles existent aux échelles locales ou sub-régionales, elles s'inscrivent très rapidement dans des logiques réticulaires et fonctionnelles d'échelles supérieures.

*Cf.* pôles de compétitivité : http://competitivite.gouv.fr/

## Le complexe agricole et agro-industriel : modernité et impasses

Paradoxalement, loin d'être un lointain souvenir sur le modèle de « la fin des paysans » publié en 1967 par le sociologue Henri Mendras (1927-2003), l'agriculture demeure une activité largement structurante de l'économie, des territoires et de l'armature urbaine de base aux forts enjeux économiques, nutritionnels, environnementaux (*cf.* agro-carburants, pollutions...) et sanitaires. C'est en effet l'un des secteurs qui a connu les mutations les plus considérables. Entre 1970 et 2011, la valeur ajoutée double en monnaie constante : jamais historiquement l'agriculture française n'a produit autant de richesses. Il faut pour cela accepter de considérer l'agriculture comme participant d'un vaste complexe à la fois agricole (agriculture, pêche, sylviculture), technique et agro-industriel largement organisé et inséré dans des marchés européens et mondiaux de plus en plus ouverts à la concurrence dans le cadre de l'Organisation mondiale du commerce (OMC). Il représente 5 % du PIB et 6 % de l'emploi, soit 1,5 million de postes, et explique que la France soit la 1re puissance agricole de l'Union européenne (18 % de la production) et le 4e exportateur mondial. Dans son insertion en Europe et dans le monde, la France a fait le choix dès les années 1960 de privilégier son agriculture, comme en témoigne sa structure excédentaire au plan commercial depuis trente ans et le fait que l'agriculture est aujourd'hui le 2e poste à l'exportation après l'aéronautique. J.-P. Charvet et J.-M. Poulot l'ont bien étudié.

### *Une agriculture, des agricultures : une forte segmentation en sous-systèmes bien différenciés*

Si ce complexe productif connaît en trente ans une croissance de 40 % de sa valeur ajoutée, réalisée à part égale entre agriculture et agro-alimentaire, sa structure productive se caractérise par des disparités sectorielles et spatiales croissantes du fait de sa forte segmentation en filières productives bien différenciés. Au-delà des différences classiques entre productions végétales (60 % production) et animales (40 %), le secteur des céréales et oléoprotéagineux – emblématique du marché des *commodities*, c'est-à-dire des matières premières végétales de masse pour le marché mondial – a lui-même peu à voir avec les fruits et légumes (forte concurrence avec l'Europe du Sud) ou la viticulture. Cette dernière est elle-même segmentée et largement dominée en valeur par le champagne, les bordeaux et les bourgognes de plus en plus tournés vers l'international et où investissent les groupes du luxe (LVMH...) ou les capitaux étrangers (japonais, chinois...). Dans son ouvrage *Bordeaux, Bourgogne* (2005), J.-R. Pitte souligne à la fois le poids des héritages historiques, la forte différence des structures et des cultures productives et le rôle des acteurs dans leurs oppositions. Dans l'élevage, les marchés des porcs, de l'aviculture et de l'élevage bovin sont bien différenciés tandis que dans l'élevage bovin s'opposent nettement système laitier et système à viande.

**Tableau 4.4 Quatre décennies d'évolution de l'emploi agricole par grandes régions**

| | 1968 | % 1968 | 1982 | 1999 | 2009 | % 2009 | Différence 1968-2009 | Diff. en % |
|---|---|---|---|---|---|---|---|---|
| Grand Ouest | 408 668 | 30 | 260 756 | 131 790 | 89 928 | 25 | - 318 740 | - 78 |
| Grand Bassin parisien | 325 040 | 23 | 229 044 | 121 533 | 86 450 | 24 | - 238 590 | - 73 |
| Grand Sud-Ouest | 209 228 | 15 | 144 580 | 83 789 | 58 562 | 16 | - 150 666 | - 72 |
| Grand Nord-Est | 144 016 | 10 | 94 840 | 48 863 | 34 612 | 10 | - 109 404 | - 76 |
| Grand Sud-Est | 85 004 | 6 | 68 584 | 42 492 | 33 726 | 9 | - 51 278 | - 60 |
| Massif central | 108 464 | 8 | 74 216 | 41 050 | 30 649 | 8,5 | - 77 815 | - 72 |
| Rhône-Alpes | 102 892 | 8 | 67 592 | 37 349 | 27 033 | 7,5 | - 75 859 | - 74 |
| France | 1 383 312 | 100 | 939 612 | 506 866 | 360 961 | 100 | - 1 022 351 | - 74 |

Le territoire agricole est donc pavé par des structures productives différenciées qui s'inscrivent certes dans des milieux naturels spécifiques, mais dont les dynamiques sont largement portées par le jeu des héritages historiques (fruitières jurassiennes...) et surtout des systèmes d'acteurs économiques (exploitants, coopératives, syndicats...), institutionnels (chambres d'agriculture, collectivités territoriales) et politiques. Comme l'illustre à partir des années 1960 la métamorphose de la Champagne anciennement « pouilleuse » en symbole du productivisme et de la grande agriculture capitaliste, l'agriculture française est loin d'être sclérosée.

En trente ans, le système productif agricole a en effet connu une véritable révolution. La surface agricole utile (SAU) et les forêts passent de 46,3 à 44,8 millions hectares, soit de 84,3 à 81,6 % du territoire national. On assiste en particulier au fort recul de la vigne (– 29 %) du fait d'une montée en gamme face au recul de la consommation, des cultures permanentes (– 27 %) et surtout des herbages permanents (– 48 %) au profit pour ces derniers des terres arables portant les grandes cultures, bien plus rentables car le marché est bien le principal pilote de ces mutations. La modernisation se traduit par un recul de – 62 % des exploitations agricoles qui tombent à 480 700 en 2011 et par la forte baisse des actifs agricoles qui tombent à 849 000 emplois équivalent temps plein (1980-2011 : – 58 %). Si le recul de l'emploi agricole est général, il est plus sensible dans l'espace rural profond (– 61 %) que dans les espaces ruraux polarisés par les bourgs, les villes moyennes et les métropoles, témoignant ainsi d'un net gradient de fragilité. De même, si 48 % de l'emploi agricole se trouve aujourd'hui dans le rural profond, 49 % se trouve dans les espaces polarisés par les villes. La qualité de l'encadrement des espaces de la production agricole par la ville semble donc un facteur majeur de dynamisme, de résistance et de modernité.

**Tableau 4.5 Évolution de l'emploi rural selon la hiérarchie urbaine (milliers et %)**

| | Île-de-France | Métropoles | Villes moyennes | Bourgs | Espace rural | France |
|---|---|---|---|---|---|---|
| *Emplois 1982* | *41,2* | *171,1* | *265,2* | *379,8* | *895,9* | *1 753,2* |
| *Emplois 2009* | *21* | *75,5* | *115,5* | *169,5* | *351,6* | *733,1* |
| Différence | - 20,2 | - 95,6 | - 149,7 | - 210,3 | - 544,3 | 1 020,1 |
| Diff. en % | - 49 | - 55,8 | - 56,4 | - 55,3 | - 60,7 | 58 |
| % agri./emplois sphère productive 1982 | 1,4 | 6,8 | 9,6 | 12,6 | 45 | 13,3 |
| % agri./emploi sphère productive 2009 | 0,7 | 2,5 | 4,2 | 6,1 | 23,5 | 5,6 |
| %/emploi agricole 1982 | 2 | 10 | 15 | 22 | 51 | 100 |
| %/emploi agricole 2009 | 3 | 10 | 16 | 23 | 48 | 100 |

Source : d'après INSEE.

En définitive, la base productive est de plus en plus étroite et spécialisée, géographiquement polarisée et économiquement concentrée sur

160 000 plus grandes exploitations qui utilisent les deux tiers de la SAU alors que les exploitations de la polyculture traditionnelle reculent des deux tiers en vingt ans.

Dans une agriculture de plus en plus marchande et capitalistique, on assiste à un découplage croissant entre la possession de la terre et son exploitation : seulement 33 % de la SAU est en faire valoir direct, contre la moitié en 1980, face à la montée du fermage. Ce dualisme croissant explique que 18 % des exploitations se partagent 50 % du revenu agricole, contre 17 % pour la moitié des exploitations. Alors qu'en 2010 les trois-quarts des exploitants agricoles ont plus de 50 ans, ce processus d'écrémage sélectif va sans doute s'accélérer dans les quinze ans qui viennent, posant aux vastes territoires ruraux et agricoles les plus fragiles économiquement et démographiquement de redoutables défis.

**Figure 4.4 Les territoires de l'agriculture**

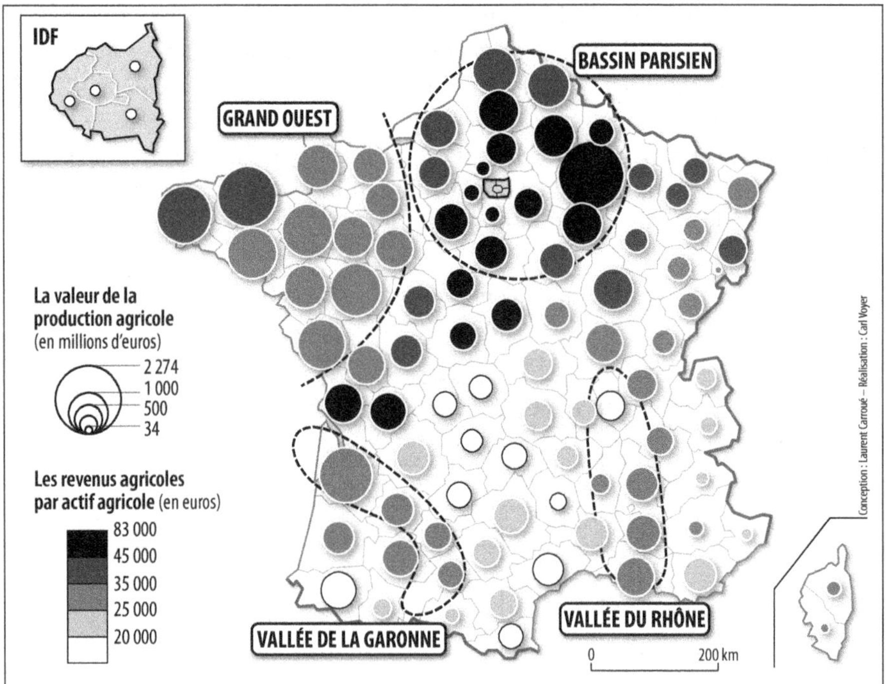


## *Un territoire agricole et agro-industriel contrasté entre systèmes intensifs et extensifs*

Les deux principales grilles de lecture spatiale à mobiliser aux échelles nationales et régionales opposent d'un côté systèmes d'agriculture intensive et système d'agriculture extensive, de l'autre l'importance des industries agro-alimentaires dans la valeur ajoutée totale. Car, comme en témoignent les oppositions du revenu agricole par actif agricole entre secteurs (rapport de 1 à 6) ou surtout entre départements (rapport de 1 à 8 entre la Marne et la Creuse), il s'agit tout simplement de deux systèmes différents correspondant bien à deux géographies différentes. Régionalement, la croissance de la production est polarisée par quatre régions : Champagne, Picardie, Nord et Pays-de-Loire. La valeur de la production du complexe agro-industriel (agriculture + IAA) tend en effet à se concentrer sur le Grand Bassin parisien (32 %) et le Grand Ouest (23 %), largement devant le Grand Nord-Est (15 %), le Sud-Ouest (12 %), l'arc méditerranéen (10 %), le Massif central (4 %) et le Rhône-Alpes (4 %).

**Tableau 4.6 Revenu par actif agricole non salarié (milliers € constants 2012 et %)**

| Spécialités | 1990 | 2012 | Différence | Diff. en % | Départements | milliers €/ actif 2011 | Taux évolution vingt ans |
|---|---|---|---|---|---|---|---|
| Grandes cultures | 26,7 | 72,7 | + 46 | + 172 | Marne | 116,6 | 0,1 |
| dont céréales/ oléagineux | 21,4 | 26,1 | + 4,7 | + 22 | Côte d'Or | 52,7 | 0,2 |
| Légumes | 15,9 | 20 | + 4,1 | + 26 | Seine-et-Marne | 51 | 2,5 |
| Viticulture | 44,1 | 41,3 | - 2,8 | - 6 | Pas-de-Calais | 41 | 2,4 |
| Arboriculture fruitière | 22,4 | 11,7 | - 10,7 | - 48 | Côte d'Armor | 35,8 | 8 |
| Bovins lait | 17,3 | 22,6 | + 5,3 | + 31 | France | 32,5 | 0,9 |
| Bovins viande | 15,9 | 14,5 | - 1,4 | - 9 | Savoie | 24,2 | 0,6 |
| Porcs | 27 | 29,7 | + 2,7 | + 10 | Aveyron | 21,2 | 0,7 |
| Volailles | 15,6 | 29,2 | + 13,6 | + 87 | Hautes-Alpes | 17,2 | 0 |
| Élevage hors sol | 19,2 | 28,1 | + 8,9 | + 46 | Creuse | 14,9 | - 0,2 |

Au total, si l'agriculture intensive et productiviste – en particulier dans le Grand Bassin parisien – a été l'objet de vives critiques du fait de ses abus, elle demeure un enjeu majeur sous la pression des évolutions des besoins mondiaux, comme l'indique ces dernières années la forte hausse des prix agricoles mondiaux : du fait de la croissance démographique et de la hausse des niveaux de vie, les besoins alimentaires mondiaux vont en effet augmenter de + 50 % d'ici 2025. Le « grenier français » semble donc avoir de beaux jours devant lui.

Pour autant, l'un des principaux enjeux d'avenir est bien économiquement et géographiquement de réarticuler valorisation des grandes agricultures productivistes et soutien et promotion des nouvelles agricultures paysannes de qualité. Le reste du territoire national voit en effet se déployer des niches spécialisées jouant sur les labels de qualité et de certifications et l'image de marque, des fromages AOC des espaces montagnards, aux vins de qualité ou au foie gras du sud-ouest ou aux produits bio. Ce phénomène est favorisé par un certain rejet d'une production de masse, parfois associée à la mal-bouffe, qui fut dopée par une modernisation intensive adoptée dans les années 1960-1970. On compte ainsi 83 appellations d'origine protégée et 105 indications géographiques protégées auxquels s'ajoutent les labels rouges, les mentions « produits fermiers » ou « produit de montagne ». Enfin, on voit se développer dans les ceintures périrurbaines des réseaux de vente directe sans intermédiaire.

### Les Causses, l'élevage ovin laitier, le Roquefort et le géant Lactalis

Élaboré à partir du lait cru des brebis de race lacaune, le Roquefort - du nom de la commune de Roquefort-sur-Soulzon dans l'Aveyron, seul endroit où en est autorisé l'affinage - est un fromage haut de gamme emblématique de la gastronomie française dont la vente dégage une forte rentabilité. Dès 1925, les élites locales obtiennent la 1re appellation d'origine (AO) et il bénéficie depuis 1979 d'une appellation d'origine contrôlée (AOC) et depuis 1996 d'une appellation d'origine protégée (AOP). À côté des petites structures d'origine familiale (établissements Carles, Yves Combes, Gabriel Coulet, fromagerie Papillon), environ 60 % de la production est réalisée par la SCPR (marques Société, cave Abeille, Louis Rigal...) qui est depuis 1992 une filiale du puissant groupe agro-alimentaire Lactalis dont le siège est à Laval en Mayenne. Celui-ci est l'un des premiers groupes laitiers et fromagers mondiaux, présent dans 56 pays avec 54 000 salariés, dont 30 % en France, et 192 sites industriels. Il réalise les trois-quarts de ses ventes à l'international (marques Président, Rouy, Le Petit, Lanquetot, Rondelé, Munster les Petits Amis, Chaussée aux moines, Préval, Lactel, Bridel, Le Roitelet, Lou Pérac...). Il s'est implanté dernièrement par rachat d'entreprises en Suisse (2008), en Espagne (2010) et en Italie (2011, Parmalat). En France, il achète et transforme dans ses usines plus de 5,3 milliards de litres de laits de vaches, brebis et chèvres fournis par 23 000 producteurs dans 76 départements. Même si la production du roquefort mobilise un peu de lait corse, l'essentiel de la production laitière, dont l'aire géographique est définie et protégée par l'AOC, est réalisée sur les Causses. Alors que les prix du lait sont négociés tous les ans entre représentants des industriels et des exploitants agricoles, cette production assure aux exploitants agricoles de cette moyenne montagne déshéritée et à forte contrainte un revenu relativement confortable, complété parfois par des revenus tirés du tourisme. 889 exploitations élèvent un cheptel de 300 000 ovins, les deux tiers étant des brebis allaitantes pour le roquefort. Il est clair que, pour ces agriculteurs, le roquefort labellisé représente une véritable aurore.

### *Un système technico-industriel très intégré aux puissants effets d'entraînement*

L'agriculture tend donc à devenir de plus en plus un maillon d'un vaste système technico-industriel très intégré à l'amont et à l'aval et piloté par la demande, la concurrence et la fluctuation des cours mondiaux. La question de la productivité devient donc un enjeu majeur : en 2012, un agriculteur produit l'équivalent de ce que produisaient trois agriculteurs en 1980. L'effort d'investissement passe d'un quart à un tiers de la valeur ajoutée, les jeunes agriculteurs sont de plus en plus qualifiés (38 % de bacheliers ou niveaux d'études supérieurs) et se comportent comme des chefs d'entreprise et les innovations s'accélèrent (*cf.* débat sur les OGM), portées par la recherche publique (INRA, CNRS, Cemagref, Ifremer...) ou privées alors que le nombre de techniciens et de cadres a été multiplié par 2,3. Les consommations intermédiaires (énergie, engrais, phytosanitaires comme les fongicides et les herbicides, matériels mécaniques ou d'irrigation, aliments du bétail, services agricoles...) représentent dorénavant la moitié du compte d'exploitation, mais par exemple 71 % dans l'élevage porcin et la volaille du fait des élevages hors sols. Mais comme le rappellent les 160 milliards d'endettements des agriculteurs (multiplié par 2,6 depuis 1980), le coût à payer est considérable auprès du secteur financier (*cf.* rôle du Crédit agricole). La puissance des effets d'entraînement de ce vaste système technico-industriel explique le rôle considérable joué par l'agriculture dans les dynamiques productives de nombreux territoires. Ainsi, la filière viticole représente 100 000 emplois directs et indirects dans Languedoc.

#### La crise du modèle agro-industriel breton

Longtemps considérée comme retardataire, l'agriculture bretonne s'est tournée à partir des années 1960 vers un modèle agro-industriel très intensif et très intégré. On assiste à la disparition des petites exploitations familiales basées sur la polyculture au profit d'une forte spécialisation et à un vaste remembrement qui se traduit par l'arasement des deux tiers des haies et talus bocagers afin de favoriser la motorisation et la concentration économique et technique des exploitations. Entre 1954 et 2012, le nombre d'exploitations tombe de 120 000 à 26 000 (- 80 %) et les agriculteurs de 50 à moins de 10 % des actifs. Un des objectifs est alors de répondre à la forte pression démographique des campagnes et au refus de nombreux jeunes de quitter la région. Ces orientations sont portées par un très actif tissu associatif, syndical et coopératif (Jeunesse agricole chrétienne, Centre national des jeunes agriculteurs, caisses de crédit agricole et de la coopération...) et encouragées par les élites socioéconomiques et politiques locales et régionales. Elle bénéficie largement de la PAC : entre 1993 et 2006, les aides agricoles passent de 215 à 607 millions d'euros par an. Si certaines cellules régionales se spécialisent dans les productions végétales (*cf.* « ceinture dorée » du

Léon dans les choux-fleurs, les brocolis, tomates, pommes de terre sous serres chauffées au gaz naturel...), l'essentiel de l'activité se concentre sur les livraisons animales dans le cadre en particulier d'un vaste système d'élevage hors-sol en batteries dont une partie des aliments est importée (soja brésilien...).

La Bretagne concentre aujourd'hui 57 % du cheptel porcins (7,8 millions de têtes, + 250 porcs/km² dans le Nord-Finistère et à l'est de Saint-Brieuc), 46 % des dindes, 40 % des poules pondeuses pour la production d'œufs, un tiers des poulets de chair (51,1 millions, multiplié par 2 depuis 1980), 26 % des lapins (9,5 millions) et 22 % de la production laitière. Cette concentration pose aujourd'hui de redoutables problèmes structurels, d'ordre sanitaires et environnementaux (rejets de nitrate, azote, phosphore, potasse, cuivre, pesticides, herbicides, résidus médicamenteux) du fait de l'épandage de centaines de milliers de tonnes annuelles de fumiers et de lisiers dans les champs (2010 : 200 000 tonnes d'azote). La pollution des eaux souterraines et de surface et des eaux maritimes littorales (*cf.* prolifération des « algues vertes »), en particulier dans les Côtes-d'Armor et le Finistère, se traduit par des tensions croissantes, en particulier avec les fonctions touristiques, malgré les milliards de fonds publics (Plan Bretagne eau pure de 1990, Directive nitrates, aides multiples...) investis dans le traitement des eaux qui ne visent qu'à atténuer les impasses actuelles.

Cette production animale de masse repose sur un système agricole techniquement et économiquement piloté à l'aval (fourniture des intrants, liens contractuels, prix, délais, captage de la valeur ajoutée, mise en concurrence des éleveurs...), par une puissante industrie agro-alimentaire structurée par de grands groupes privés (Lactalis, Glon, Bigard, Doux, Intermarché) ou coopératifs (Ploudaniel, Even dans le lait dans le Finistère...).

Une partie des IAA, comme le groupe Doux, s'est spécialisée, grâce en particulier aux subventions à l'exportation de la PAC, les « restitutions », dans les productions bas de gamme à faibles marges pour l'exportation (poulets pour le Golfe persique...). Avec 600 établissements et 75 000 salariés qui jouent un rôle majeur dans l'encadrement du dense tissu urbain des petites villes, les IAA représentent 40 % de l'emploi industriel régional. Si dans l'Ille-et-Vilaine, les Côtes-d'Armor et le Nord-Finistère une nette polarisation apparaît le long des grands axes routiers (axe Vitré/Rennes/Saint Brieux/Rennes), la diffusion est plus sensible dans le Morbihan et le Sud-Finistère. Mais, depuis une dizaine d'années, on voit se succéder les crises sectorielles (élevage porcin, volaille, œufs) sous les effets des variations des cours mondiaux (hausse des céréales et du soja), de l'arrivée de nouveaux concurrents (*cf.* porcs allemands en 2011-2013) ou d'erreurs stratégiques. Cela se traduit par la multiplication de faillites et de nombreuses fermetures de sites, en particulier dans le Finistère avec le groupe Gad, qui déstabilisent tout le système. Plus globalement, la question posée à la Bretagne, qui dispose pourtant d'atouts exceptionnels, est aujourd'hui celle de négocier la fin d'un cycle historique, face aux impasses d'un système ultraproductiviste, et d'un renouvellement de ses élites économiques. Il lui faut pour cela définir un nouveau projet de développement économique régional en trouvant de nouveaux équilibres entre agriculture, alimentation et territoires.

Dans ce contexte, l'agriculture a toujours bénéficié d'une attention politique particulière, en particulier du fait du système politique surreprésentant les campagnes et le vote rural et des capacités d'organisation du secteur en groupe de pression qui aboutit à un modèle de cogestion entre l'État, les puissantes organisations interprofessionnelles, les grandes coopératives et les grands syndicats agricoles de la FNSEA. Cela se traduit en particulier par l'importance des concours publics à l'agriculture (budget de l'État, PAC, collectivités territoriales) qui s'élèvent, par exemple, à 16 milliards d'euros en 2011 (soutien aux marchés et revenus, développement rural, sécurité sanitaire), dont 9,8 milliards de financements communautaires. Le total des subventions représente ainsi 15 % des ressources financières des agriculteurs. L'agriculture fut ainsi l'un des nœuds du compromis franco-allemand à la base de la CEE en 1958 puis de l'Union européenne depuis. Ces vingt dernières années, le cumul des aides directes reçues de la PAC par la France se montent à 136,5 milliards d'euros, dont un tiers pour le Grand Bassin parisien et un quart pour le Grand Ouest au détriment du reste des agricultures régionales qui en avaient le plus besoin. Face à ce scandale, les refontes progressives du dispositif introduites en 1990, 2005 et 2010 ont abouti à une réorientation géographiques des aides des zones de grandes cultures vers les structures les plus fragiles : la part des subventions dans le chiffre d'affaires atteint ainsi plus de 20 % dans 17 départements, essentiellement tournés vers l'élevage extensif en moyennes et hautes montagnes (Lozère : 31 %, Cantal : 28 %, Alpes-de-Haute-Provence et Aveyron 23 %, contre 7 % dans la Marne).

### *Le pilotage par l'aval : le rôle du complexe agro-industriel puis de la grande distribution*

L'agriculture française est étroitement intégrée aux industries agro-alimentaires (IAA) qui constituent sont principal débouché (70 %). Avec 540 000 salariés, les IAA, qui sont le seul secteur à maintenir ses emplois productifs, représentent 20 % de l'emploi industriel et 11 % de la valeur ajoutée et réalisent 160 milliards d'euros de chiffre d'affaires dont 28 % à l'exportation. Si les IAA représentent à l'échelle nationale 48 % de la valeur ajoutée du complexe agri-agro-industriel, sa contribution régionale va de 83 % en Île-de-France, à 64 % dans le Nord, 60 % en Alsace et 57 % en Rhône-Alpes ou en Bretagne contre seulement 27 % en Bourgogne ou en Languedoc. Les IAA pèsent d'un poids considérable dans la structure productive de la Bretagne (33 % salariés), des Pays-de-Loire (17 %) et de la Basse-Normandie (16 %). En Aquitaine, c'est ainsi le 1er secteur industriel avec 28 000 salariés. Face à des PME orientées vers des produits de niches à forte valeur ajoutée, le secteur est très concentré : 2,5 % des firmes contrôlent 52 % des emplois, 60 % de la valeur ajoutée et les deux-tiers des exportations. À côté des grandes transnationales françaises ou étrangères (Nestlé, Danone, Mars, Kraft Food, Pernod Ricard,

Cargill, Unilever, Coca Cola, Heineken, Euralis...), le secteur se caractérise par l'importance des grandes coopératives issues du milieu des élites agricoles qui sont devenus des groupes souvent internationaux de taille moyenne (Champagne Céréales, Maine Viande Socopa, Terrenia...) et qui jouent un rôle structurant en Champagne, Bretagne, Normandie, Languedoc, Poitou-Charentes ou Franche-Comté.

### La refonte de la filière laitière en Basse-Normandie : mondialisation et stratégie des firmes

Deuxième bassin laitier (99 millions de litres/an) derrière le Grand Ouest (213 millions de litres/an) et devant le Grand Est, les deux Normandies ont connu ces dernières décennies une profonde refonte de la filière agro-industrielle laitière dominée par des établissements de grande taille appartenant à de grands groupes internationaux ou à de puissantes coopératives qui ont fusionné comme Sodiaal avec 3A et Agrial avec Elle & Vire et Eurial. Ceux-ci cherchent à s'agrandir, à sécuriser leurs approvisionnements et à diversifier leurs débouchés afin de faire face à l'arrêt des quotas laitiers communautaires en 2015 et à la concurrence de nouveaux exportateurs (Australie, Nouvelle-Zélande, États-Unis) sur le marché mondial tout en répondant aux nouvelles demandes asiatiques, en particulier de la Chine (poudre de lait infantile...). Ce processus se traduit par la fermeture d'un quart des sites de collecte pure en huit ans au profit d'un recentrage sur de grands sites intégrés assurant à la fois la collecte et la transformation du lait (fromages, beurre, poudre de lait...). On est ainsi passé de 12 établissements collectant 80 % des livraisons en 2003 à 6 aujourd'hui.

Mais un autre acteur joue un rôle majeur en France dans la filière agro-industrielle, ce sont les grands groupes de la grande distribution. En trente ans, en quadrillant le pays de leurs réseaux d'hypermarchés et de supermarchés largement au détriment du petit commerce, ils ont acquis un poids économique considérable en contrôlant 70 % des ventes de produits alimentaires, contre 17 % des ventes non alimentaires. Ils sont donc en position de largement dicter leurs conditions (prix, délais, montée des marques distributeurs...) au secteur amont des IAA, du fait en particulier de leur concentration en six grands groupes (Carrefour, Leclerc, Intermarché, Auchan, Casino, Système U). Cette situation leur à donc permis ces dernières décennies de capter une part croissante de la valeur ajoutée réalisée par le complexe agro-industriel et de financer ainsi une partie de leur internationalisation. On retrouve bien à travers cet exemple les logiques d'interactions et d'interdépendances qui associent étroitement dans le système productif français sphère productive et sphère périproductive.

# Les bouleversements de l'industrie et de ses territoires

## Une industrie en mutation, des processus en débat

Contrairement à certains discours sur l'émergence d'une « société post-industrielle », la production industrielle, en particulier manufacturière, loin d'être dépassée ou obsolète, joue un rôle majeur dans l'organisation des territoires, la dynamique des systèmes productifs et les rapports de puissance structurant la mondialisation. En vingt ans, de profonds changements sont apparus dans la hiérarchie mondiale : face au dynamisme des pays émergents, l'Europe à 30 (UE 27 + Norvège et Suisse) tombe de 36 à 24 % de la production mondiale entre 1990 et 2012. À l'opposé, la Chine est devenue, en 2011, la 1re puissance industrielle mondiale en mettant fin à un siècle d'hégémonie étatsunienne alors que le Brésil passe devant la France et la Corée du Sud devant le Royaume-Uni, lui-même talonné par l'Inde. Les grands pays émergents (Chine, Brésil, Inde, Chine, Russie, Afrique du Sud) deviennent de réelles puissances industrielles en s'affirmant depuis dix à vingt ans progressivement comme des pôles suffisamment forts et autonomes pour rechercher un développement plus autocentré, tout en s'insérant de manière croissante dans la mondialisation. Ils le doivent en particulier au développement de véritables politiques industrielles volontaristes, sectorielles et fonctionnelles, aux renforcements des efforts d'innovation et de formation. Ces défis placent la France en première ligne.

### Construction navales et technologies françaises au cœur de la rivalité sino-coréenne

Longtemps dominante dans la construction navale mondiale avec le Japon, après avoir largement éjecté la France et l'Europe de ce marché dans les années 1970, la Corée du Sud a été depuis confrontée de plein fouet à la montée de la concurrence chinoise qui réalise aujourd'hui 60 % des tonnages mondiaux. Face à cette pression, les groupes sud-coréens se sont peu à peu spécialisés dans les produits à plus haute valeur ajoutée et se sont internationalisés (rachat de constructeurs de plateformes pétrolières en Norvège...). C'est ainsi que le groupe coréen STX Offshore & Shipbuilding a racheté en 2007 au groupe norvégien Aker Yard les chantiers navals de Saint-Nazaire, ex-Chantiers de l'Atlantique, spécialisés en particulier dans les bateaux de croisière (France, Normandie, Queen Mary II...), que le français Alstom lui avait cédé en 2006. Croulant sous une énorme dette largement liée à sa stratégie de rachats d'entreprises, le coréen STX se trouve en 2013 en quasi-faillite et vend ses chantiers finlandais, chinois et français. Ce dernier emploie 2 600 salariés à Saint-Nazaire et 112 salariés à Lorient tout en mobilisant de très nombreux sous-traitants. L'État prend le contrôle de 33 % du capital à côté de STX France afin de garantir l'avenir du dernier grand chantier naval civil français face à ce vaste Monopoly mondial. Pour l'instant, le plan de charge des chantiers est garanti par la commande du navire Oasis par la firme Royal Caribbean Cruise Line qui représente 1 milliard d'euros et 10 millions d'heures de travail.

À l'automne 2011, le Fonds américain Hellman & Friedman a rendu publique sa volonté de vendre les 30 % du capital qu'il détient, à côté de GDF Suez et Total, dans la firme Gaz Transport et Technigaz dont le siège est à Saint-Rémy-les-Chevreuses dans les Yvelines. Cette firme est une pépite car c'est le spécialiste mondial des technologies d'isolation des cuves de transport du gaz naturel liquéfié (GNL) par méthanier où le gaz est confiné à une température de - 162 degrés Celsius. Elle témoigne des qualités exceptionnelles que possédait la France dans certaines technologies stratégiques. Face à cette annonce, le groupe chinois Rongsheng Heavy Industries se met sur les rangs. En réponse à cette menace, les quatre grands *chaebols* du secteur (Hyundai, Daewoo, Samsung et STX Offshore Shipbuilding) s'unissent avec l'appui de Séoul pour proposer une offre de plus d'un milliard d'euros. Contrôlant encore 80 % des commandes mondiales de méthaniers, il est pour eux hors de question que la Chine s'empare de ce trésor et vienne rapidement les concurrencer sur ce nouveau créneau haut de gamme. Leur objectif est double : retarder le plus possible la montée en gamme chinoise, empocher les considérables royalties procurées par les brevets (10 millions d'euros/bateau). Quant à la France, elle vit encore et toujours sur ses rentes anciennes tirées des grands programmes gaullistes des Trente Glorieuses.

Source : d'après Carroué L., *Images économiques du monde 2013*, Paris, Armand Colin, 2012.

La mondialisation est portée à la fois par les stratégies étatiques et des firmes transnationales. Dans ce contexte, l'industrie française apparaît comme l'un des secteurs économiques les plus concentrés : les grands groupes y représentent en effet 2 % des entreprises mais regroupent un tiers des effectifs, réalisent la moitié des ventes et 57 % des exportations et des investissements. Et si on y ajoute les ETI, où les filiales des groupes étrangers sont nombreuses, 7 % des entreprises de l'industrie regroupent 66 % des salariés et réalisent 82 % des ventes et des investissements et 91 % des exportations. On ne peut donc comprendre les mutations des systèmes productifs et de leurs bases industrielles sans analyser les stratégies des firmes comme l'illustre la question de l'avenir des chantiers navals de Saint-Nazaire, du « *made in France* » et du *global sourcing.*

### Système productif, chaîne de valeur, *global sourcing* et production nationale

L'internationalisation des firmes et des échanges transforme en profondeur la chaîne de valeur intégrée à la production nationale contribuant au « *made in France* ». À la suite de la crise ouverte en 2007, le ministère de l'Industrie, aujourd'hui ministère du Redressement productif, a engagé des enquêtes pour en évaluer l'impact sur le système productif national. Sans parler même des produits complets directement importés (*cf.* automobiles par ex.) qui couvrent par exemple 55 % des biens de consommation, il apparaît que les produits assemblés dans l'Hexagone contiennent de moins en moins de composants produit en France même : 75 % en 1999 contre 69 % en 2009. Ce recul du « *made in France* » se manifeste dans de très nombreuses filières : la part des composants étrangers importés incorporés dans la production réalisée en France est de 36 % dans l'automobile, 38 % dans le ferroviaire. Dans l'habillement et le prêt-à-porter, une veste fabriquée avec du tissu chinois et coupée au Maroc peut bénéficier du « *made in France* » si elle est cousue dans l'Hexagone.

Ce processus d'internationalisation des chaînes d'approvisionnement des grands groupes industriels, le « *global sourcing* », se traduit par d'importantes pertes d'emplois dans les usines et chez les sous-traitants et par un détricotage des anciennes cohérences de certains tissus productifs régionaux, voire parfois par quelques scandales (*cf.* viande de cheval roumaine dans les plats surgelés et les lasagnes « pur bœuf » au printemps 2013). Dans cette situation, la demande de traçabilité est un enjeu majeur en France et dans l'Union européenne. Si tous les grands pays développés doivent faire face à ces processus, ils y répondent de manière différente. Depuis 1993, chaque voiture vendue aux États-Unis comporte une étiquette mentionnant son usine d'assemblage, le pourcentage d'équipements venant des États-Unis, d'un autre pays tiers et le pays d'origine du moteur et de la transmission.

Source : d'après *Les Échos*, septembre 2010.

Ces dernières décennies, la question de la « désindustrialisation » du pays est devenu un enjeu de débats politiques, économiques et sociaux, en particulier du fait de ses forts impacts territoriaux. Face à cette question, il nous faut mobiliser un certain nombre d'indicateurs qui soulignent le caractère contradictoire des processus en cours et au total la grande hétérogénéité des trajectoires territoriales.

### *L'évolution de la valeur ajoutée de l'industrie : croissances et recompositions*

Paradoxalement, jamais l'industrie française n'a produit autant de richesses, comme l'indique l'évolution de la valeur ajoutée, un phénomène qui tempère donc largement la notion de « désindustrialisation » sur la longue durée historique. Entre 1970 et 2004, la valeur ajoutée de l'industrie passe en effet de 119 à 265 milliards de dollars constants, elle fait donc plus que doubler. Dans le même temps, le volume total des heures travaillées recule de – 45 %. Au total, une heure de travail dans l'industrie de 2004 produit 127 fois plus de richesse qu'une heure de travail de 1970. Les gains de productivité, qui expriment la richesse produite par un salarié en une heure ou une journée de travail ont donc explosés et l'INSEE estime généralement qu'ils sont respon-

**Tableau 4.7 Évolution de la valeur ajoutée régionale de l'industrie manufacturière (millions € et %)**

| | 1990 | 2011 | 1990-2011 | % 1990-2011 | % France 1990 | % France 2011 | % croissance nationale | % recul 2007/2009 |
|---|---|---|---|---|---|---|---|---|
| **Métropole** | **190 173** | **222 161** | **31 988** | **+ 17** | **100** | **100** | **100** | **- 9** |
| **Île-de-France** | **43 461** | **41 352** | **- 2 109** | **- 4,9** | **22,9** | **18,6** | **0** | **- 11** |
| **Grand Bassin parisien** | **38 036** | **42 990** | **4 954** | **+ 13** | **20** | **19** | **15** | **- 9** |
| Centre | 9 011 | 10 109 | 1 098 | + 12 | 4,7 | 4,6 | 3,1 | - 9 |
| Haute-Normandie | 7 122 | 9 521 | 2 398 | + 34 | 3,7 | 4,3 | 6,7 | - 5 |
| Picardie | 7 405 | 7 050 | - 354 | - 5 | 3,9 | 3,2 | 0 | - 8 |
| Bourgogne | 5 230 | 5 945 | 715 | + 14 | 2,8 | 2,7 | 2 | - 11 |
| Champagne-Ardenne | 5 047 | 5 678 | 631 | + 12,5 | 2,7 | 2,6 | 1,8 | - 10 |
| Basse-Normandie | 4 221 | 4 687 | 467 | + 11 | 2,2 | 2,1 | 1,3 | - 13 |
| **Grand Nord-Est** | **33 481** | **36 558** | **3 077** | **+ 9** | **18** | **16** | **9** | **- 10** |
| Nord-Pas-de-Calais | 13 274 | 13 664 | 391 | + 3 | 7 | 6,2 | 1,1 | - 15 |
| Alsace | 7 439 | 9 227 | 1 788 | + 24 | 3,9 | 4,2 | 5 | - 4 |
| Lorraine | 8 124 | 8 288 | 164 | + 2 | 4,3 | 3,7 | 0,5 | - 10 |
| Franche-Comté | 4 644 | 5 379 | 734 | + 16 | 2,4 | 2,4 | 2,1 | - 4 |
| **Rhône-Alpes** | **22 524** | **30 080** | **7 556** | **+ 33,5** | **11,8** | **13,5** | **21,1** | **- 6** |

| | 1990 | 2011 | 1990-2011 | % 1990-2011 | % France 1990 | % France 2011 | % croissance nationale | % recul 2007/2009 |
|---|---|---|---|---|---|---|---|---|
| **Grand Ouest** | **20 241** | **28 829** | **8 588** | **+ 42** | **11** | **13** | **24** | **– 7** |
| Pays de la Loire | 9 506 | 14 049 | 4 544 | + 48 | 5 | 6,3 | 12,7 | – 7 |
| Bretagne | 6 539 | 9 414 | 2 875 | + 44 | 3,4 | 4,2 | 8 | – 6 |
| Poitou-Charentes | 4 196 | 5 366 | 1 170 | + 28 | 2,2 | 2,4 | 3,3 | – 5 |
| **Sud-Ouest** | **12 888** | **18 292** | **5 404** | **+ 42** | **7** | **8** | **15** | **– 7** |
| Midi-Pyrénées | 6 204 | 8 935 | 2 731 | + 44 | 3,3 | 4 | 7,6 | 0 |
| Aquitaine | 6 685 | 9 358 | 2 673 | + 40 | 3,5 | 4,2 | 7,5 | – 14 |
| **Grand Sud-Est** | **12 555** | **17 067** | **4 511** | **+ 36** | **7** | **8** | **13** | **– 9** |
| P.-A.-Côte d'Azur | 8 956 | 12 140 | 3 184 | + 35,5 | 4,7 | 5,5 | 8,9 | – 11 |
| Languedoc | 3 359 | 4 533 | 1 175 | + 35 | 1,8 | 2 | 3,3 | – 5 |
| Corse | 241 | 393 | 153 | + 63,5 | 0,1 | 0,2 | 0,4 | – 3 |
| **Massif central** | **5 966** | **6 992** | **1 026** | **+ 32** | **3** | **3** | **3** | **– 8** |
| Auvergne | 4 100 | 4 894 | 794 | + 19,5 | 2,2 | 2,2 | 2,2 | – 7 |
| Limousin | 1 866 | 2 098 | 232 | + 12,5 | 1 | 0,9 | 0,7 | – 10 |

Source : INSEE.

sables d'un tiers des pertes d'emplois industriels. Comme dans l'agriculture, ce processus permet en théorie de libérer un vaste volant de main-d'œuvre qui peut se consacrer à d'autres tâches ou fonctions, en particulier dans la sphère périproductive ou de la reproduction sociale. Cependant, la crise ouverte en 2007 se traduit par un véritable processus de désindustrialisation puisque la valeur ajoutée recule de – 9 % entre 2007 et 2009 avant de se stabiliser depuis. Comme l'indique le tableau 4.7, cette fragilisation des systèmes régionaux fait apparaître des trajectoires nettement différenciées. Au total, le poids de l'industrie dans la valeur ajoutée nationale tombe de 27,4 % en 1950 à 24 % en 1980 à 18 % en 2000 et seulement à 12,5 % en 2011, un des taux les plus faibles des grands pays européens.

Ces évolutions se traduisent par de profondes recompositions spatiales qui reflètent des trajectoires bien différenciées selon la spécialisation fonctionnelle et sectorielle des systèmes productifs régionaux. En vingt ans, l'Île-de-France, le Grand Bassin parisien et le Grand Nord-Est, qui étaient jusqu'ici au cœur du système industriel, reculent de 60,5 à 54,4 % de la valeur ajoutée industrielle nationale, du fait d'une croissance sensiblement inférieure à la moyenne nationale puisque cette grande région ne polarise qu'un quart de la croissance nationale. L'Île-de-France est la seule région, avec la Picardie, à connaître une véritable désindustrialisation, un processus amorcé depuis quarante ans : elle tombe de 23 à 18,5 % du potentiel national. On assiste aussi à la stagnation inquiétante du Nord et de la Lorraine frappés de plein fouet par la crise de leurs piliers traditionnels. À l'opposé, on doit relever la forte croissance de l'Alsace, très ancrée à l'espace rhénan, et de la Franche-Comté d'un côté, de la Haute-Normandie et du Centre de l'autre. Surtout, la *France autonome* connaît un dynamisme soutenu en passant de 34 à 40 % du potentiel national. Si le Rhône-Alpes confirme sont statut de deuxième région industrielle et passe de 52 à 73 % du potentiel francilien, le Grand Ouest, qui capte un quart de la croissance nationale de la valeur ajoutée, et le Sud-Ouest (15 %) sont les grands bénéficiaires du dynamisme industriel des vingt dernières années face à un Grand Sud-Est plus en retrait (13 %).

### *L'évolution de l'emploi industriel*

Pour sa part, l'évolution de l'emploi industriel connaît une évolution assez différente de la valeur ajoutée. Entre 1960 et 2012, l'industrie connaît deux périodes contrastées. Entre 1960 et 1975, elle passe de 4,8 à 5,15 millions de postes (+ 313 000, + 6,5 %). La période 1950-1970 est en effet celle d'une modernisation incomplète largement portée à la fois par les grands programmes gaullistes des industries techniciennes et par l'essor de la taylorisation et des bas salaires des branches déqualifiées privilégiant des productions de grande série à faible technicité dans le Grand Bassin parisien et le Grand Ouest. Alors que 700 000 emplois disparaissent dans des branches déjà en déclin (textile-habillement, cuir, charbon...), 1,6 million de postes nouveaux, pour beaucoup déqualifiés, sont créés, l'automobile, la mécanique et l'électricité – électronique doublant en vingt ans leurs effectifs.

**Tableau 4.8 Évolution de l'emploi par grandes branches (milliers d'emplois et %)**

| | 1960 | 1970 | 1980 | 1990 | 2000 | 2011 | 1980/2011 | % |
|---|---|---|---|---|---|---|---|---|
| **Industrie manufacturière et extractives** | **4 837,5** | **5 151,4** | **5 124** | **4 353,3** | **3 788,8** | **3 074,3** | **- 2 049,7** | **- 40** |
| **Mines, énergie, eau, déchets** | **272,3** | **278,5** | **272,1** | **270** | **275,8** | **292,7** | **+ 20,6** | **+ 8** |
| dont mines | 107,6 | 91,6 | 67,6 | 45,2 | 25,9 | 19,6 | - 48 | - 71 |
| dont électricité et gaz | 121,9 | 137,3 | 149,2 | 162,3 | 145,8 | 134,9 | - 14,4 | - 10 |
| dont eau, assainissement, déchets | 42,9 | 49,5 | 55,2 | 62,5 | 104 | 138,2 | + 83 | + 150 |
| **Agro-alimentaire** | **553,9** | **557,8** | **580** | **581,1** | **603,7** | **587,8** | **+ 7,8** | **+ 1** |
| **Cokéfaction et raffinage** | **33,2** | **22,3** | **16,3** | **14,2** | **9,3** | **7,1** | **- 9,2** | **- 56** |
| Équipements électriques, électroniques, informatiques | 479,8 | 600,9 | 664,8 | 598,1 | 532,1 | 361,9 | - 302,8 | - 46 |
| dont informatique, électronique et optique | 129,1 | 173,5 | 215,1 | 207,8 | 184,9 | 110,8 | - 104,3 | - 48 |
| dont équipements électriques | 90,7 | 121,6 | 151,4 | 140,8 | 124,8 | 84,8 | - 66,6 | - 44 |
| dont machines et équipements | 260,1 | 305,9 | 298,2 | 249,6 | 222,5 | 166,3 | - 131,9 | - 44 |
| **Matériels de transport** | **353,7** | **439,6** | **494,3** | **379,3** | **317,3** | **249,5** | **- 244,8** | **- 50** |
| **Autres produits industriels** | **3 144,6** | **3 252,3** | **3 096,6** | **2 510,7** | **2 050,7** | **1 575,3** | **- 1 521,3** | **- 49** |
| dont textile-habillement, cuir, chaussure | 1 051,2 | 888,4 | 708,8 | 469,7 | 266,6 | 118,1 | - 590,8 | - 83 |
| dont bois, papier et imprimerie | 312,8 | 354,4 | 357,7 | 334,6 | 285,1 | 211,7 | - 146 | - 41 |
| dont chimie | 173,1 | 200,1 | 210,8 | 192,8 | 150,3 | 116 | - 94,8 | - 45 |
| dont pharmaceutique | 43,1 | 52,9 | 66,5 | 70 | 64,6 | 68,8 | + 2,3 | + 4 |
| dont caoutchouc, plastique et autres | 363,2 | 432,5 | 436,6 | 368,8 | 342,9 | 271,4 | - 165,2 | - 38 |
| dont métallurgie | 719,3 | 779,3 | 751,3 | 591,9 | 516,2 | 427,1 | - 324,1 | - 43 |
| Autres | 481,8 | 544,6 | 564,9 | 482,9 | 425 | 362,2 | - 202,7 | - 36 |

Source : INSEE.

À partir de 1975, on assiste à un recul spectaculaire : en presque quarante ans, l'emploi industriel recule de – 2,5 millions (– 44 % des effectifs) pour retomber à 3 millions de postes en 2012, soit seulement 14 % de l'emploi total national. Si on accepte l'idée que les gains de productivité en suppriment un tiers, soit 833 000 postes, il reste la perte de 1,6 million d'emplois à expliquer. Trois facteurs d'explication interviennent : les recompositions fonctionnelles et des qualifications de la sphère productive, les restructurations stratégiques des branches industrielles pilotées par les groupes dominants dont nous avons souligné le poids croissant et, enfin, les délocalisations productives.

### *Le rôle majeur des qualifications de la main-d'œuvre*

Pour comprendre les différentes logiques sectorielles, il convient de bien identifier trois grands types d'industries selon leurs profils généraux de qualification de la main-d'œuvre, en dehors des industries extractives immédiatement liées aux gisements exploités et qui ont aujourd'hui quasi-disparu avec la fermeture des dernières mines de charbon ou de fer dans le Nord et la Lorraine dans les années 1980. Les *industries techniciennes* s'individualisent par le rôle des ingénieurs, techniciens et cadres (ITC) dans la conception et la production : ce sont les industries dites de haute technologie (aéronautique, électronique professionnelle, pharmacie, informatique...). Les *industries qualifiées* font appel à la fois aux ingénieurs et cadres mais surtout à de fortes qualifications ouvrières (biens d'équipement industriel, mécanique/robotique, matériel de précision, industrie électrique professionnelle, ferroviaire...). Enfin, les *industries spécialisées* emploient massivement des ouvriers non ou peu qualifiés (fonderie, caoutchouc, ameublement, plastiques, textile-habillement, agro-alimentaire, électronique grand public et électroménager...). Comme on peut le constater à travers l'exemple de cinq branches industrielles, ce clivage des qualifications traverse à la fois les branches et les rapports d'articulation Île-de-France/province.

**Tableau 4.9 L'opposition cadres/ouvriers spécialisés/ouvriers qualifiés dans cinq branches (% emploi)**

| | Agro-aliment. | | Textile-hab. | | Automobile | | Mat. électrique | | Chimie | |
|---|---|---|---|---|---|---|---|---|---|---|
| | IDF | Province | IDF | Province | IDF | Province | IDF | Province | IDF | Province |
| Cadres | 13,9 | 10,8 | 17,6 | 8,2 | 41,8 | 10,9 | 36,9 | 16,5 | 40 | 16 |
| Ouvriers qualifiés | 35,4 | 41,1 | 28,5 | 42,5 | 13,3 | 41,5 | 17,2 | 32,1 | 11,1 | 32,2 |
| Ouvriers non qualifiés | 9,7 | 23,2 | 14,5 | 24,8 | 13,5 | 24,2 | 7,7 | 19,6 | 8 | 14,1 |
| Total ouvriers | 45,1 | 64,3 | 43 | 67,3 | 26,8 | 65,7 | 24,9 | 51,7 | 19,1 | 46,3 |

Le processus de recul de l'emploi industriel s'accompagne d'une profonde transformation qualitative et quantitative des qualifications aux impacts territoriaux considérables. Ces trente dernières années, les ingénieurs et cadres passent de 3 à 8 % des effectifs de l'industrie (+ 130 %). Si cette hausse est considérable, elle ne doit pas masquer un sous-encadrement structurel de l'industrie française qui explique le processus de métropolisation (*cf.* chap. 3) et s'explique par le poids des fonctions périproductives qui captent une part notable de l'encadrement en France dans la sphère de la production. Par raccourci, on peut presque dire que les cadres sont partout… sauf dans les usines. Cette faiblesse structurelle est en partie compensée cependant par la montée des techniciens et agents de maîtrise qui passent de 25 à 34 % des effectifs (+ 9 %). Dans la composante ouvrière, on assiste à l'effondrement des emplois d'ouvriers non qualifiés (– 60 %, de 34 à 17 % de l'emploi) qui explique la crise des territoires tayloriens alors que les ouvriers qualifiés reculent eux aussi, mais de seulement 13 % et montent ainsi de 38 à 41 % des emplois totaux. Pour autant, si on a longtemps cru que seuls les postes d'ouvriers spécialisés étaient sacrifiés sur l'autel de la technologie et de la mondialisation, on constate cette dernière décennie une accélération des licenciements d'ingénieurs et de cadres (*cf.* électronique). En définitive, aucune qualification et aucune fonction ne se trouvent aujourd'hui en rade abritée.

On assiste à de brutales recompositions territoriales. Si en quinze ans, Toulouse gagne 6 000 postes (+ 9 %) ou Figeac + 600 (+ 20 %) du fait du boom de l'aéronautique, Paris perd 100 000 postes (– 31 %). Mais le recul est le plus spectaculaire dans les bassins du Grand Nord-Est (Roubaix : – 46 %, Lille : – 32 %, Lunéville : – 53 %, Longwy : – 49 %, Remiremont : – 47 %, Saint-Dié : – 36 %), dans les villes du Grand Bassin parisien (Dreux : – 53 %, Soisson : – 43 %, Évreux et Troyes : – 33 %, Amiens et Le Mans : – 25 %) ou de la France du Centre (Thiers : – 40 %, Montluçon : – 35 %, Limoges : – 25 %).

**Tableau 4.10 Évolution de l'emploi industriel par grandes régions**

| | 1989 | 2010 | diff. | diff. % | % 1988 | % 2010 |
|---|---|---|---|---|---|---|
| France | 4 550 571 | 3 292 474 | - 1 258 097 | - 28 | 100 | 100 |
| Île-de-France | 852 878 | 478 444 | - 374 434 | - 44 | 18,7 | 14,5 |
| Grand Bassin parisien | 972 379 | 667 346 | - 305 053 | - 31 | 21,4 | 20,3 |
| Grand Nord-Est | 856 852 | 575 499 | - 281 353 | - 33 | 18,8 | 17,5 |
| Grand Ouest | 554 760 | 514 884 | - 39 876 | - 7 | 12,2 | 15,6 |
| Rhône-Alpes | 550 156 | 418 428 | - 131 728 | - 24 | 12,1 | 12,7 |
| Grand Sud-Ouest | 332394 | 289111 | - 43283 | - 13 | 7,3 | 8,8 |
| Grand Sud-Est | 271 267 | 230 823 | - 40 444 | - 15 | 6 | 7 |
| Massif central | 159 885 | 117 939 | - 41 946 | - 26 | 3,5 | 3,6 |

Source : INSEE.

### *Redéploiement du capital et spécialisations sectorielles*

Au total, la France a connu structurellement depuis quarante ans des trajectoires sectorielles et fonctionnelles heurtées sur fond de difficultés croissances et généralisées de sa base industrielle productive comme en témoigne l'explosion du déficit commercial depuis 2004. Le solde des échanges industriel est dans le rouge dans presque tous les produits sauf l'agro-alimentaire : sur les cinq dernières années, le déficit cumulé atteint – 113,6 milliards d'euros, en particulier avec la Chine et l'Allemagne. Alors que les points faibles sombrent, les points forts s'érodent, la France perdant des parts de marché à l'exportation en Europe et dans le monde tout en étant de plus en plus incapable de faire face à ses propres besoins internes. La désagrégation progressive de la cohérence du système productif national, contrairement à l'Allemagne par exemple, est porteuse de contradictions internes qui éclatent avec la crise actuelle.

L'insertion dans la division internationale du travail a en effet sacrifié dans les décennies 1970-2000 de nombreuses branches industrielles (textile-habillement, métallurgie et mécanique, biens intermédiaires, biens de consommation, informatique...). Cette spécialisation s'est alors faite au profit des industries d'armement, de l'aéronautique (*cf.* succès d'Airbus) et du nucléaire civil et militaire (EDF, AREVA) portés par la mobilisation étatique issue des grands programmes gaullistes des Trente Glorieuses d'un côté, de l'agro-alimentaire (*cf.* chap. 2), de l'automobile, du luxe et de la pharmacie de l'autre. Mais nous

**Tableau 4.11 Évolution des emplois dans les équipements électriques, électroniques, informatiques**

| | 1998 | 2010 | Diff. | Diff. en % | % 1998 | % 2010 |
|---|---|---|---|---|---|---|
| France | 652 398 | 454 702 | - 197 696 | - 30 | 100 | 100 |
| Île-de-France | 140 428 | 80 371 | - 60 057 | - 43 | 21,5 | 17,7 |
| Grand Bassin parisien | 146 226 | 87 562 | - 58 664 | - 40 | 22,4 | 19,3 |
| Grand Est | 103 198 | 70 567 | - 32 631 | - 32 | 15,8 | 15,5 |
| Grand Ouest | 77 775 | 65 968 | - 11 807 | - 15 | 11,9 | 14,5 |
| Rhône-Alpes | 103 015 | 83 470 | - 19 545 | - 19 | 15,8 | 18,4 |
| Aquitaine | 14 442 | 11 940 | - 2 502 | - 17 | 2,2 | 2,6 |
| Midi-Pyrénées | 19 586 | 16 213 | - 3 373 | - 17 | 3 | 3,6 |
| Grand Sud-Ouest | 34 028 | 28 153 | - 5 875 | - 17 | 5,2 | 6,2 |
| Grand Sud-Est | 32 202 | 27 168 | - 4 023 | - 13 | 4,8 | 6 |
| Massif central | 16 526 | 11 443 | - 5 083 | - 31 | 2,5 | 2,5 |

Source : INSEE.

sommes aujourd'hui à la fin d'un cycle historique. Le plus inquiétant réside en particulier ces dix dernières années dans le fort recul de l'investissement productif de la branche d'équipements électriques, électroniques et informatiques qui témoigne de la fermeture massive d'usines de production, des nouvelles difficultés de la pharmacie et des industries d'armement et de la crise de l'automobile. Au total, le socle industriel et technologique national se délite sans qu'une claire relève sectorielle ou fonctionnelle d'envergure n'est été lancée ces trois ou quatre dernières décennies malgré quelques réussites ponctuelles mais fragiles (*cf.* Airbus).

Entre 1989 et 2011, la France perd 2,5 millions d'emplois dans l'industrie lourde (mines : – 63 %, coke-raffinage : – 47 %) ou de main-d'œuvre déqualifiée (textile-habillement : – 74 %) mais aussi dans les industries innovantes (électronique-informatique : – 30 %, pharmacie : – 2,5 %) ou stratégiques (machines, équipements, robotiques : – 29 %). Cette crise structurelle concerne toutes les qualifications, des ouvriers non qualifiés (– 671 000 postes, – 55 %) aux ouvriers qualifiés (– 182 000) et aux ingénieurs, cadres et techniciens (– 74 000). Ce recul touche d'abord pour des raisons sectorielles la France industrielle traditionnelle à l'est de la ligne Le Havre/Paris/Lyon, en particulier le Nord et la Lorraine. La crise concerne aussi pour des raisons fonctionnelles le Grand Bassin parisien (Picardie, Bourgogne...) élargi au Grand Ouest (Basse-Normandie, Pays-de-Loire, Bretagne) qui avaient été spécialisés dans l'emploi ouvrier déqualifié par la politique de décentralisation lancée par la DATAR à partir des années 1960. Enfin, certains petits bassins d'emplois des espaces intermédiaires ou de moyenne montagne (*cf.* Massif central) sont eux aussi touchés. À l'opposé, ce processus d'écrémage sectoriel et fonctionnel survalorise les grands espaces métropolitains.

Comme nous l'avons déjà souligné (*cf.* chap. 2), il est plus que temps pour la France et l'Union européenne de rompre avec les logiques passées en se dotant de véritables politiques industrielles, scientifiques et technologiques afin de remonter en gamme. Car, comme l'illustre l'Allemagne, il n'y a aucune fatalité au déclin industriel. Si ses *Konzerne* ont transféré à l'étranger une partie de leur appareil productif, en particulier en Europe centrale et orientale (automobile, mécanique...), non seulement ils ont gardé le contrôle des segments et fonctions les plus stratégiques mais ils n'ont cessé de moderniser leur appareil industriel en Allemagne même afin de répondre aux nouvelles demandes mondiales. Au total, le *Standort Deutschland* représente une quasi-inversion de modèle par rapport aux orientations structurelles du capitalisme français.

### La France : un capitalisme sans capital et sans capitalistes ?

Comme le souligne un dossier spécial du journal économique *Les Échos* publié en avril 2013, la France serait-elle un pays capitaliste sans capital et sans capitalisme ? De fait, « La France n'a jamais réussi à s'accommoder durablement d'actionnaires privés et puissants. Une situation qui place ses entreprises à la merci des prédateurs. » Il est vrai que l'État a toujours servi de béquille aux faiblesses du capitalisme français en intervenant massivement dès l'entre-deux-guerres, y compris par les nationalisations ou les sauvetages (*cf.* faillite du Crédit lyonnais) en mobilisant largement l'argent du contribuable. Ces vingt dernières années, la mondialisation, les privatisations, lancées par J. Chirac en 1986 puis accélérées par E. Balladur, A. Juppé et L. Jospin portés par la vague libérale, et les politiques ultra-libérales de la Commission de Bruxelles ont conjugué leurs effets déstabilisants sans que le système industriel et financier ne verrouille efficacement le capital de nombreuses grandes entreprises sur le modèle allemand. Et ce malgré l'affirmation soit de nombreux « champions nationaux » dans lesquels les anciennes entreprises publiques sont très nombreuses (Saint-Gobain, Société générale, Total, Crédit lyonnais, Rhône-Poulenc...), soit d'un capitalisme familial encore dynamique (Pernod Ricard, Bouygues, L'Oréal, LVMH, Lagardère, Pinault-PPR, Hermès, Michelin, Auchan, Gallimard, Galeries Lafayette...). Ce déficit stratégique s'est accompagné au plan du capital d'une transformation radicale dans le contrôle des capitalisations boursières des grandes sociétés en lien avec le déploiement du nouveau régime d'accumulation financière et l'intégration croissante des marchés financiers : plus de 45 % du capital des firmes du CAC 40 sont aujourd'hui dans des mains étrangères, contre un tiers en 1997, en particulier des différents Fonds financiers occidentaux ou des Fonds souverains des pays émergents. Globalement, la France souffre d'une pénurie d'investisseurs à long terme. Dans ce contexte, de nombreuses entreprises sont passées sous contrôle étranger comme la société de bourse Euronext, le sidérurgiste Arcelor devenu depuis ArcelorMittal, Péchiney aujourd'hui démantelé (etc.), d'autres ont disparu (Dexia, Thomson Grand Public) ou sont au bord du gouffre (AlcatelLucent, Peugeot). Enfin, la formation des élites, largement trustée par les Grandes Écoles (Polytechnique, ENA, HEC, Ponts et Chaussée, École des Mines, École centrale...) a largement joué en défaveur de l'industrie, des sciences et des techniques au profit de logiques de plus en plus gestionnaires et financières, contrairement à l'Allemagne là encore. Comme le souligne J.-L. Beffa dans le dossier, « Il faut revenir à un État stratège ». Paradoxalement, en effet, la France dispose de moins d'outils de protection de ses intérêts vitaux au plan économique, financier et industriel que... les États-Unis. Elle est loin aussi d'en avoir la volonté politique, du fait sans doute d'une large incompréhension des bouleversements géo-économiques et géopolitiques à l'œuvre depuis quinze ans et des paralysies d'un système communautaire européen à la dérive.

## Les industries déqualifiées : la crise des industries textiles

Au sein du vaste ensemble que constituent les industries déqualifiées, les industries du textile-habillement, du cuir et de la chaussure furent l'un des piliers de l'industrie française jusque dans les années 1960. À partir de cette date, cette industrie de main-d'œuvre, où les coûts salariaux représente 60 à 80 % des coûts de production et où la main-d'œuvre est sous-qualifiée et sous-encadrée, a été confrontée à plusieurs défis structurels transformant ses marchés, ses produits, son système industriel et sa géographie. Alors que les vieilles dynasties textiles se désengagent (*cf.* Mulliez) afin de valoriser leur capital dans les services (finance, ventes par correspondance, immobilier, tourisme...), on assiste à l'apparition d'un véritable Monopoly financier dans la gestion des actifs industriels, à une guerre commerciale exacerbée liée à l'ouverture de plus en plus large des frontières (*cf.* suppression des quotas d'importations pour la Chine en 2005) et à une rapide restructuration des grandes firmes dominantes. Dès 1992, 65 % de la consommation française est importée. Ces dix dernières années, le solde commercial présente un déficit commercial de 108 milliards d'euros avec un taux de couverture de seulement 63 %. La mise en concurrence des salariés se traduit par des transferts de plus en plus massifs des productions vers les pays à bas coûts salariaux (Asie avec la Chine, puis le Bangladesh ou le Cambodge, Bassin méditerranéen, Europe centrale puis orientale...). Dans ce processus, les firmes du textile-habillement (*cf.* Benetton, groupe Albert, Z Zannier, Lafuma, Bidermann, Zara, HandM, Dim, Devanlay...) comme les grands groupes de la distribution commerciale, qui sont devenus aujourd'hui économiquement et commercialement prépondérants (*cf.* Quelle, Auchan, Monoprix...), délocalisent de plus en plus massivement leurs achats et se transforment en distributeur de produits importés. Les délocalisations accélèrent en retour les transferts de technologies et de savoir-faire, la contrefaçon, le non-respect de la propriété intellectuelle et artistique et le détournement de trafic.

Ce processus se traduit par un effondrement des emplois et de la valeur ajoutée malgré la multiplication des plans d'aides ou de sauvegarde français ou communautaires. Si la valeur ajoutée augmente entre 1960 et 1974, elle s'effondre ensuite de – 65 % entre 1974 et 2012, témoignant ainsi de la disparition de pans entiers de l'appareil productif. Le choc social s'avère particulièrement violent puisque l'emploi recule de 1,5 million en 1960 à 709 000 en 1980 pour tomber à seulement 109 000 aujourd'hui, soit une perte de – 600 000 emplois en trente ans (– 85 %). Si l'emploi ouvrier qui représentait 72 % des emplois dans les années 1990 s'effondre, en particulier l'emploi non qualifié (– 31 %), l'emploi de techniciens recule aussi de – 30 % et celui des ingénieurs et cadres de – 17 % ces dix dernières années. L'effondrement de la base productive entraîne le déclin de tous les types de postes et de qualifications.

**Tableau 4.12 Les douze départements les plus touchés par les réductions d'emplois textiles**

| | 1998 | 2010 | Diff. | Diff. en % |
|---|---|---|---|---|
| Nord | 51 022 | 9 831 | - 41 191 | - 81 |
| Paris | 41 492 | 11 829 | - 29 663 | - 71 |
| Pas-de-Calais | 15 308 | 1 923 | - 13 385 | - 87 |
| Loire | 18 932 | 5 737 | - 13 195 | - 70 |
| Rhône | 17 498 | 5 105 | - 12 393 | - 71 |
| Vosges | 14 518 | 3 025 | - 11 493 | - 79 |
| Aube | 14 433 | 3 270 | - 11 163 | - 77 |
| Maine-et-Loire | 15 742 | 4 640 | - 11 102 | - 71 |
| Tarn | 11 191 | 1 589 | - 9 602 | - 86 |
| Haut-Rhin | 10 611 | 1 956 | - 8 655 | - 82 |
| Seine-Maritime | 9 462 | 996 | - 8 466 | - 89 |
| Vendée | 10 511 | 2 795 | - 7 716 | - 73 |

Source : INSEE.

Ces choix structurels de désinvestissement débouchent sur un vaste processus de désindustrialisation qui fragilise à l'extrême les anciennes bases textiles régionales (*cf.* Nord-Pas-de-Calais, Lorraine, Picardie). Une dizaine de départements dans lesquels le textile était la colonne vertébrale de l'industrie locale entrent en crise profonde (Aube : 40 % d'emploi industriel en 1990 ; Ariège : 35% ; Indre, Tarn et Vosges : 25 % ; Nord : 22 %). Dans les Vosges, certains bassins d'emplois sont à la dérive comme Remiremont (textile : 45 % des salariés de l'industrie), Saint-Dié (29 %) ou Épinal (26 %). La responsabilité des anciennes dynasties envers ces régions est d'autant plus écrasante que s'y étaient constitués de véritables fiefs de mono-activité en y bloquant toute diversification véritable afin d'avoir un contrôle absolu sur une main-d'œuvre, souvent féminine, maintenue dans la sous-qualification et les bas salaires, hypothéquant ainsi gravement tout développement régional novateur.

Dans ce contexte, le textile français se réoriente sur deux axes bien différents en jouant de l'innovation, de la créativité, des innovations immatérielles et de l'organisation des complémentarités de compétences entre donneurs d'ordre et façonniers (meilleure gestion des réseaux, réduction des délais de livraison et réactivité des réapprovisionnements pour les petites et moyennes séries...). Les segments haut de gamme de la mode et du luxe (LVMH, PPR-Gucchi, Chanel, Cartier, Hermès, Longchamp...) représentent 59 % de la

**Figure 4.5 Le Nord-Pas-de-Calais, une région industrielle**

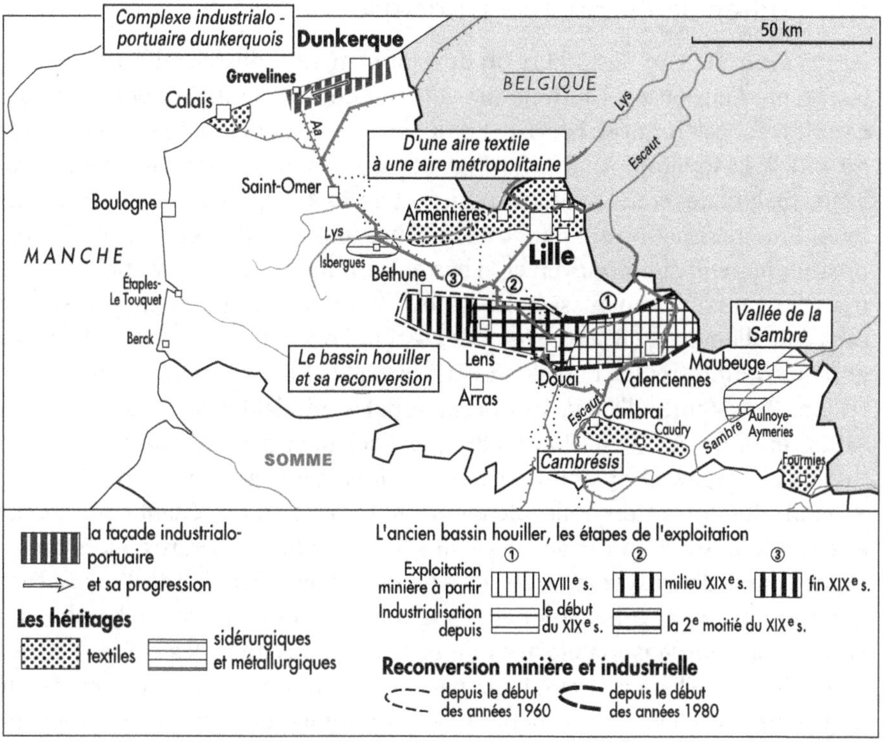


Source : Boyer J.-C., Carroué L., Gras J., Le Fur A., Motagné-Villette S., 2009, *La France, les 26 régions*, Paris, Armand Colin, p. 218 (2e éd.).

valeur joutée et mobilisent des bassins provinciaux comme le Choletais. De même, les textiles dits techniques (industrie, médical avec tissus antibactériens ou imper-respirants, transport, sport et loisir, bâtiment...) autour des fibres de carbone actif, des non-tissés à base de micro-fibres ou de fibres à haute résistance mécanique et thermique sont en plein développement alors que trois pôles de compétitivité tentent d'organiser la filière comme Pu-Tex dans le Nord, Textera en Rhône-Alpes sur les textiles haute performance et Alpes Grand Est Fibres sur la valorisation des fibres naturelles. Ces orientations se traduisent par un profond bouleversement de la géographie de la branche : la région Rhône-Alpes, portée par les textiles techniques, devient la 1re région textile avec 17,5 % des emplois, devant l'Île-de-France (16,7 %) plus spécialisée dans le luxe et le prêt-à-porter, le Nord (11 %) et les Pays-de-Loire (9,5 %).

## L'industrie automobile : l'entrée en crise d'un pilier de l'industrie française

Après avoir été l'un des piliers du développement industriel du pays durant les Trente Glorieuses, l'automobile voit son déclin, entamé depuis deux décennies, s'accélérer avec la crise. En dix ans, sa valeur ajoutée s'est effondrée de – 40 % et ses emplois de – 30 %, contrairement à l'Allemagne qui se développe malgré des coûts salariaux pourtant de 29 % supérieurs. Loin d'être une fatalité, cette situation s'explique en effet par une série d'erreurs stratégiques : positionnement sur le moyen et le bas de gamme très concurrentiel et où les marges sont faibles ou quasi-nulles face à l'abandon du haut de gamme sous la pression allemande (BMW, Mercedes, Audi, Porsche), choix technologiques et d'innovation (retard dans le moteur hybride et dans le véhicule tout électrique...), systèmes d'alliances internationales, modalités de l'internationalisation et enfin segmentation technique, sociale et géographique exacerbée du travail. Le pays connaît un véritable déclassement en tombant de 83 à 31 % de la production automobile allemande en trente ans, l'excédent commercial allemande passant en dix ans de + 43 à + 108 milliards d'euros, alors que la France passe d'un excédent de + 5,5 à un déficit de – 9 milliards d'euros. Face à la forte pression concurrentielle, à la montée des coûts de recherche et à la mutualisation des plateformes de base afin de réduire les coûts, Renault a conclu une alliance stratégique avec le japonais Nissan, ce qui en fait le 4e groupe mondial. En revanche, PSA a multiplié les accords ponctuels de coopérations avec de nombreux constructeurs sans grande cohérence d'ensemble. Enfin, les logiques rentières jouent aussi leur rôle : en douze ans, PSA – dont le groupe familial Peugeot détient un quart du capital et exerce 38 % des droits de vote – a mobilisé 6 milliards d'euros en dividendes ou rachats d'actions au profit de ses actionnaires et au détriment du développement du groupe et de l'accumulation de ressources financières lui permettant d'anticiper la crise actuelle. Il le paie aujourd'hui au prix fort en étant en quasi-faillite et sauvé par l'État, alors qu'un groupe chinois entre dans le capital.

### *Une crise profonde*

Entre 2000 et 2012, la production française des deux firmes tombe de 2,6 à 1,6 million de véhicules (– 38,5 %), celle à l'étranger monte de 1,4 à 3,9 millions (+ 178 %). Au total, la base française recule de 64 à 29 % de la production mondiale des deux groupes : PSA ne produit plus que 38 % de ses véhicules en France et Renault moins de 20 %. Au-delà de la conquête de nouveaux marchés étrangers (Chine, Russie, Brésil, Inde...), l'essentiel du basculement est dû à la délocalisation de la production des petits et moyens modèles vers les périphéries de l'Europe (Espagne, Roumanie avec Dacia, Slovénie, Slovaquie, Turquie, Maroc...) avant réimportation. Enfin, Renault s'est totalement désengagé du secteur poids lourds en vendant Renault Truck, ex-Renault Véhicules Industriels né de la fusion de Saviem et de Berliet, en 1978, au suédois AB Volvo Poids Lourds (14 000 emplois dans le Rhône, l'Ain et le Calvados) en décembre 2012 pour se désendetter. Au total, l'internationalisation des constructeurs français, qui ne contrôlent plus que la moitié du marché national, s'est réalisée en sacrifiant de plus en plus la base productive nationale tout en fragilisant largement leurs structures. Face à cette situation, les autorités se sont fortement mobilisées ces dernières années en fournissant des aides conjoncturelles (aide à la formation, chômage partiel, prime à la casse...), des aides à l'innovation (crédit impôt recherche, pôles de compétitivité comme : Mov'eo, Véhicule du futur, LUTB, iDfor-CAR) et des structures d'appui financier à plus long terme (2008 : Fonds stratégique d'investissement ; 2009 : Fonds de modernisation des équipementiers, plateformes de la filière automobile...). Si le ministère du Redressement productif réunit un Comité stratégique de la filière automobile autour de trois axes (structuration de la filière et chaînes de sous-traitance, priorités en recherche-développement et investissements et dialogue social), la question est bien d'engager une nouvelle révolution automobile fondée sur la transition énergétique, la course aux innovations, l'émergence de nouveaux marchés et l'essor de nouvelles mobilités.

**Figure 4.6 Le système automobile français**

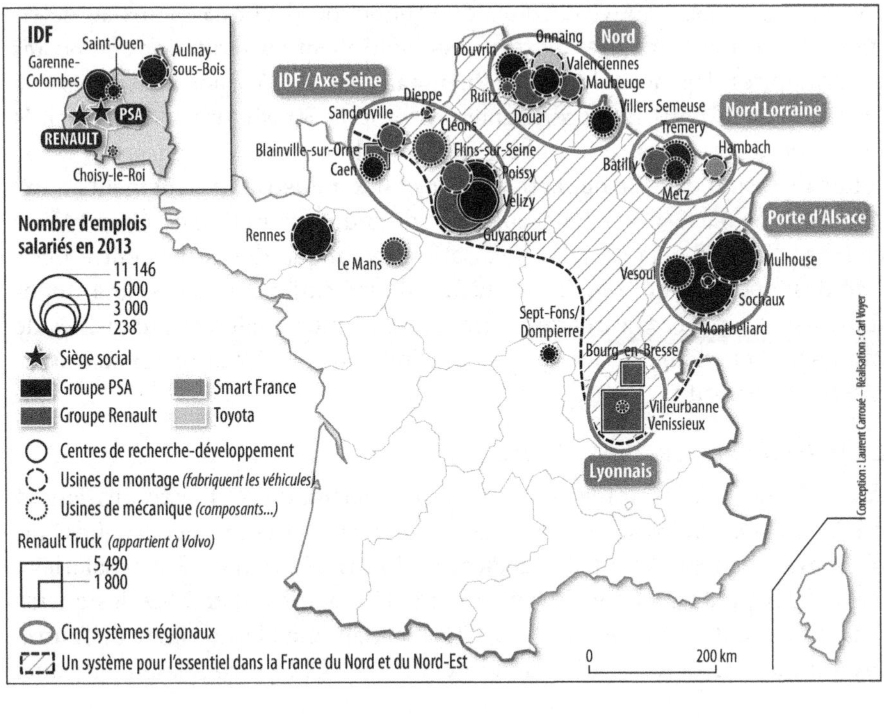

Car malgré leurs difficultés, Renault et PSA demeurent de grands groupes industriels aux potentiels technologiques (15 % des dépenses de recherche), industriels et humains considérables. Ils jouent un rôle territorial majeur dans l'organisation des systèmes productifs régionaux par leurs puissants effets d'entraînement dans l'industrie à l'amont de la filière (acier, aluminium et métaux non ferreux, caoutchouc et pneumatiques, mécanique, plastiques, textiles, chimie, équipements électriques et électroniques embarqués...) et les services (prestataires des services et de conseil, ingénierie et études techniques, transport-logistique, commercialisation...), en particulier dans tout le Grand Bassin parisien et dans toute la France du Nord et du Nord-est.

### *L'impact productif, social et territorial*

L'impact productif, social et territorial de ces bouleversements est considérable. En trente ans, l'emploi chez PSA et Renault en France est tombé de 320 000 à 129 300 (– 60 %), dont 53 300 chez Renault et 76 000 chez Peugeot. Le site PSA de Sochaux tombe de 39 000 salariés à 11 300 entre 1980 et 2012, celui de Renault – Flins tombe de 10 000 à 2 600 salariés entre les années 1990 et 2012. Ce déclin entraîne derrière lui l'ensemble d'une très vaste filière d'équipementiers et de sous-traitants représentant 215 000 postes en 2012 et, plus largement, de fournisseurs dans des branches industrielles très variées. L'équipementier Faurecia, filiale de PSA, est en train de transférer plus de 50 % de ses effectifs européens en Europe de l'Est en y programmant l'ouverture de sept nouveaux sites de production d'ici quatre ans au détriment des usines françaises alors que se multiplient les réductions de postes et fermetures d'usines (Goodyear Pneumatiques, TRW dans les Vosges et à Dijon, Visteon dans le Nord, General Motors à Strasbourg...). Au total, le déclin et la rétraction de la filière automobile – dont la géographie est la totale inversion de celle de l'aérospatiale et des industries d'armements – expliquent une partie non négligeable de la désindustrialisation du Grand Nord et Nord-Est. Au-delà de la spécialisation technique des usines entre deux grandes fonctions qui oppose les usines de mécanique internes au groupes fournissant les pièces essentielles (moteurs...) plus qualifiées aux usines de montage à la chaîne moins qualifiées, cinq sous-systèmes régionaux organisent ce dispositif.

### *L'axe Île-de-France/Basse-Seine*

Avec 15 000 salariés, il regroupe les sièges sociaux du XVI$^{e}$ arrondissement de Paris et de Boulogne et la recherche polarisée par deux gigantesques établissements au sud-ouest de l'agglomération (PSA Vélizy : 5 200 salariés ; Renault/Technocentre de Guyancourt : 9 300 salariés) d'un côté, les quatre usines de montage de Poissy, Flins, Cléon et Sandouville/Le Havre de l'autre. Prolongeant le berceau historique de Citroën (XV$^{e}$ arrondissement, quai de Javel) et de Renault (Boulogne-Billancourt, 30 000 salariés dans les années 1960-1970, symbole des luttes ouvrières et syndicales de 1936 à 1968), ces usines de montage naissent de la décentralisation industrielle, entre 1952 pour Flins et 1964 pour Sandouville. À l'emploi d'ouvriers immigrés non qualifiés en Île-de-France répond alors l'emploi d'ouvriers ruraux non qualifiés en Normandie. Cette décentralisation est complétée par les usines de Basse-Normandie auxquelles on peut aussi rattacher l'usine de Rennes ouverte en 1961. En Île-de-France, la fermeture en 2013-2014 de l'usine d'Aulnay – créée en 1973 et qui emploie 2 700 salariés sur un site de 170 hectares proche de Roissy – vient compléter le plan de charge de l'usine PSA de Poissy.

En Haute-Normandie, Renault ne représente directement que 27 % de l'emploi de la filière automobile régionale qui mobilise 27 000 salariés dans 354 établissements du fait d'une très large externalisation de la production et des services chez les principaux fournisseurs et réseaux de sous-traitants. Les grands sites de montage, comme ceux de Renault Cléon et Sandouville, se sont entourés à proximité immédiate de parcs industriels fournisseurs (PIF) regroupant des équipementiers travaillant en flux tendus (pièces en caoutchouc ou de mécanique de précision comme les engrenages, sièges, pare-chocs, joints d'étanchéité, glaces et rétroviseurs, instruments de précision, fluides comme liquides de frein et huiles...). Au-delà de la vallée de la Seine elle-même, tout un tissu de fournisseurs s'est installé dans les bourgs et villes moyennes des plateaux encadrant la vallée (Gournay en Bray, Vernon, Gisors, Évreux). Cet emploi est très largement ouvrier (75 %), peu qualifié (50 % non qualifiés) et sous-encadré. On retrouve bien là un exemple de la division socio-spatiale du travail organisée par la hiérarchie urbaine nationale et régionale (*cf.* chap. 3).

### *Le Sud-Alsace*

Au berceau parisien de Renault et Citroën répond en symétrie le berceau historique de Peugeot sur le sud de l'Alsace et la Porte d'Alsace qui emploie 22 300 salariés ; on peut donc le considérer comme le 1er pôle automobile français. Il s'articule sur quatre grands ensembles très proches et très intégrés (Montbéliard, Mulhouse, Sochaux et plus loin Vesoul) et se caractérise par une réelle mixité fonctionnelle avec de puissants bureaux d'étude et de développement, des productions mécaniques et des ateliers de montage. L'usine de PSA Montbéliard avec 11 000 salariés est la 2e usine française derrière Airbus/Toulouse et devant Michelin Clermont-Ferrand. On retrouve là typiquement le modèle historique rhénan, qui s'étend de la chimie baloise à la Ruhr allemande, dans lequel une grande firme internationale se dote d'un puissant potentiel productif très intégré fonctionnellement sur des bases locales et régionales et associant recherche, développement et production tout en mobilisant un vaste réseau de PME partenaires.

### L'impact régional des sites PSA de Sochaux et de Mulhouse sur le système productif régional

Si les établissements de Sochaux, Mulhouse et Montbéliard de PSA emploient directement 22 300 salariés, ils jouent un rôle majeur dans la structuration du système productif régional. Ils font en effet travailler indirectement par leurs commandes 7 600 salariés, soit 40 %, des 18 960 salariés employés dans les 107 établissements des fournisseurs et sous-traitants répartis entre l'Alsace, la Franche-Comté et la Lorraine dans un vaste bassin regroupant 700 communes. Si on y ajoute les 12 200 emplois induits procurés par la fourniture de biens et de service à cette main-d'œuvre industrielle (commerce, logement, transport, action sociale...), la présence de PSA dans la région génère au total 42 000 emplois directs, indirects et induits qui représentent 122 000 personnes en comptant les familles concernées. L'INSEE évalue en effet que 2,5 emplois directs et indirects génèrent un emploi induit. Les deux zones d'emplois de Montbéliard (52 %) et Mulhouse (34 %), où se trouvent les deux sites de production, les principaux fournisseurs, sous-traitants et les prestataires de service polarisent l'essentiel de ces emplois. Si l'influence économique et sociale de PSA est particulièrement importante dans les villes (Mulhouse, Montbéliard, Audincourt, Belfort où se trouve aussi un important établissement d'Alstom), elle est aussi considérable dans les communes périurbaines et rurbaines entourant ce vaste ensemble, en particulier dans tout le nord de la Franche-Comté, dans le sud de la Haute-Saône (Lure-Luxeul) et dans le sud de l'Alsace (Thann-Cernay, Guebwiller, vallée de la Doller, Altkirch). À travers cet exemple concret, nous sommes là au cœur de l'articulation géographique entre, premièrement, les fonctions concrètes et les fonctions abstraites de la sphère productive et, deuxièmement, entre la sphère de la production et la sphère de la reproduction sociale (*cf.* chap. 2).

Source : D'après *INSEE Alsace*, janvier 2010.

### *Le Nord-Pas-de-Calais*

Avec 16 000 salariés dans 16 usines de mécanique ou de montage (Douai, Douvrin, Valenciennes, Maubeuge, Ruitz et Onnaing) mais 35 000 emplois directs et indirects, la région est devenue une importante base automobile à partir des années 1970 dans le cadre de la stratégie de reconversion du bassin minier et des bassins sidérurgiques. Cette stratégie de substitution sectorielle a connu un réel succès du fait d'une main-d'œuvre plus jeune et relativement plus qualifiée que dans le Grand Ouest ou l'axe de la Seine comme en témoigne l'implantation du japonais Toyota à Onnaing. La dynamique démographique du Nord (forte natalité, faibles flux migratoires) a représenté un réel atout dans cette logique de substitution en offrant un potentiel de main-d'œuvre adéquat. À partir de ces bases, la région s'est dotée d'un véritable réseau productif régional. Fortement spécialisé dans l'automobile, le Nord-Pas-de-Calais voit cependant en cinq ans sa production automobile s'effondrer de 40 %, celle des moteurs de 18 % et ses effectifs salariés de 20 %, en particulier du fait de la disparition de 6 500 postes d'intérimaires qui servent de première variable d'ajustement. Pour autant, face à Rennes relativement isolée ou à la vallée de la Seine, le Nord semble prioritaire dans la réorganisation actuelle ou à venir de la filière. La filière y bénéficie d'une forte structuration institutionnelle (« Pôle automobile Nord Pas-de-Calais » avec l'État, la région et l'ARIA regroupant les industriels – constructeurs, fournisseurs, sous-traitants de rang 1 et 2 créée en 1996), d'un important réseau de 115 fournisseurs et sous-traitants, du fort engagement des collectivités territoriales régionales et locales et d'un bon système de formation, de laboratoires et de recherche.

### *Le Nord-Lorraine*

C'est le 4e pôle automobile national avec 11 600 salariés et cinq grandes unités de production (Tremery, Batilly, Villers Semeuse, Metz et Hambach). S'il fut constitué sur le même modèle de reconversion que le Nord et à peu près à la même période, il demeure cependant incomplet du fait d'un tissu industriel régional de moindre envergure que le Nord. Enfin, le système lyonnais constitué autour de Renault Truck dans les poids lourds avec 7 600 salariés dans trois établissements (Villeurbanne, Vénissieux, Bourg en Bresse) vient compléter le dispositif national. Lyon avec Berliet fut en effet aux côtés de Paris et du Sud-Alsace un des trois berceaux historiques de l'automobile française. On retrouve bien là la forte spécificité du système productif lyonnais et Rhône-alpin.

## Les industries techniciennes : l'aérospatiale et l'armement

Dans l'étude du système productif, il convient de consacrer une place spécifique au complexe militaro-industriel, très largement sous-étudié en géographie, alors qu'il constitue un facteur d'organisation majeur de la base technologique et industrielle et des dynamiques territoriales.

### *Le complexe militaro-industriel*

Si le terme de complexe militaro-industriel désigne initialement pour le Président Eisenhower en 1961 « l'alliance » et la «collusion d'intérêts » entre l'*establishment* militaire et le Pentagone d'un côté, les industries de l'armement de l'autre, on peut aujourd'hui le considérer comme un concept opératoire de l'analyse géographique sans logique polémique. Il doit être bien distingué cependant des armées proprement dites (*cf.* chap. 5). Historiquement, celui-ci va largement structurer les industries de hautes technologies et l'innovation à partir des années 1960 sous l'impulsion des grands programmes gaullistes (nucléaire, spatial, aéronautique, électronique professionnelle, navale, armements terrestres...). Le secteur va être organisé par la Délégation générale à l'armement (DGA), de grands établissements publics (CEA, ONERA...) et de grands groupes nationaux privés puis nationalisés en 1981 puis reprivatisés depuis (Aérospatiale, Dassault, Thomson...), même si l'État garde encore parfois aujourd'hui une partie du contrôle du capital. Actuellement, EADS/Airbus (133 100 salariés, aéronautique et spatial avec Airbus, Eurocopter, Astrium, Cassidian, ATR), né de la fusion d'Aérospatiale et de Matra en 1999, Thales (ex-Thomson militaire, électronique, 68 300), Safran (59 800, moteurs), AREVA (47 500, nucléaire), la DCNS (12 700, navale), Dassault (11 500, aviation), MBDA (missiles, 4 300) ou Nexter/Giat (2 900, armement terrestre) constituent le cœur du système tout en développant aussi de plus en plus les programmes civils du fait des évolutions des marchés.

En effet, la fin de la guerre froide, la baisse des budgets de défense, l'intégration européenne (Agence européenne de l'armement...), l'exacerbation de la concurrence en particulier étasunienne concernant les exportations (25 % prod./2010) ou l'explosion des coûts de conception et de développement des nouveaux systèmes d'armes contraignent depuis un dizaine d'années le secteur à de profondes restructurations alors que s'accélère la constitution de groupes européens et/ou la mutualisation des efforts de recherche. Pour autant, le facteur militaire demeure un vecteur nodal de l'industrie et de la recherche (R & D militaire : 3,58 milliards d'euros en 2010). Le projet de loi de programmation militaire 2014-2019 programme 190 milliards d'euros de dépenses, soit 30 milliards d'euros par an pour le fonctionnement (50 % budget, soldes des militaires...) et les achats d'équipement (50 %, achats d'armes).

Avec 165 000 emplois directs et plus de 100 000 salariés chez les sous-traitants et fournisseurs secondaires, le complexe militaro-industriel irrigue une large partie du système industriel et productif. Du fait de ses spécificités historiques et fonctionnelles, sa géographie représente cependant une totale inversion par rapport au système territorial de l'automobile. Les quatre régions du Grand Nord-Est ne représentent que 1 % de l'emploi du fait d'une large stratégie d'évitement alors que Rhône-Alpes est marginale (3 %). Face à l'Île-de-France, qui regroupe un tiers de l'emploi national, et à quelques pôles dans le Grand Bassin parisien (Cherbourg, Bourges, Vernon...), la principale caractéristique est le poids considérable de la *France autonome* : elle polarise plus de la moitié des emplois, dont 22,5 % dans le Grand Sud-Ouest, 13 % en PACA et 9 % en Bretagne. Cela s'explique très largement par la place centrale occupée par l'industrie aérospatiale dont l'activité a augmenté de + 71 % en dix ans grâce en particulier aux programmes civils qui passent de 67 à 77 % des activités.

### *Le système francilien*

Le développement du complexe militaro-industriel va jouer un rôle central dans la mutation du système productif francilien et sa géographie entre 1960 et les années 1990 : il y représente un quart de l'emploi industriel et la moitié de la recherche dans les décennies 1970-1980. Les activités militaires des firmes vont s'y organiser en dessinant un « croissant fertile » incorporant le XV^e^ arrondissement, les Hauts-de-Seine, le pôle de Vélizy et une partie des Yvelines et de l'Essonne dans lequel les nœuds d'interconnexion entre l'appareil étatique et les entreprises jouent un rôle central : les VII^e^, VIII^e^ et XVI^e^ arrondissements de Paris polarisent les fonctions de commandement politique (Gouvernement, États-majors, sièges sociaux) et le XV^e^ la DGA-DRET à la Cité de l'Air, Saint-Cloud la Sofresa (Société d'exportation de systèmes d'armes) et le siège de Dassault, Issy-les-Moulineaux la DGA-SEFT pour les télécommunications, Arcueil le DGA-ETCA, Châtillon et Meudon l'ONERA, Bretigny le Centre d'Essai en Vol pour l'avionique et l'aéronautique...

Fonctionnellement et socialement, le complexe militaro-industriel est aux fondements de la césure spatiale, sectorielle et socioprofessionnelle entre activités de hautes technologies et industries traditionnelles, en particulier en organisant une stratégie d'évitement qui survalorise le sud-ouest de l'agglomération, un phénomène qui se renforce dans les années 1985-2000 avec l'accélération des fermetures de sites en 1^re^ couronne au profit de nouvelles créations dans les Yvelines (Saint-Quentin-en-Yvelines, Guyancourt ou Magny-les-Hameaux) ou en province. Avec 50 000 emplois, les industries d'armements gardent encore aujourd'hui un rôle majeur avec, par exemple, Thales à Gennevilliers, la SNECMA à Villaroche et Évry (4 400 salariés), Dassault à Saint-Cloud (2 900 salariés), MBDA au Plessis-Robinson (2 600 salariés), la Sagem à Massy, les centres de la DGA (Bagneux, Saclay, Vert-le-Petit) ou le centre de la Direction des applications militaires du CEA d'Arpajon (2 000 chercheurs) qui accueille l'un des plus puissants complexes de calcul numérique d'Europe et du monde.

### Toulouse : un laboratoire public/privé pour mutualiser la recherche et l'innovation

À Toulouse a été créé en 2013 l'IRT-AESE, l'Institut de recherche technologique aéronautique-espace-systèmes embarqués. Cofinancé par l'État, le CNRS et les grands industriels (EADS, Safran, Thalès, Liebherr Aerospace) et des équipementiers (Actia et Zodiac Aerospace...), son objectif est de regrouper et mutualiser, en faisant collaborer des chercheurs d'entreprises parfois concurrentes, la recherche sur les « briques technologiques » des satellites et avions du futur afin de faire sauter un certain nombre de « verrous technologiques ». Installé sur le campus aéronautique de Montaudran, dans le sud-est de Toulouse, il rassemblera 200 chercheurs en 2016. Entre 2013 et 2020, son financement est partagé entre les industriels (47 %), l'État (47 %) et les collectivités territoriales (6 %). Ce projet mobilisera aussi le Centre national d'études spatiales (CNES), le CNRS et des universités de Toulouse et Bordeaux. Onze projets de recherche portant sur trois thèmes sont sélectionnés : les matériaux non métalliques pour l'aéronautique, la robustesse des technologies pour des aéronefs davantage électriques et les technologies de systèmes embarqués. Cet exemple témoigne à la fois de la difficulté à diffuser les innovations, du rôle central que peuvent jouer les institutions et les acteurs locaux dans la dynamique productive et des atouts que représente la métropolisation.

### *La* France autonome

Le développement des industries militaires a joué un rôle souvent déterminant dans la croissance industrielle et technologique de la *France autonome* à partir des années 1960, en particulier dans les métropoles de Bordeaux, Toulouse (*cf.* chap. 3) et Aix/Marseille et, dans une moindre mesure, de Rennes. Rappelons, par exemple, que la création de la force de frappe stratégique française joua un rôle central avec la création du Centre d'essai des Landes (CEL, 4 000 salariés dont 50 % de militaires) entre 1962 et 1964 afin de remplacer la perte de Colomb Béchard en Algérie, cette valorisation du « désert landais » faisant alors de Biscarosse la 3e ville des Landes ; tandis que la SEP (1 800 personnes) s'installait en 1964 à Saint-Médard-en-Jalles pour réaliser les propulseurs des missiles balistiques et que suivaient rapidement Aérospatiale, la SNPE, Dassault à Mérignac, Thomson CSF et Sextant Avionique apportant des milliers d'emplois d'ingénieurs et de techniciens.

Avec la réussite des programmes Concorde puis Airbus, le développement des activités civiles ou des technologies duales (civil/militaire comme dans le spatial, les hélicoptères) est venu alimenter ce processus cumulatif comme en témoigne aujourd'hui la réussite toulousaine et bordelaise. C'est ainsi qu'à Bordeaux, Thales vient de construire un nouvel établissement à Mérignac face au site de Dassault visant à réunir ses anciens sites du Haillan (conception et fabrication de cockpits d'aéronefs civils et militaires pour Airbus, Mirage, Rafale, ou ATR et hélicoptères) et de Pessac (radars aéroportés, calculateurs de mission, drones) avec l'aide du Conseil régional alors que l'armée a transféré à Bordeaux 700 salariés en charge du maintient en conditions opérationnelles (réparation, maintenance…) des matériels aéronautiques du ministère de la Défense. À Marignane, Eurocopter, membre du pôle de compétitivité Pégase, produit 500 hélicoptères civils et militaires par an en employant 12 000 salariés et induit 24 000 emplois chez 1 500 PME sous-traitantes et fournisseurs.

## Les activités périproductives d'intermédiation et de circulation

Comme l'ont montré les travaux de l'équipe Strates puis de l'INSEE à partir des années 1990-2000, la montée spectaculaire des services périproductifs de la sphère productive est inséparable de la mutation du schéma productif, des stratégies de gestion et d'organisation des firmes (externalisation, recours au travail intérimaire classé dans le « tertiaire » mais mobilisant 70 % de ses effectifs dans l'industrie, activités de négoce, commerce, maintenance, formation, adaptation clients...) et du redéploiement sectoriel et fonctionnel du capital aux échelles régionales, nationales et internationales. Cette recomposition du système productif s'accompagne de profondes réorganisations sociales, urbaines et territoriales. Cependant, contrairement à la sphère de la reproduction sociale et de l'économie résidentielle (*cf.* chap. 5), la géographie de ces activités d'intermédiation et de circulation sont géographiquement parmi les plus sélectives.

### La saisie des activités des services périproductifs : enjeux méthodologiques

La saisie économique (valeur ajoutée, investissements, entreprises...), sociale (emplois et qualification) et territoriale des services périproductifs se heurte au plan statistique à quelques difficultés méthodologiques du fait du découpage de la nomenclature d'activités françaises (NAF). À côté des approches fonctionnelles déjà utilisées dans cet ouvrage, l'INSEE classe aussi les activités économiques en grandes branches en continuant pour ce travail d'utiliser une approche ternaire primaire/secondaire/tertiaire (agriculture, industrie, bâtiment, « tertiaire marchand » et « tertiaire non marchand »), d'ailleurs aussi mobilisée par Eurostat à l'échelle communautaire et par les grands organismes internationaux (ONU, Banque mondiale...). C'est ainsi que dans le « tertiaire marchand », l'INSEE identifie trois grands ensembles : les transports, le commerce et les « services proprement dits » qui comprennent l'hébergement-restauration, l'information-communication, la finance, l'immobilier, les services scientifiques et administratifs et les autre services. Comme on peut le constater, certains d'entre eux renvoient d'un côté à la sphère productive, de l'autre à la sphère de la reproduction sociale alors que d'autres sont mixtes. Pour lever partiellement cette ambigüité méthodologique et afin de mieux saisir la réalité des services périproductifs, il convient donc de descendre assez finement dans les niveaux d'agrégation utilisés par l'INSEE, puisque la NAF se décompose en 5 grandes branches, puis 21 sections, 99 divisions elles-même divisées en classes et sous-classes. Une approche du système productif demande donc d'utiliser des classements méthodologiques assez fins, ce que ne font pas de nombreux travaux et publications sur les dynamiques du territoire français qui se condamnent alors à en rester à une approche ternaire dont nous avons portant vu en introduction le caractère archaïque.

## Un secteur très dynamique : un quart de l'emploi national

Les activités d'intermédiation et de circulation de la sphère productive, qui sont classées dans les « services marchands » mais s'adressent pour l'essentiel aux entreprises, passent de 2 millions d'emplois en 1960 à 3,7 millions en

1980 pour atteindre 6,5 millions d'emplois en 2011, soit une hausse de + 75 % ces derniers quarante ans. Entre 1980 et 2011, ils jouent un rôle économique, social et territorial croissant en passant de 17 à 25 % de l'emploi national total. Surtout, et nous sommes bien là au cœur de la mutation fonctionnelle du système productif, ils passent de 72 à 210 % de l'emploi de l'industrie manufacturière ; ils représentent donc aujourd'hui deux fois plus d'emplois que l'industrie traditionnelle elle-même. En dix ans, l'emploi progresse ainsi de + 46 % dans l'informatique, de + 33 % dans la programmation audiovisuelle et de + 31 % dans les activités juridiques et comptables. Les services aux entreprises et les activités financières réalisent aujourd'hui un tiers de la valeur ajoutée nationale. Ce secteur se caractérise par son fort dualisme du fait de la juxtaposition d'une profusion d'entrepreneurs individuels, d'où le poids des non-salariés, et de micro-PME d'un côté et de grands groupes fortement internationalisés de l'autre dont les marchés sont de plus en plus ouverts à la concurrence et dérégulés sous la pression de Bruxelles (télécommunication,

**Tableau 4.13 La montée des emplois des services d'intermédiation (milliers et %)**

| | 1960 | 1980 | 2000 | 2011 | 1980/2011 | 1980/2011 en % |
|---|---|---|---|---|---|---|
| Transports et entreposage | 802,5 | 1 062,7 | 1 245,3 | 1 312,4 | 249,7 | + 23,5 |
| Information et communication | 219,2 | 396,7 | 693,3 | 748,7 | 352 | + 88,7 |
| *dont édition, audiovisuel et diffusion* | *81,4* | *129,4* | *204,5* | *209,1* | *79,7* | *+ 61,6* |
| *dont télécommunications* | *81,4* | *135,8* | *150* | *123,8* | *– 12* | *– 8,9* |
| *dont activités informatiques* | *56,4* | *131,5* | *338,8* | *415,9* | *284,4* | *+ 216,3* |
| Activités financières et d'assurance | 264,6 | 661,3 | 702,9 | 805,3 | 144 | + 21,8 |
| Activités immobilières | 84,1 | 199,5 | 223,3 | 251,2 | 51,7 | + 25,9 |
| Activités scientifiques et techniques, services administratifs et de soutien | 633,8 | 1 369,8 | 2 788,6 | 3 315,7 | 1 945,9 | + 142,1 |
| *dont juridiques, comptables, gestion, ingénierie, contrôle technique* | *162,7* | *382,8* | *759,4* | *1 016,9* | *634,1* | *+ 165,7* |
| *dont recherche-développement scientifique* | *95,9* | *149,1* | *198,2* | *216,3* | *67,2* | *+ 45,1* |
| *dont autres activités spécialisées, scientifiques et techniques* | *69,8* | *137,3* | *233,1* | *231,5* | *94,2* | *+ 68,6* |
| *dont activités de services administratifs et de soutien* | *305,4* | *700,7* | *1 597,9* | *1 851* | *1 150,4* | *+ 164,2* |
| Total intermédiation | 2 004,3 | 3 690 | 5 653,4 | 6 436,5 | 2 746,5 | + 74,4 |
| % emploi national total | 10,1 | 16,8 | 23,5 | 25,3 | | |
| % emploi ind. manufacturière | 41,4 | 72 | 149,2 | 210,3 | | |

finance, transports routiers, aériens et ferroviaires…). Les activités financières (82 %) et l'information-communication (64 %) sont deux secteurs où les firmes transnationales occupent la majorité des emplois.

La dynamique géographique est enfin fortement marquée par le processus de métropolisation qui se caractérise en particulier par le rôle croissant joué par l'Île-de-France dans les activités stratégiques : en vingt ans, la région-capitale capte ainsi un tiers de la hausse de la valeur ajoutée dans les transports et les activités immobilières, 47 % dans les activités scientifiques, techniques et de services de soutien, 57 % dans la finance et l'assurance et 77 % dans le secteur information-communication. Au total, l'Île-de-France réalise aujourd'hui un tiers de l'activité transports-entreposage, 63 % de l'information-communication, la moitié des activités financières, 31 % des activités immobilières et 45 % des activités scientifiques et techniques. Au sensible renforcement de l'opposition Paris/province répond ensuite la concentration privilégiée de ces activités dans les grandes métropoles de province (Lyon, Grenoble, Toulouse, Rennes…) (*cf.* chap. 3).

## Les grands secteurs stratégiques

Au sein de ces activités périproductives, certains secteurs jouent un rôle stratégique dans la dynamique économique et productive des territoires.

L'immobilier et le secteur des activités immobilières (marchands de biens, location…), avec 201 000 emplois, est profondément dual entre la petite agence locale, les grands offices HLM et surtout les grands groupes immobiliers internationaux (promotion, location et vente d'immobilier de bureaux et d'entreprise, entrepôts, exploitants de centres commerciaux, parkings privatifs…). Ces derniers sont souvent adossés à de grands groupes financiers, de la banque et des assurances, français et étrangers. En particulier, le MIPIM (marché international des professionnels de l'immobilier) est un salon international qui se tient tous les ans à Cannes et qui réunit les professionnels du monde entier. Porté ces trois dernières décennies par la création d'une importante bulle spéculative et la montée des prix fonciers répondant à une logique rentière (entre 1997 et 2013, prix immobiliers dans le logement ancien en province : + 250 % ; Paris : + 350 %), ce secteur joue un rôle central dans le financement et l'organisation des grandes opérations immobilières reconfigurant les aires métropolitaines.

### Le secteur de l'immobilier d'entreprise : un acteur majeur des dynamiques économiques et urbaines

L'immobilier d'entreprise (bureaux, entrepôts, zones industrielles, hôtels, commerce) joue un rôle économique, financier et urbain majeur : ces douze dernières années, il représente un investissement de 200 milliards d'euros. Les banques, assurances et fonds de placement, français et étrangers, sont à la recherche d'une sécurisation de leurs investissements et d'une bonne rentabilité du capital. Si l'on insiste souvent sur l'internationalisation de l'industrie et des flux commerciaux, ce secteur n'échappe pas non plus à la règle avec la forte présence des investisseurs internationaux qui représentent plus de la moitié des capitaux (États-Unis, Royaume-Uni, Abu Dhabi, Qatar, Norvège) : en 2013, 40 % des investissements sont étrangers. À elle seule, l'Île-de-France représente 75 % du marché national devant les grandes métropoles comme Lyon, Lille, Aix/Marseille, Toulouse, Rennes ou Nantes.

Dans le marché des bureaux, l'Île-de-France est le deuxième marché d'Europe après Londres avec un parc qui est passé en vingt ans de 40 à 52 millions de m$^2$ (+ 30 %). Paris intra-muros polarise 39 % des investissements franciliens, dont 22 % pour le quartier central des affaires (QCA) ou *Triangle d'Or*, devant Paris Sud (10 %). On trouve ensuite les Hauts-de-Seine avec 34 %, dont 12 % à La Défense qui stagne du fait du vieillissement de ses infrastructures et de la saturation du pôle face à la forte croissance du croissant ouest (22 %). Face à cette hégémonie du pole décisionnel francilien, les 1$^{re}$ et 2$^{e}$ couronnes pèsent assez peu (12 et 15 %) avec quelques grandes opérations à La Plaine-Saint-Denis, à Gentilly (94, siège de Sanofi), Palaiseau (nouveau centre de recherche d'EDF de 33 000 m$^2$) ou Vitry (groupe Casino). Les loyers s'étalent de 520 €/m$^2$ dans le QCA à 425 €/m$^2$ à La Défense pour tomber à 219 €/m$^2$ en Seine-Saint-Denis. En province, les marchés immobiliers des grandes métropoles sont portés par d'importantes opérations de rénovation (Confluence et projet Incity à Lyon) et de nouvelles opérations de création de quartiers d'affaires comme celles liées à l'arrivée du TGV (EuraLille, Amphithéatre à Metz, Zac de la gare à Mulhouse, Euratlantique à Bordeaux, EuroRennes...).

Le secteur de l'information-communication (télécommunications, activités et services informatiques, édition, presse, médias et productions audiovisuelles, information économique et financière), avec 659 000 emplois, est dominé par de grands groupes spécialisés (Bouygues Télécom, France Télécom, Free, Orange, SFR, Canal +, France Télévision, IBM, Dassault Système, Oracle...). Il connaît un large boom porté par les productions audiovisuelles, l'explosion des marchés des télécommunications liés aux succès des portables et de l'Internet d'un côté et des services informatiques de l'autre. Ces activités sont très métropolitaines comme l'indiquent, par exemple, les activités informatiques et services d'information puisque l'Île-de-France polarisent 53 % des créations d'emplois nationales des quinze dernières années devant le Rhône (7 %) et la Haute-Garonne (5 %). Au total, 16 départements franciliens ou accueillant une grande métropole polarisent 84 % des emplois nationaux.

### Les sociétés de services en informatiques (SSII) : la polarisation métropolitaine des « cerveaux rares »

Au croisement entre activités de services, innovation et haute technologie et portées par les mutations scientifiques et techniques, les sociétés de services informatiques, les SSII, ont connu ces quatre dernières décennies une très forte croissance (programmation, conception et développement de logiciels, conseil et assistance). Face à la profonde pénurie de personnels qualifiés, on assiste à l'émergence de sociétés de services informatiques, pour beaucoup issues au départ des services informatiques des grandes banques, très nombreuses et puissantes (Accenture, Amadeus, Capgemini, Bull, Ausy, Sopra Group, Atos, Steria...) regroupant un nombre importants de « cerveaux » : elles passent de 131 400 à 256 500 salariés en trente ans (+ 95 %). Face aux besoins et à une politique malthusienne de formation/qualification, la réponse sociotechnique adoptée par les grandes firmes bancaires et industrielles dominantes est la mise en place progressive d'une gestion marchande des cerveaux à travers une redistribution des prestations intellectuelles dans le tissu économique et sur tout le territoire national. Cette stratégie de valorisation financière participe d'une organisation territoriale très polarisée : cet emploi est particulièrement localisé dans les grandes métropoles (Paris, Lyon, Toulouse, Rennes...), les cadres ingénieurs se déplaçant en province ponctuellement pour répondre à telle ou telle demande. Au sein de l'agglomération francilienne, la géographie et la dynamique de ces services jouent un rôle central dans l'organisation et les mutations de l'espace productif en étant polarisée sur l'espace central des VIII^e^ et IX^e^ arrondissements et dans le Sud-Ouest. La nette polarisation géographique est à mettre en corrélation avec le taux d'informatisation des régions, leur richesse, la présence de hautes technologies ou de segments industriels qualifiés, la demande solvable et les capacités endogènes de développement régional.

Enfin, comme nous l'avons déjà vu, les activités spécialisées, scientifiques et techniques (conseil, assistance juridique, comptable, ingénierie, contrôles et analyses techniques) où l'on retrouve en particulier les grands cabinets d'audit internationaux anglo-saxons (Deloitte & Associés, PricewaterhouseCoopers...) d'un côté et les activités de services administratifs et de soutien (822 000 salariés), qui apparaissent souvent comme des activités de main-d'œuvre (agences d'intérim, sécurité, nettoyage..., 80 % d'ouvriers et d'employés) complètent ce vaste ensemble.

### Les centres d'appel : taylorisation des services périproductifs et délocalisations

Dans le secteur des « activités de services et de soutien » se trouvent rangés, par exemple, les centres d'appel. Ces dernières décennies, on a vu se multiplier les centres d'appel qui sont des établissements, gérés par des firmes prestataires de services (Téléperformance...), spécialisés dans la relation à distance entre une entreprise donneur d'ordre (Orange, SFR, banques, assurances, automobile...) qui externalise cette fonction et sa clientèle *via* les réseaux téléphoniques ou Internet (dépannage et services après vente, numéros verts, vente par correspondance, publicité et prospection ou e-commerce...). Ces centres d'appel mobilisent en France 38 500 salariés, en général jeunes (moyenne : 31 ans), peu ou moyennement qualifiés (inf. bac : 21 % ; bac : 30 %, bac + 2 : 42 %), peu payés et très féminisés (70 %). Mais face à un *turn over* important et à la complexification des tâches, les nouveaux recrutements s'orientent sur des emplois en CDI mieux formés et plus diplômés. La géographie du secteur est organisée sur trois systèmes géographiques : l'Île-de-France qui regroupe 7 % des sites mais seulement 2 % des emplois ( 158 postes/site), la province avec 58 % des centres et 55 % des emplois ( 415 postes/site) et, enfin, les activités *offshore* à l'étranger avec un tiers des centres et 42 % des effectifs (571 postes/site). Si l'Île-de-France demeure donc marginale, on a assisté ces dernières années à d'importantes créations soit dans les régions du Grand Bassin parisien (Bourgogne, Picardie, Poitou-Charentes, Centre...), soit dans le Grand Nord-Est (Nord, Lorraine) en difficulté. Mais, alors que le coût salarial représente environ 70 % du coût total de fonctionnement, les firmes du secteur ont opéré cette dernière décennie à de nombreuses délocalisations vers des pays à bas coûts salariaux de langue française (Maghreb, Île Maurice, Madagascar...), un poste en Tunisie - par exemple - revenant trois fois moins cher qu'en France métropolitaine. En 2010, Teletech International ouvre ainsi un centre de 600 salariés dans un ancien site industriel en reconversion d'Amora Maille à Dijon qui complète ses sites de Paris, Rennes, Laval, Toucy (89), Toulaud et Saint-Afrique (plus Madrid, Barcelone et Rabat), alors que Webhelp, qui emploie 16 500 salariés dans le monde (France, Maroc, Algérie, Roumanie, Belgique, Madagascar, Royaume-Uni), ouvre un centre de 350 salariés à Montceau-les-Mines.

Dans le secteur de la banque, de la finance et des assurances (*cf.* chap. 2), une vingtaine de réseaux bancaires, compagnies d'assurances et banques d'affaires concentrent près de 75 % des salariés du secteur, les petites banques régionales étant de plus en plus rares face à la concentration croissante du secteur. Il s'agit principalement de grandes entreprises sous contrôle français (Société générale, BNP-Paribas, Crédit lyonnais, Crédit agricole, BPCE Caisses d'épargne, Crédit mutuel CIC, Groupama, Axa, Banque Rostchild...). Au cœur du nouveau régime d'accumulation financière qui se déploie largement en Europe et dans le monde avec les mesures de dérégulations lancées dans les années 1980, ces firmes ont acquis un pouvoir financier, économique et politique considérable.

Géographiquement et économiquement, le secteur est organisé autour de deux activités principales et complémentaires. Premièrement, les banques quadrillent le territoire national de leurs agences locales, départementales et régionales afin de drainer le bas de laine des Français et de financer l'activité des ménages et des entreprises (artisans, commerçants, ménages...) ; c'est la *banque de détail* dont la géographie se moule sur les densités de populations, la dynamique économique régionale et le pouvoir d'achat et la richesse locale. Deuxièmement, la *banque de financement et d'investissement* (BFI) représente les activités européennes et internationales des firmes et intervient sur les grands marchés internationaux des capitaux (actions, obligations, matières premières, produits dérivés...) en étant étroitement connectée aux autres grandes places financières, en particulier Londres et New York, aux infrastructures des marchés et aux nombreuses filiales localisées dans le monde, en particulier dans les paradis fiscaux. Les BFI sont localisées en France pour l'essentiel en Île-de-France (Paris et les Hauts-de-Seine) qui sert ainsi d'interface fonctionnelle entre l'espace national, européen et mondial. Cela explique que Paris (18 %) et les Hauts-de-Seine (12 %) polarisent 30 % des emplois nationaux et dix départements la moitié. Un employé ou un cadre des banques n'a donc pas du tout la même qualification, la même fonction et le même salaire selon qu'il travaille dans une agence de quartier d'un chef-lieu de canton ou dans les salles de marché d'une tour de La Défense.

### L'organisation économique et spatiale de la Société générale

La Société générale est, avec BNP-Paribas et le Crédit lyonnais (« les trois vieilles »), un des trois piliers de la finance française. Affaiblie par la crise des *subprimes*, elle a frôlé la faillite lors de l'« affaire Kerviel » à l'hiver 2008 qui déboucha sur 5 milliards d'euros de pertes en spéculant sur les marchés financiers, mais fut sauvée par un prêt de 3,4 milliards d'euros de l'État. Avec sa filiale le Crédit du Nord, elle compte 154 000 salariés, dont 58 000 en France (38 %), répartis dans 76 pays. Elle est organisée autour de trois piliers. Premièrement, sa « banque de détail » qui dispose de 62 milliards d'euros de dépôts et de 63 milliards d'euros de crédits. En France, elle compte comme clients 11 millions de particuliers et 615 000 entreprises grâce à ses 3 176 agences couvrant le territoire. Dans le monde, elle compte aussi 14 millions de clients dans 36 pays couverts par 3 750 agences (Belgique, Italie, Pologne, Russie, République tchèque, Roumanie, Maroc, Cameroun, Côte d'Ivoire...). Avec la crise, elle se désengage de Grèce (Geniki), d'Égypte (NSGB vendue au Qatar) et de Biélorussie où elle a perdu beaucoup d'argent. Cet ensemble est complété par un département « services financiers spécialisés et assurances » (assurance-vie, prévoyance, dommages...). La « Banque de financement et d'investissement » ou *Société Générale Corporate and Investment Banking* (SG CIB) prend en charge, avec 85 000 salariés dans 65 pays, la banque privée réservées aux personnalités les plus riches (Private Banking), la gestion d'actifs et de titres (Amundi, Générale Securities Services, courtage sur produits dérivés avec Newedge...) et les services aux investisseurs. À la fin de l'année 2012, les encours d'actifs sous gestion s'élevaient à 193 milliards (86 milliards d'euros pour la Banque privée, et à 107 milliards d'euros pour la gestion d'actifs) auxquels s'ajoutent 3 449 milliards d'actifs en conservation. La SG CIB est localisée pour l'essentiel dans la tour de La Défense et dans le XV^e^ arrondissement de Paris et à l'étranger à Londres, Zurich, Luxembourg, Singapour, New York et Houston, entre autres localisations.

## Les transports et la logistique : une fonction périproductive névralgique

Les mutations sociales et économiques et l'internationalisation des acteurs, des produits et des marchés se traduisent par l'explosion de la mobilité, de la circulation et de l'échange d'hommes, de marchandises, de capitaux et d'informations qui font de la fonction logistique une activité périproductive au rôle névralgique. Les emplois dans cette fonction se montent à 1,4 million de postes, dont 79 % d'ouvriers, et la dépense totale de transport des ménages, des entreprises et de l'État représente 18,6 % du PIB, dont 80 % pour les investissements d'équipements et d'infrastructures. On assiste en particulier sur la longue durée à une explosion des flux, malgré un sensible recul depuis 2007 du fait de la crise dans certains segments. Dans le transport de marchandises dont les volumes augmentent de presque la moitié en presque trente ans, on assiste à un report modal du fluvial et surtout du rail vers la route qui passe de 58 à 84 % des flux totaux du fait d'une stratégie du tout-routier nationale et communautaire (36,5 % du transport routier sous « pavillon étranger ») et à une hausse sensible des flux de transit, multipliés par sept, du fait de l'intégration communautaire et de la position nodale de la France entre l'Europe du Nord et l'Europe du Sud.

**Tableau 4.14 Évolution du transport de marchandises (milliards de tonnes/km)**

| | 1984 | % 1984 | 2000 | 2012 | % 2012 | Diff. 1984/2012 | Diff. en % |
|---|---|---|---|---|---|---|---|
| Transport ferroviaire | 57,7 | 26,6 | 57,7 | 32,6 | 9,6 | - 25,2 | - 44 |
| Transport routier | 125,9 | 57,9 | 276,9 | 283,4 | 83,6 | + 157,6 | + 125 |
| Transport fluvial | 8 | 3,7 | 7,3 | 7,7 | 2,4 | - 0,2 | - 3 |
| Oléoducs | 25,9 | 11,9 | 21,7 | 15,2 | 4,5 | - 10,7 | - 41 |
| Total | 217,4 | 100 | 363,5 | 338,9 | 100 | + 121,4 | + 56 |
| *National* | *145,3* | *66,8* | *218,1* | *211,5* | *62,4* | *+ 66,2* | *+ 46* |
| *International – échange* | *66,4* | *30,6* | *97,1* | *81,6* | *24,1* | *+ 15,2* | *+ 23* |
| *Transit* | *5,7* | *2,6* | *48,3* | *45,8* | *13,5* | *+ 40* | *+ 699* |

Source : ministère des Transports.

Dans le transport des personnes, la hausse des flux est de + 32 %, portée en particulier par l'usage de la voiture individuelle qui représente 84 % des mobilités. Face au déclin du réseau ferroviaire traditionnel qui recule de – 40 %, du fait en particulier de la fermeture de 52 % du réseau secondaire depuis 1980, le réseau TGV, qui tend à relier en étoile Paris aux grandes métropoles, connaît un réel succès commercial. Mais face au surendettement de la SNCF et de

Réseau Ferré de France (38,5 milliards d'euros de dette) et au délabrement des réseaux régionaux (TER) et franciliens (RER), la politique du tout TGV (2 300 km de lignes) est officiellement remise en cause par le gouvernement au printemps 2013. Cette question renvoie plus généralement aux profonds déséquilibres introduits par la politique de libéralisation et de privatisation (8 500 km des sociétés d'autoroute pourtant particulièrement rentables, 7 grands ports, aéroports…) adoptée depuis vingt ans et par le transfert massif de l'État vers les collectivités territoriales de nombreuses infrastructures.

**Tableau 4.15 Évolution du transport des personnes (milliards de voyageurs/km)**

| | 1990 | 2000 | 2012 | Diff. 1990/2012 | Diff. en % | % 2012 |
|---|---|---|---|---|---|---|
| **Véhicules particuliers** | **617,3** | **754,4** | **815** | **197,7** | **32** | **83,9** |
| **Autobus, autocars** | **40,6** | **42** | **51,6** | **11** | **27** | **5,3** |
| dont urbains et interurbains hors IDF | 10,6 | 13,9 | 16,3 | 5,7 | 54 | 1,7 |
| dont Île-de-France (hors RATP) | 0,9 | 1,2 | 1,8 | 0,9 | 106 | 0,2 |
| dont autobus et tramways RATP | 2,2 | 2,5 | 3,1 | 0,9 | 44 | 0,3 |
| **Transports en commun ferroviaires** | **74,2** | **80,7** | **104,3** | **30** | **40** | **10,7** |
| SNCF | 63,7 | 69,1 | 89,1 | 25,3 | 40 | 9,2 |
| *TGV* | *14,9* | *34,5* | *54* | 39,1 | 262 | 5,6 |
| *Réseau principal hors TGV* | *38,9* | *25,5* | *22,9* | - 15,9 | - 41 | 2,4 |
| *Réseau Île-de-France SNCF/RATP* | *19,7* | *19,3* | *24,9* | 5,2 | + 26,3 | 2,5 |
| Métro de province | 0,8 | 1,4 | 2,4 | 1,7 | 211 | 0,3 |
| **Transports aériens** | **11,4** | **15,1** | **14** | **2,6** | **23** | **100** |
| **Ensemble** | **743,6** | **892,2** | **984,9** | **241,3** | **32** | **NS** |

Source : ministère des Transports.

Si le système de transport et logistique fonctionne bien sûr à toutes les échelles géographiques, son étude dans le cadre du système productif doit mettre l'accent en priorité sur ses grandes fonctions internationales, nationales et régionales en identifiant la polarisation et la spécialisation des structures fonctionnelles organisées par les grands sas de connexion aux marchés européens et mondiaux, les grands nœuds métropolitains et les grands axes et corridors de transit et d'échange. À l'échelle mondiale, les liaisons maritimes sont polarisées par deux grands pôles métropolitains et portuaires d'un poids équivalent qui desservent de vastes arrière-pays : Marseille pour la Méditerranée (32 % tonnages nationaux), Le Havre/Rouen (32 %) qui s'inscrit dans le puissant ensemble de la *Nothern Range*. Les liaisons aériennes internationales, d'hommes et de fret, sont polarisées à 80 % par l'ensemble Roissy/Orly (86 millions de passagers) qui sert de *hub* mondial à Air France, devant Nice (11) et Lyon (8,3).

### Le Havre : un vaste complexe industrialo-portuaire

Avec 68,6 millions de tonnes de fret au Havre et 25,4 millions à Rouen (exportations céréalières du Grand Bassin parisien), l'axe de la Basse-Seine constitue un puissant axe logistique et industrialo-urbain d'une densité exceptionnelle structurant la fenêtre maritime de l'Île-de-France. Au débouché maritime, le port du Havre - fondé par François Ier - est devenu un vaste complexe industrialo-portuaire (CIP) représentant 32 000 emplois pour une zone d'emplois regroupant au total 141 000 salariés. Les fonctions maritimes et portuaires représentent 15 000 emplois dans la gestion (autorités portuaires, douanes, administrations), les services aux navires (agences maritimes, pilotage, remorquage), la manutention et l'entreposage et les services (assurances, conseils, expertises, agences maritimes, transitaires-commissionnaires...). Elles sont complétées par une importante base industrielle (automobile-aéronautique, pétrochimie, énergie : Renault Sandouville, Total, Chevron, AREVA Wind, Aircelle dans la construction de nacelles pour moteurs d'avions...) de 10 000 emplois et de services périproductifs (5 000 postes, ingénierie, services, transports). Le Havre est le 5e port de la *Nothern Range* pour les containers (60 % du trafic national) et importe un tiers du pétrole français (avant-port d'Antifer). Les grands travaux d'aménagement du projet Le Havre Port 2000 ont permis de relancer le trafic maritime et d'attirer les grands armateurs mondiaux spécialisés dans les conteneurs (Maersk et CMA-CGM, puis MSC en 2012). Le Havre est devenu en une dizaine d'années un important port de transbordement pour la desserte de l'hinterland, mais aussi pour la desserte d'autres destinations : en 2012, les tonnages des conteneurs y ont dépassé ceux du pétrole brut. L'aire d'influence du marché du travail havrais polarise ainsi une large aire régionale. Dans le cadre du grand projet d'aménagement de l'axe de la Seine, les autorités portuaires du Havre, Rouen et Paris (1er port fluvial français) ont créé le groupement d'intérêt économique (GIE) HAROPA afin de définir une stratégie commune et coordonner le développement maritimo-fluvial, tout en intégrant comme ports partenaires ceux de Cherbourg, Caen, Fécamp, Dieppe et Le Tréport. L'activité maritime y est enfin aussi portée par les trafics des ferries vers le Royaume-Uni et la montée en puissance des croisières maritimes touristiques actuellement en plein développement en Mer du Nord et dans la Manche (attrait local et visite en cars vers Paris dans la journée). À moyen terme, le système HAROPA souhaite supplanter les ports de Brême et d'Amsterdam pour devenir le 4e port européen derrière Rotterdam, Anvers et Hambourg.

Source : D'après *INSEE Normandie*, fév. 2013.

**Figure 4.7 La Basse-Seine : un puissant axe industrialo-portuaire et logistique**

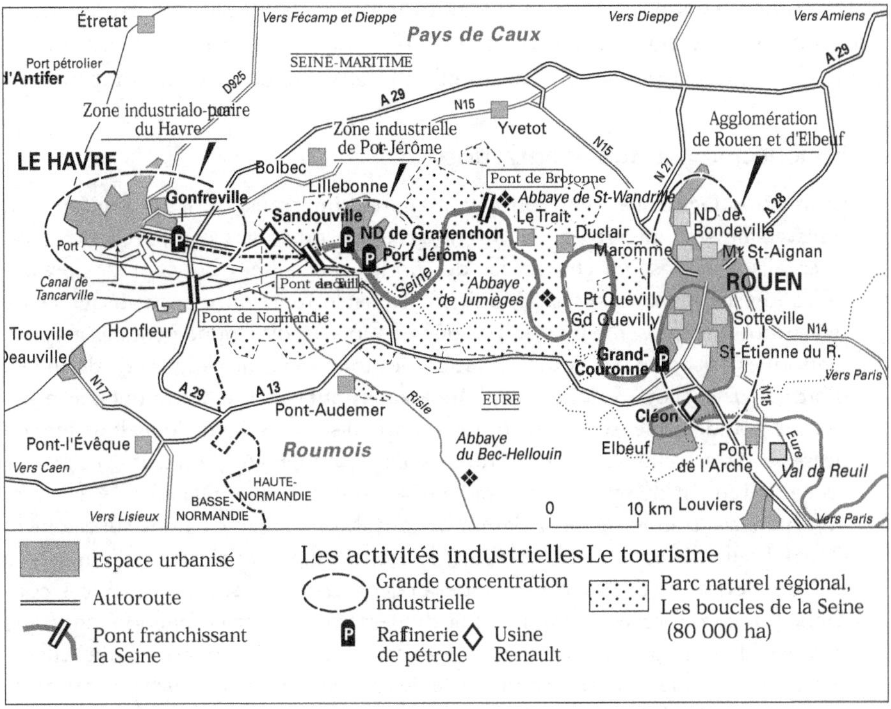


Source : Boyer J.-C., Carroué L., Gras J., Le Fur A., Montagné-Villette S., 2009, *La France. Les 26 régions*, Paris, Armand Colin, p. 251.

À l'échelle européenne, la France est de plus en plus intégrée à des réseaux transeuropéens autoroutiers et ferroviaires définis dans le cadre de schémas communautaires d'aménagement. Du fait de sa position nodale entre Europe du Nord et rhénane et Europe du Sud, la France joue un rôle majeur dans le transit continental qui se superpose aux flux nationaux. Face à l'explosion du trafic routier, le maillage autoroutier a connu un fort développement des itinéraires de délestage (autoroute des estuaires, traversée du Massif central...) afin de désengorger les grands axes Nord/Sud (autoroute A1, vallée du Rhône...). En effet, seulement 1,5 % du réseau routier accueille 25 % de la circulation totale et 50 % de la circulation poids-lourds. Le tout a été complété par la création d'un réseau de train à grande vitesse (TGV) qui se connecte aux réseaux allemands, anglais *via* le Tunnel sous la Manche et du Bénélux et bientôt italien (construction en cours). Mais face au tout routier, le développement de mode alternatif (ferroutage, « autoroutes » de la mer...) est devenu un enjeu majeur d'aménagement et de développement durable. Dans le transport fluvial, la Basse-Seine – qui relie Le Havre/Rouen/Paris et le Rhin avec Strasbourg captent l'essentiel du trafic. Dans les oléoducs, deux axes polarisent 85 % des flux, la Basse-Seine entre Le Havre et Paris pour moitié, l'axe Marseille/Rhône/Rhin pour 40 %. Ces différentes mobilités débouchent sur de profonds contrastes territoriaux. Ils opposent les grandes métropoles et les grands axes nationaux et internationaux souvent saturés du fait de la superposition de puissants flux locaux, régionaux, nationaux et européens à une large partie du territoire national qui demeure en position marginale.

### Fonction logistique et entrepôts

La fonction logistique – entreposage, manutention, transport – est une fonction transversale soit intégrée à de grands groupes industriels ou marchands, soit externalisée et prise en charge par des firmes spécialisées qui sont des prestataires logistiques spécialisés (Géodis...). La seule fonction d'entreposage et de redistribution représente plus de 100 000 emplois. Le développement des groupes logistiques est porté par l'externalisation des fonctions chez les grands donneurs d'ordres (*cf.* ND Logistic à Coudray-Montceaux pour Nestlé et Carrefour). En effet, chaque grande firme, selon ses stratégies, organise son schéma logistique afin de desservir ses marchés régionaux (Franprix, Décathlon, FNAC, Amazon...) à travers un emboîtement de ses aires de chalandises. Amazon quadrille ainsi le territoire avec quatre entrepôts géants à Saran/Orléans, Montélimar, Chalons-sur-Saône et Douai. En Île-de-France, qui représente la moitié du potentiel national, on assiste à la survalorisation de l'est et du sud de la région et de la 3e couronne, voire 4e couronne (Orléans, Troyes, Reims) du fait du desserrement de la fonction logistique renvoyée dans les périphéries périurbaines du fait des coûts fonciers et de l'engorgement de la zone centrale. En province, le rôle de la hiérarchie urbaine est assez net avec une sensible polarisation sur le Grand Lyon, qui ne représente pourtant que 20 % du potentiel francilien, devant Aix/Marseille, Lille et Strasbourg. Dans ces grandes métropoles, on assiste comme en Île-de-France a une valorisation très hiérarchisée de l'espace régional comme l'indique le développement de grandes zones logistiques péri-métropolitaines (*cf.* sud-est de Lyon sur l'Île d'Abeau au carrefour autoroutier de l'A6/A7 nord/sud avec l'A43 vers l'est ou au sud et à l'est de Lille autour de Lequin, Hem et Hénin-Beaumont). Enfin, à l'échelle nationale, on assiste à une nette polarisation sur le grand faisceau logistique qui traverse le pays nord/sud (90 % total national) de Marseille à Lyon, Dijon, l'Île-de-France et Lille. Une entreprise de distribution liée au e-commerce comme Amazon construit ainsi deux grands entrepôts à Lauwin-Planque (Nord) et Dijon.

Enfin, la France a connu ces dernières décennies une véritable révolution numérique, cependant encore inachevée. Après la généralisation du téléphone fixe entre 1974 et 1981, le taux d'équipement des ménages entre 1998 et aujourd'hui passe de 4 à 85 % en téléphone mobile, de 23 à 77 % en ordinateur et de 4 à 69 % pour l'Internet bas et moyen débits. Mais l'essor spectaculaire de nouveaux services et de nouveaux usages (Internet mobile 3e et 4e générations...) exigent de nouvelles infrastructures à très haut débit (fibre optique). Ce retard se traduit par une nouvelle fracture numérique des territoires. En téléphonie mobile de 3e puis 4e générations, les opérateurs (Orange, SFR, Numéricable, Bouygues Télécom...) privilégient les territoires denses et solvables, 80 % de la population se concentrant sur 20 %

de l'espace. On assiste donc à la mise en place d'une « couverture en peau de léopard » de l'hexagone qui juxtapose zones blanches enclavées et zones bien desservies. Face au marché, l'intervention des collectivités territoriales est donc décisive, en particulier dans les zones non rentables et peu denses (rural profond, moyenne et haute montagne...). La couverture très haut débit en 2025 du territoire nécessiterait un investissement de 23,5 milliards d'euros et l'installation de 1,1 million de km de fibre optique. Afin d'éviter une logique d'écrémage, l'État favorise l'adoption de schémas directeurs d'aménagement numérique par les collectivités locales, départementales et régionales.

### Les collectivités d'Outre-Mer : des économies de transferts

Face à la métropole, les systèmes productifs des collectivités d'outre-mer représentent des caractéristiques spécifiques. L'analyse fonctionnelle des emplois fait en effet apparaître une nette différenciation structurelle par rapport à la métropole.

Premièrement, on doit relever l'hypertrophie de la sphère de la reproduction sociale au détriment de la sphère productive. Les sphères publiques (État et collectivités, éducation, santé) et privées pèsent en effet chacune 30 % des emplois totaux contre respectivement 23 % et 27 % en métropole. Dans la sphère publique, si la santé et l'action sociale pèsent d'un poids identique, l'éducation y représente 8,5 % des emplois (métropole : 5,1 %) du fait d'un important effort de formation initiale lié à la jeunesse de la population dû à la transition démographique. Par contre, la surreprésentation de l'emploi dans les administrations publiques (12,7 %, métropole : 8,8 %) est considérable du fait à la fois des stratégies souvent clientélistes des différentes collectivités territoriales, régionales et locales, et de la forte présence de certaines fonctions régaliennes, en particulier militaires, liées aux enjeux géostratégiques que représentent pour la France ces territoires. Dans la sphère privée, les fonctions de distribution, d'entretien - réparation et les services de proximité sont aussi surreprésentés du fait du poids spécifique de l'import-export et du négoce d'un côté, du tourisme de l'autre. On doit en particulier relever que le négoce et l'import-export sont des secteurs à l'interaction entre les marchés locaux et la métropole qui sont contrôlés le plus souvent par quelques grandes familles d'origine locale qui y accumulent et y valorisent un capital considérable selon des logiques rentières.

Deuxièmement, à l'opposé, la sphère de la production est sous-représentée : avec 40 % des emplois totaux, elle pèse dix points de moins qu'en métropole. Face à une agriculture en crise (*cf.* grande agriculture exportatrice de la banane ou de la canne à sucre) ou en difficulté (faiblesse de l'agriculture vivrière et forte dépendance alimentaire), le bâtiment est surreprésenté du fait d'un boom immobilier largement alimenté ces dernières décennies par les politiques de défiscalisation des investissements et le développement du tourisme. Surtout, ces territoires apparaissent sous-industrialisés : la fonction fabrication y occupe une place marginale avec 4 % des emplois contre 18,5 % en métropole. Ces difficultés structurelles se retrouvent dans la grave faiblesse de la fonction conception-recherche (0,7 % des emplois) et de la fonction prestations intellectuelles d'un côté, la faiblesse des emplois des cadres des fonctions métropolitaines (4,2 % emplois totaux) de l'autre.

Les défis d'avenir à relever sont donc considérables, comme en témoigne par exemple le chômage de la jeunesse, pour développer des systèmes productifs viables et efficients, plus équilibrés et moins dépendants dans le cadre d'un développement économique et social durable face à de fortes tensions sociales. Trois enjeux majeurs doivent en effet être posés : la promotion d'un nouveau mode de développement plus endogène, économiquement plus équilibré, socialement plus juste et politiquement plus autonome ; une ouverture nouvelle vers leurs espaces régionaux d'insertion, encore si timide ; et, enfin, la refonte profonde - encore à peine engagée - de la nature des liens multiformes tissés avec la métropole.

Du fait de ces structures étroitement liées aux stratégies à la fois de l'État central et des élites économiques locales, ces économies fonctionnent comme des économies de transferts. Le dynamisme économique s'y explique d'abord et avant tout par les massifs transferts financiers publics métropolitains qui maintiennent littéralement ces économies sous perfusion. À un point tel que l'on peut parler de « modèle de développement sous serre » : poids de la fonction et des services publics, qui versent 43 à 50 % de la masse salariale, importance de la protection sociale (santé, retraite) et des transferts sociaux qui réduisent sensiblement la pauvreté, investissements d'infrastructures, multiples aides et fonds communautaires au titre des régions ultrapériphériques de l'Union européenne... Ils sont complétés par les revenus des migrants résidant en métropole et les revenus touristiques.

Ces modèles de développement extravertis participent de l'affirmation de forts déséquilibres spatiaux alors que se déploie un vaste processus de métropolisation. En Guyane, le duopôle Cayenne et Kourou polarise 73 % de la population sur 14 % du territoire, dont 58 % de la population et 75 % des emplois sur 6 % du territoire pour la seule « île de Cayenne ». En Guadeloupe, l'agglomération de Point-à-Pitre/Les Abymes accueille 40 % de la population et surtout l'essentiel des activités économiques et des services modernes malgré la présence historique de la préfecture à St Claude au sud-ouest : en pleine extension spatiale, son aire urbaine polarise dorénavant 78 % des emplois. Enfin, à la Martinique, l'agglomération de Fort-de-France polarise sur moins d'un tiers du territoire 43 % de la population, 68 % des effectifs salariés et 72 % des rémunérations (services, port, aéroport, zones industrielles) alors que tout le nord de l'île est en déclin démographique et que le sud est dopé par le tourisme.

**Tableau 4.16 Les fonctions des systèmes productifs d'Outre-Mer (% emploi total)**

| | Guadeloupe | Martinique | Guyane | Réunion | 4 Régions | Métropole |
|---|---|---|---|---|---|---|
| **Emplois totaux** | 126 812 | 133 453 | 60 895 | 240 867 | 562 027 | 25 771 125 |
| **Sphère de la production** | 40,4 | 40,3 | 38 | 40 | 40 | 50 |
| *dont agriculture* | 3,7 | 4,3 | 2,6 | 3,5 | 3,7 | 2,8 |
| *dont BTP* | 8,4 | 7,9 | 8,9 | 8,8 | 8,5 | 6,6 |
| *dont fabrication* | 4,2 | 4,1 | 4,7 | 4,4 | 4,3 | 18,5 |
| *dont conception/prest. intellectuelles* | 2,9 | 2,7 | 3,4 | 2,6 | 2,8 | 6,3 |
| *dont gestion* | 12,0 | 12,1 | 9,1 | 11,1 | 11,3 | 13,3 |
| *dont commerce inter etp et logistique* | 9,2 | 9,3 | 9,4 | 9,6 | 9,4 | 11,8 |
| **Sphère de la reproduction** | 59,6 | 59,7 | 62 | 60 | 60 | 50 |
| *dont sphère publique* | 29,2 | 29,3 | 34,2 | 29,9 | 29,9 | 23 |
| *dont sphère privée* | 30,4 | 30,4 | 27,8 | 30,1 | 30 | 27 |

Chapitre 5

# La reproduction sociale et l'économie résidentielle

DANS UNE SOCIÉTÉ DÉVELOPPÉE, l'efficience de la sphère productive suppose le large développement de ce que l'on peut appeler globalement la « *sphère de la reproduction sociale* » ou « *sphère présentielle* ». Comme nous l'avons présenté (*cf.* chap. 1), la sphère de la reproduction a pour fonction d'assurer l'entretien et le renouvellement de la force de travail en contribuant à trois objectifs majeurs : la qualité de la vie quotidienne, la cohésion politique et sociale de la nation et l'efficacité globale du/des territoire(s). Elle est composée de deux sous-ensembles bien différenciés. Le premier est largement organisé par la *sphère publique* en regroupant la *reproduction étatique*, qui rassemble les administrations des trois fonctions publiques, et la *reproduction élargie* qui comprend en particulier l'appareil de formation et d'enseignement. Le second est largement organisé par la *sphère privée* reposant sur la *reproduction simple* qui assure la vie quotidienne des ménages (santé, services de proximité et distribution, entretien -réparation, détente, culture, loisirs, tourisme...).

Ces deux grands blocs sont d'un poids à peu près équivalent en termes d'emplois mais répondent à des logiques différentes : d'un côté un bloc public (administration, éducation, santé, action sociale, 5,8 millions d'emplois) visant à l'équité et à la solidarité territoriale à travers en particulier la question de la desserte homogène des territoires par les services publics, de l'autre un bloc privé (6,9 millions d'emplois) répondant à des logiques de marché et de rentabilité. Comme nous l'avons vu en début d'ouvrage, la *sphère présentielle* regroupe comme revenus et source de richesse les salaires des emplois publics, les pensions de retraite, les prestations sociales et les revenus des résidents intermittents comme les touristes ou les personnes venant dans les résidences secondaires.

Ces revenus stimulent une *économie dite présentielle*, c'est-à-dire les entreprises de biens et de services destinés à satisfaire les besoins des ménages résidents et les touristes. Cependant, il serait illusoire de penser que ces activités sont en elles mêmes un bouclier à toute épreuve (*cf.* réforme des retraites, financement de la dette publique...) du fait de leur large financement par les activités de la sphère productive et du rôle des transferts financiers originaires des territoires productifs, en particulier les grandes métropoles. Dans une approche systémique des systèmes productifs, aux échelles nationale et régionale, il convient donc de bien saisir des logiques d'interaction et d'interdépendance économiques, sociales et territoriales.

# Le poids de la reproduction sociale et de l'économie résidentielle

## La sphère de la reproduction ou économie présentielle : un ensemble dynamique

En trente ans, la sphère de la reproduction a connu un fort développement avec la création de + 4,6 millions d'emplois pour atteindre 13 millions de postes. Elle joue un rôle économique et social croissant en passant de 38,4 à 50 % des emplois totaux entre 1982 et 2009. La hausse des emplois est particulièrement sensible dans le secteur culture-loisir, la santé et l'action sociale, les services de proximité et l'éducation. Ceci en lien avec la hausse du niveau de vie et l'allongement du temps libre, la croissance démographique et le vieillissement de la population et l'émergence de nouvelles exigences et attentes sociétales.

Ces dernières années, les *territoires présentiels*, définis comme ceux où la sphère de la reproduction sociale occupe au moins les deux tiers des emplois, sont ceux qui ont globalement le mieux résisté à la crise. Ces activités, à l'exception notable des activités liées au tourisme international, sont en effet largement protégées des redéploiements liés à la mondialisation et à la concurrence internationale et ont été portées jusqu'ici par la bonne résistance de la demande sociale et de la consommation des ménages. Comme l'indique les données du CREDOC sur les métiers les plus recherchés des dix dernières années, l'économie présentielle représente un important gisement de créations d'emplois : hôtellerie (104 000 postes), animateurs socioculturels, de sport et de loisir (65 500), agents d'entretien (60 000), employés de libre-service (49 000), cuisiniers (49 000), employés de maison et assistantes maternelles (48 000), ou aides-soignants (24 000).

**Tableau 5.1 Sphère de la reproduction sociale et hiérarchie urbaine (milliers d'emplois en 2009)**

| | Île-de-France | Métro-poles | 50 à 200 000 | Inf. à 50 000 | Rural | France |
|---|---|---|---|---|---|---|
| Administration publique | 529,4 | 541,1 | 528,8 | 523,5 | 161,7 | *2 284,5* |
| Éducation, formation | 277,9 | 310 | 313,1 | 312 | 108,7 | *1 321,7* |
| Santé, action sociale | 428,3 | 543,7 | 536,5 | 562,7 | 176,9 | *2 248,1* |
| ***Total bloc public*** | ***1 235,6*** | ***1 394,8*** | ***1 378,4*** | ***1 398,2*** | ***447,3*** | ***5 854,3*** |
| Services de proximité | 588,6 | 553,2 | 530,3 | 583,1 | 324,7 | 2 579,9 |
| Distribution | 378,3 | 440,8 | 458,9 | 517,5 | 169,1 | 1 964,6 |
| Entretien, réparation | 320,5 | 412,7 | 439,8 | 485,7 | 213 | 1 871,7 |
| Culture, loisirs | 226,7 | 124,1 | 90,9 | 85,6 | 41,7 | 569 |
| ***Total bloc privé*** | ***1 514,1*** | ***1 530,8*** | ***1 519,9*** | ***1 671,9*** | ***748,5*** | ***6 985,2*** |
| ***Grand total*** | ***2 749,7*** | ***2 925,8*** | ***2 898,3*** | ***3 070,1*** | ***1 195,8*** | ***12 839,5*** |

Source : d'après INSEE.

Par rapport à la sphère productive, la sphère de la reproduction sociale – qu'elle soit publique ou privée – est répartie de manière très homogène sur le territoire national comme l'indique la ventilation des emplois selon la hiérarchie urbaine. L'effet d'unification du pays et d'amortisseur des crises est ici maximal. Seul le bloc culture-loisir est fortement corrélé à la hiérarchie urbaine du fait de son statut métropolitain et du poids spécifique de Paris dans ce secteur.

**Tableau 5.2 Répartition de l'emploi présentiel et hiérarchie urbaine : une grande homogénéité (% emplois total)**

| | Île-de-France | Métro-poles | 50 à 200 000 | Inf. à 50 000 | Rural | Total |
|---|---|---|---|---|---|---|
| Administration publique | 23 | 24 | 23 | 23 | 7 | 100 |
| Éducation, formation | 21 | 23 | 24 | 24 | 8 | 100 |
| Santé, action sociale | 19 | 24 | 24 | 25 | 8 | 100 |
| ***Total bloc public*** | ***21*** | ***24*** | ***24*** | ***24*** | ***8*** | ***100*** |
| Services de proximité | 23 | 21 | 21 | 23 | 13 | 100 |
| Distribution | 19 | 22 | 23 | 26 | 9 | 100 |
| Entretien, réparation | 17 | 22 | 23 | 26 | 11 | 100 |
| Culture, loisirs | 40 | 22 | 16 | 15 | 7 | 100 |
| ***Total bloc privé*** | ***22*** | ***22*** | ***22*** | ***24*** | ***11*** | ***100*** |
| ***Grand total*** | ***21*** | ***23*** | ***23*** | ***24*** | ***9*** | ***100*** |

On doit souligner la forte hétérogénéité structurelles de ces territoires qui induit des trajectoires socio-économiques et des degrés de vulnérabilité différents : les territoires résidentiels périrubains et frontaliers (Genevois français, Molsheim, Gisors, Santerre-Oise...) ne répondent pas aux mêmes logiques que les territoires de la retraite (Dax, Coutances, Cosne-sur-Loire, Crest-Die, Saint-Girons...) ou les territoires touristiques. La dynamique démographique et l'attractivité migratoire (jeux des aménités...) expliquent les fortes divergences existantes entre territoires en déclin et territoires en hausse portés par des demandes nouvelles (urbanisation soutenant le bâtiment, scolarisation...).

## Un levier d'action dans l'efficience productive des territoires

Ces activités se moulent globalement sur la géographie de la population et ses dynamiques, elles sont donc sensiblement moins discriminantes géographiquement que la sphère productive. En particulier, la distribution, les services de proximité, l'entretien-réparation, la santé et le social, l'éducation et la formation, fonctions dites « présentielles » par l'INSEE, sont répartis de façon relativement uniforme sur le territoire. Pour autant, elles sont cependant largement organisées par des logiques hiérarchiques, s'articulant étroitement soit à la hiérarchie urbaine (*cf.* appareil médical et de santé avec les grands CHU, appareil de formation secondaire et universitaire, localisation des services de l'État dans les chefs-lieux de Région et de Département), soit à des logiques de spécialisations sectorielles de types régional ou ponctuels (*cf.* tourisme, loisirs, résidences secondaires, parcs de loisirs...).

### Les bassins de vie : le rôle des équipements sociaux dans l'organisation des territoires

Afin, d'évaluer la structuration des territoires par les équipements sociaux participant à la fonction de la reproduction sociale, l'INSEE a défini 1 644 « bassins de vie », dont 1 287 sont ruraux, qui constituent les plus petits territoires sur lesquels les habitants ont accès aux équipements et aux services les plus courants. Dans cet ensemble, l'INSEE a défini trois niveaux hiérarchiques : une gamme des services de proximité (poste, banque, épicerie, boulangerie, boucherie, école, médecin), une gamme intermédiaire (police/gendarmerie, supermarché, librairie, collège, laboratoire d'analyse médicale, piscine) et une gamme supérieure (pôle emploi, hypermarché, lycée, urgences, maternité, médecins spécialisés, cinéma). La répartition de ces services de base définie une hiérarchie qualitative articulée à la hiérarchie urbaine de base, les pôles de services déployant ainsi leurs zones d'influences. Cette typologie fait apparaître un fort différentiel d'accès aux services de base entre espaces urbains et espaces ruraux, et au sein des espaces ruraux entre espaces rurbains sous influence d'une ville et espaces ruraux profonds.

D'après *INSEE Premières*, n° 1425, déc. 2012.

Loin d'être antinomiques, économie productive et économie résidentielle participent conjointement par la qualité de leurs articulations fonctionnelles entre l'économique et le social à l'efficience productive globale des territoires. Ainsi, alors qu'entre 2000 et 2010, les dépenses sociales (pensions, santé, aides sociales, indemnités chômage...) sont passées en France de 396 à 621 milliards d'euros (+ 225 milliards, + 57 %) et de 27,5 % à un tiers du PIB, le maintien des capacités de transferts financiers entre sphère productive et sphère de la reproduction, entre territoires productifs et territoires à l'économie résidentielle dominante sont un enjeu déterminant.

Dans ce cadre, la qualité des services locaux – transports publics, qualité et niveau de l'offre de formation, gestion locale, loisirs, activités culturelles... – participe étroitement aux conditions de la production de richesses. Les territoires locaux et régionaux les plus dynamiques, innovants et productifs disposant d'une vie culturelle et sociale riche sont ceux qui s'en sortent le mieux dans la compétition nationale et internationale et sont souvent les plus attractifs. C'est un des facteurs explicatifs de la forte croissance démographique et économique de la *France autonome* et du Grand Ouest ou du renouveau de certaines villes moyennes du Grand Bassin parisien (Orléans, Tours, Reims...) ces dernières décennies. À l'inverse, un des enjeux majeurs de certaines régions littorales comme le Languedoc-Roussillon, la Côte d'Azur ou le Pays basque est de contrôler et rééquilibrer à l'avenir la pression du développement touristique et résidentiel dont les effets induits (hausse des prix du foncier, engorgement et saturation des infrastructures....) se traduisent par un effet d'éviction des activités de la sphère productive.

### Les grandes aires métropolitaines dans la production et la redistribution de la richesse

Les 131 principales unités urbaines sont au cœur du système productif en concentrant sur 5 % de la surface du pays 52 % de la population et des actifs, 62 % des emplois et les deux tiers des emplois de la sphère productive. Lieux majeurs de la production de richesse, elles redistribuent largement celle-ci en captant 78 % des flux de navetteurs et en émettant en retour 63 % des flux de retraités, qui les quittent, et 75 % des flux de résidences secondaires. L. Davezies estime que ces trois flux se traduisent par la redistribution de 100 milliards d'euros annuels de revenus résidentiels des territoires productifs vers les territoires résidentiels récepteurs, soit l'équivalent d'un quart des revenus des ménages des 131 unités. L'Île-de-France polarise ainsi 605 000 navetteurs y travaillant mais n'y résidant pas (12 % de ses emplois), a vu partir 146 000 retraités en moins de cinq ans alors que

> les Franciliens possèdent 532 400 résidences secondaires. Lyon vient en seconde position avec 148 200 navetteurs, 16 000 retraités et 65 980 résidences secondaires devant Lille (111 500, 8 300, 21 600), Toulouse (98 600, 9 100, 40 000) et Rennes (91 000, 4 100, 15 500).
>
> Source : D'après DATAR, *Observatoire des territoires*, rapport 2011.

## Les territoires des bases publiques et sociales

L'étude de la géographie de la « circulation invisible des richesses » nécessite en premier lieu d'analyser les impacts territoriaux de l'action publique dans le cadre de ce que L. Davezies dénomme un « *Welfare* territorial ». Face aux stratégies anglo-saxonnes, dont témoigne la « société des trois tiers » britannique (un tiers d'exclus, un tiers de bénéficiaires, un tiers de fragilisés), le modèle républicain s'est construit, en particulier en 1936, 1945 puis 1968, sur un modèle de solidarité nationale assuré soit directement par l'État, soit par les partenaires sociaux. Une part croissante des richesses a donc été mobilisée pour être redistribuée selon des systèmes de solidarités interindividuelles et intergénérationnelles non territorialisés mais dont les effets territoriaux se sont traduits par une sensible harmonisation des niveaux de vie et un certain lissage des inégalités socio-spatiales. Près de la moitié des revenus des ménages transitent ainsi en moyenne par les budgets nationaux. Ces processus permettent d'identifier des *territoires à dominante publique* et des *territoires à dominante sociale.*

### Les territoires à dominante publique : l'État et les collectivités

#### *Les territoires à dominante publique : l'action de l'État et les services publics en débat*

L'ensemble de la fonction publique représente 5,2 millions d'emplois en France, soit 23 % des salariés, et verse 21 % de la masse salariale du pays. Ils se répartissent entre la fonction publique d'État (2,3 millions, 44 % des effectifs, dont 45 % d'enseignants), la fonction publique territoriale régionale, départementale et locale (1,8 million, 34,5 %) et la fonction publique hospitalière (1,1 million, 21,5 %). Face à la forte baisse des effectifs de l'État (– 114 500 postes) en dix ans, liée à la fois aux mesures d'économie budgétaire et aux transferts vers les collectivités de nombreuses compétences, on assiste à une hausse sensible de la fonction publique territoriales (+ 500 000 postes, + 36 %) et de la fonction hospitalière (+ 20 %). Dans ce contexte, les collectivités territoriales, locales, départementales ou régionales – et quelle que soit leur couleur politique – dénoncent régulièrement le désengagement de l'État et la forte hausse des transferts de charges qu'elles connaissent sans qu'ils soient accompagnés de compensations financières suffisantes (*cf.* suppression de la taxe professionnelle en 2010...). En particulier, les régions exigent une renégociation de leurs contrats de projets les liant à l'État.

Depuis plusieurs décennies, sous les effets de logiques néolibérales, l'État s'est en effet engagé dans une profonde refonte de ses dispositifs territoriaux dans le cadre de politiques publiques centrées sur des mesures d'économies (*cf.* Révision générale des politiques publiques, RGPP), de rationalisation et de redéploiement. Ce processus politique s'est largement appuyé à l'échelle communautaire sur la stratégie de dérèglementation et de dérégulation promue par la Commission de Bruxelles. Face à la tradition de services publics à la française, la Commission a développé le concept de « services d'intérêt économique généraux » qui s'est traduit par la privatisation et la mise en concurrence à la fois des services publics concourant à la sphère périproductive (réseaux comme électricité, gaz, chemins de fer, télécommunications) et de plus en plus aux services sociaux et services publics locaux (services cultures, patrimoine, sport amateur, services d'insertion, haut débit...).

Dans ce contexte, de nombreux dispositifs publics ont été profondément remaniés à travers la refonte de nombreuses administrations dans le cadre des services déconcentrés de l'État, se traduisant pour certains territoires par de nombreuses fermetures et transferts, pertes d'emplois et de ressources économiques. Les cartes hospitalières, de la justice, des cadres administratifs (préfectures et sous-préfectures) et financiers (annexes de la Banque de France) ou des armées en sont sorties bouleversées. Ces mesures ont souvent été l'objet d'importants débats politiques et d'affrontements géopolitiques locaux, régionaux, nationaux concernant la place des services publics dans l'aménagement et le développement des territoires, la cohésion sociale et territoriale. Les réactions les plus vives ont bien sur été celles des banlieues en difficultés, des petits et moyennes villes et de certaines zones rurales en déprise tant la fermeture d'une maternité, d'une sous-préfecture ou d'un régiment touche à la fois aux intérêts économiques mais tout autant aux facteurs culturels et identitaires des territoires. Cependant, l'essentiel des mesures s'est articulé à la hiérarchie urbaine en renforçant le niveau moyen et supérieur de l'encadrement urbain même si les capacités d'influence de tel ou tel élu, et son appartenance ou non à la majorité politique prenant alors les décisions, ont pu jouer à la marge. Le seul secteur régalien qui a échappé à ces logiques hiérarchiques ont été les armées du fait de ses spécificités. Avec la crise mondiale ouverte en 2007, on semble cependant redécouvrir que les services publics ne sont pas seulement un coût mais un investissement d'avenir lorsqu'ils sont gérés efficacement, source de richesses et de compétitivité pour l'ensemble de l'économie.

### *Les territoires à dominante de la sphère publique*

Globalement, la répartition géographique des fonctions publiques est relativement homogène et se calque largement sur les densités de population, la trame et la hiérarchie urbaine. Seule l'Île-de-France, du fait de ces fonctions de commandement, ressort du lot avec un quart – soit 360 000 emplois – de la fonction publique d'État hors défense contre 70 % pour la province et 5 % pour les DOM et l'étranger. Cette relative homogénéité ne doit pas cependant masquer aux échelles locales, départementales et régionales une influence économique et sociale très différente selon la qualité des potentiels productifs. Sa présence est particulièrement forte avec plus d'un quart des emplois dans le nord du pays, le Massif central, les Alpes du Sud et le piémont pyrénéen rural. Ainsi, la Corse vient au 1er rang des régions pour le poids de la fonction publique – 31 % de l'emploi et 34 % de la masse salariale – largement polarisée par Ajaccio et Bastia. De même, en Poitou-Charentes, la sphère publique représente 25 % de l'emploi et des rémunérations, concentrés pour moitié dans les quatre villes préfectures.

À l'échelle métropolitaine, on assiste dans la très longue durée séculaire à un sensible renversement de la géographie des « villes d'État » qu'avaient analysé Félix Damette et Jacques Scheibling (Damette, 1995). Les grandes métropoles, dont certaines étaient siège des Parlements royaux, de la *France autonome* échappant à la polarisation parisienne se sont émancipées du poids dominant de la sphère publique grâce au dynamisme de leur sphère productive (Grenoble, Toulouse, Bordeaux, Rennes...). Cela leur a permis ainsi d'acquérir une véritable autonomie sociale et économique. En retour, les « villes d'État » dans lesquelles la sphère publique garde un rôle majeur sont aujourd'hui les grandes villes où se concentre la fonction militaire (Brest, Cherbourg, Toulon) et les villes préfectures rayonnant sur un espace productif relativement déprimé (Poitiers : 17,5 % des revenus, Châlons-en-Champagne, Limoges, Besançon, Moulins, Nancy, Dijon, Amiens...).

#### Brest et le Finistère : une « ville d'État » à la forte empreinte publique et militaire

À l'extrémité occidentale du Finistère et à l'abri d'un site de rade exceptionnel, l'aire urbaine de Brest (320 000 hab.) et la communauté urbaine de *Brest Métropole* (200 000 hab.) font partie de ce que le géographe Félix Damette appelait les « *villes d'État* » à travers deux caractéristiques associées.

Premièrement, depuis que Richelieu en a fait en 1631 un important port militaire situé sur les rives de la Penfeld et fortifié par Vauban en 1683, l'économie, la société et la culture de la métropole sont toujours profondément marquées par l'importance de la Marine nationale. Avec 13 500 actifs, elle y déploie sa plus grande base avec Toulon. L'armée marque de sa forte empreinte la structure administrative (statut de Préfecture maritime) et technique (École navale,

ENSTA née des ex-Écoles des arsenaux de la marine, Service hydrographique de la Marine ou SHOM...). Cette présence militaire est d'autant plus emblématique que la presqu'île de Crozon, face à Brest, accueille à l'Île Longue la base des sous-marins nucléaires stratégiques (SNLE) qui constituent la « pointe de diamant » de la dissuasion, ses installations de montage et de stockage des têtes de missiles nucléaires et la base de l'aéronautique navale de Lanvéoc-Poulmic. Au total, en y ajoutant la fonction publique territoriale et hospitalière, les transports publics et les universités (etc.), la moitié des 100 000 emplois de Brest Métropole sont des emplois publics.

Deuxièmement, la dynamique du tissu industriel demeure fortement dépendante des activités militaires d'État avec les chantiers navals de la DCNS (2 800 salariés). En Bretagne en effet, contrairement à la Vendée (Bénéteau...) ou à la Charente-Maritime (La Rochelle) orientées vers le civil et la plaisance, la filière construction - réparation navale - est dominée à 75 % par les activités militaires des arsenaux de Brest et de Lorient, malgré la perte d'un tiers des effectifs en dix ans. Elle représente régionalement 5 500 postes directs, mais 14 000 emplois totaux en intégrant le tissu économique des 784 établissements de la sous-traitance, des fournisseurs et prestataires dans l'industrie (mécanique, métallurgie, électronique) et les services. La moitié de la filière est polarisé sur Brest, 40 % sur Quimper et Lorient, très largement donc devant Vannes et le Golfe du Morbihan au sud et Saint-Malo et la baie de Saint-Brieuc au nord. À Brest, la filière de la construction navale représente 36 % de l'emploi industriel (Lorient : 20 %). Cette orientation y explique un taux d'encadrement et d'ouvriers qualifiés sensiblement supérieur à la moyenne régionale. En complément y viennent s'ajouter le site de Thales - électronique/armements (1 100 salariés) hautement qualifiés et la SDMO (mécanique, groupe électrogènes, 475 salariés).

À partir de ce potentiel exceptionnel, l'avenir du système productif brestois et finistérien passe par le nécessaire renforcement des compétences maritimes civiles afin d'en faire un pôle d'excellence de niveau national, européen et mondial capable de doper le système métropolitain brestois (*cf.* pôle de compétitivité Mer Bretagne). Le technopôle Brest-Iroise de Plouzané accueille déjà l'Institut Français de Recherche pour l'Exploitation de la Mer (Ifremer, 680 salariés), l'Institut universitaire de la mer ou l'Institut polaire Paul-Émile Victor et de nombreux laboratoires universitaires. Dans les décennies qui viennent, les enjeux maritimes et littoraux - géopolitiques, économiques (énergétiques avec l'off-shore profond ou l'éolien, halieutiques, navigation...), scientifiques et technologiques - vont devenir des enjeux centraux. Pour y répondre, la France doit se doter d'une stratégie de filière ambitieuse renforçant ses compétences maritimes. Brest, mais aussi Cherbourg par exemple, peuvent en être les supports.

### *Les réorganisations de l'État : la réforme de la carte militaire*

Parmi les grandes fonctions régaliennes, la défense nationale – et l'appareil militaire, industriel et technologique qui va avec – a été l'une des plus structurantes du territoire national depuis la formation progressive du Royaume de France comme en témoignent par exemple la « ceinture de fer » établie par

Vauban à la demande de Louis XIV, renforcée par le système du général Séré de Rivières entre 1874 et 1885 pour la défense de Paris puis la construction de la Ligne Maginot de 1929 à 1934. Dans ce cadre, les régions du nord et du nord-est du pays – constituant les principales zones d'invasion – ont connu un double processus. D'un côté, une forte polarisation militaire avec la multiplication de citadelles, garnisons et casernes accueillant les régiments qui va fortement spécialiser des villes et bassins d'emplois. De l'autre à l'inverse, une *stratégie d'évitement* des activités économiques et industrielles stratégiques qui vont trouver refuge très loin du front potentiel dans le cœur du pays (*cf.* géographie des arsenaux : Bourges, Tulle, Roanne…) ou dans le Sud-Ouest (*cf.* aéronautique en Aquitaine et Midi-Pyrénées sur le modèle des *Safe Area* britanniques). Ce premier dispositif terrestre est complété sur les Alpes par un système spécifique assez exceptionnel en Europe (*cf.* chasseurs alpins, citadelles et garnisons) et sur les littoraux par les grandes bases de la Royale puis de la Marine valorisant des situations et sites exceptionnels (*cf.* Brest, Cherbourg, Toulon, Lorient). Si l'adoption de la force de frappe nucléaire dans le cadre du concept de dissuasion entre 1964 et 1968 joue un rôle scientifique, industriel et technologique majeur, elle ne remet pas en cause ces grands équilibres durant la guerre froide.

**Figure 5.1 La réorganisation de la fonction militaire**

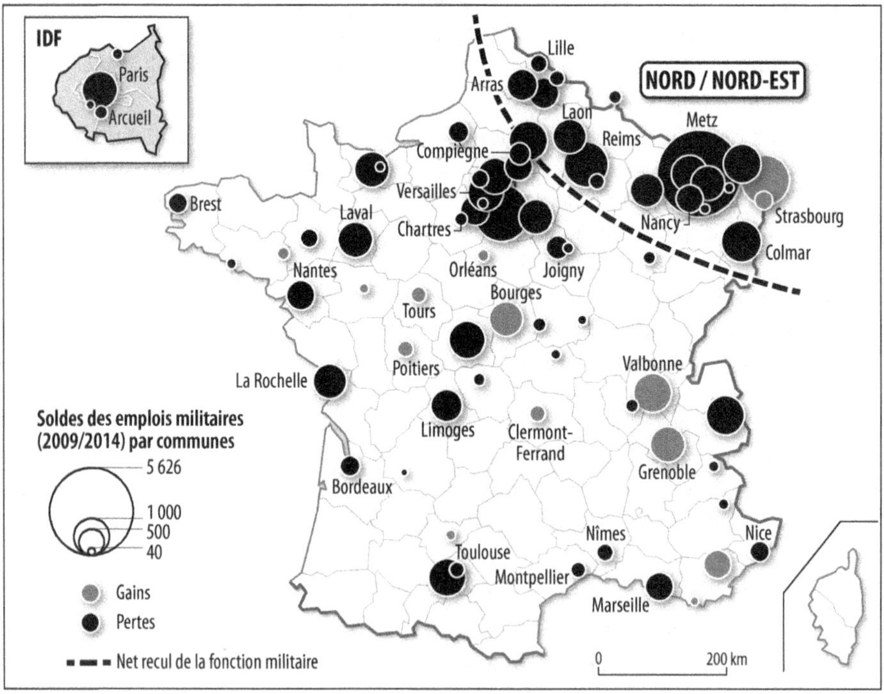

La transformation des paradigmes géostratégiques des années 1990 en Europe et dans le monde et les choix politiques opérés, présentés par les *Livres blancs* successifs (1994, 2008, 2013), remettent brutalement en cause ces logiques d'organisation multiséculaires (fin de la conscription et armée de métiers, réduction du format des armées, accent mis sur les forces d'intervention et de projection aéroterrestres nées dans le Sud-Ouest...). Avec la fin de la guerre froide, on assiste à un grand déménagement des fonctions militaires au détriment du Nord-Est qui perd ainsi une partie de ses bases économiques, culturelles et identitaires. Ainsi, de 1998 à 2008, une centaine de régiments sont supprimés, 370 bases ou unités sont dissoutes et 250 transférées. Les armées tombent de 429 000 emplois militaires et civils en 1991 à 295 000 en 2012, soit un recul d'un tiers des emplois en vingt ans. Si les armées bénéficient du 2e budget de l'État après l'éducation avec 38 milliards d'euros en 2012, et si la France vient au 4e ou 5e rang mondial pour son budget militaire, la reconfiguration de la géographie du système militaire s'accélère. Entre 2009 et 2015, un nouveau plan de réduction du format des armées porte sur la fermeture de 83 sites, le transfert de 33 unités et la réduction de 30 500 emplois. Mais si on prend en compte, comme le font les travaux de l'INSEE, la perte des emplois indirects et induits (13 420 salariés, + 44 %), ce sont 44 000 emplois qui disparaissent dans les territoires concernés.

Deux espaces concentrent 75 % des pertes nationales : l'Île-de-France, en particulier les Yvelines et l'Essonne (25 %), et, surtout le Grand Nord-Est (50 %). Si l'Alsace, qui a bien défendu ses intérêts au plus haut niveau de l'État, tire son épingle du jeu grâce à l'arrivée de nouvelles unités compensant les fermetures, la Lorraine, la Champagne-Ardenne et la Picardie sont particulièrement touchées. Afin d'accompagner ces fermetures, l'État se dote pour redynamiser les économies locales touchées par les restructurations de défense de « contrats de redynamisation de sites de défense (CRSD) » bénéficiant de 320 millions d'euros dans 26 départements.

L'impact économique de ces fermetures dépend beaucoup à la fois de la taille de l'unité supprimée – 14 sites de 1 000 à 2 500 salariés et 17 sites de 500 à 999 – et de son environnement productif local et régional. La disparition en Haute-Tarentaise des 1 152 hommes du 7e BCA de chasseurs alpins de Bourg-Saint-Maurice (73), une aire urbaine de 16 700 habitants, n'a pas le même impact que la fermeture de la BA 112 de 1 545 hommes de Reims. Des petites unités urbaines comme Noyon (Oise), Laon (Asines), Déols (Indre), Commercy (Meuse) ou Dieuze et Bitche (Moselle) en sortent fragilisées, voire exsangues. À Dieuze, les 930 hommes du 13e Régiment de Dragons Parachutistes (RDP) – régiment d'élite spécialisé dans le renseignement qui part à Souge (Gironde) pour se rapprocher des forces spéciales pour une grande partie cantonnée dans le Sud-Ouest – représentent un tiers de la population active et un quart de la population, avec 324 familles, de la cité.

De même, avec la perte de 4 600 emplois directs et donc 6 630 emplois totaux, l'agglomération de Metz est durement frappée. La seule fermeture de la Base aérienne 128 y signifie la perte de 1 500 actifs, de 5,3 millions d'euros de commande aux entreprises et de 63 millions d'euros de rémunération injectés dans l'économie, soit un millier d'emplois induits supplémentaires.

### La fermeture de la Base aérienne 112 de Courcy dans la Marne

Fin 2008, la Base aérienne 112 de Courcy dans la Marne emploie directement 1 500 militaires et civils et est le 4e employeur du département derrière le CHU de Reims, la ville de Reims et la maison de Champagne Moët & Chandon. Par leurs dépenses de consommation et celles de leurs familles, dont 42 % habitent Reims, ces actifs génèrent l'équivalent de 500 emplois indirects supplémentaires (commerces, logements, services, éducation...). Au total donc, l'activité générée par la Base 112 concerne 2 050 actifs, dont 1 000 habitent Reims et 340 les trois communes adjacentes. De même, on peut estimer à 4 800, enfants et adultes, le nombre total de personnes concernées par la présence de la BA 112. Au total donc, la taille de l'agglomération (320 000 hab.), son dynamisme économique et l'arrivée du TGV Est, qui la met à 45 minutes de Paris, permettent à la métropole rémoise de faire face sans trop de difficultés à cette fermeture. Ce qui est loin d'être le cas de villes petites ou moyennes dans lesquelles l'activité militaire est la colonne vertébrale de l'activité économique locale.

Source : d'après *INSEE Flash Champagne-Ardenne*, n° 104, 2009.

## Les territoires à dominante sociale : l'impact des transferts sociaux

### *Les territoires à base publique et sociale*

L'organisation des territoires par la sphère publique est étroitement associée à la sphère sociale qui vient compléter son action du fait de l'engagement de la collectivité nationale à maintenir une politique de solidarité interterritoriale. Avant d'en aborder plus directement le contenu, il convient d'évaluer l'impact géographique de l'ensemble constitué par la sphère « administration publique, enseignement, santé et action sociale ». Selon l'INSEE, celle-ci verse en 2010 28 % de la masse salariale nationale, soit 186,7 milliards d'euros pour un peu plus de 6 millions de salariés. Nous avons sélectionné ci-dessous les deux extrêmes, les territoires les plus et les moins dépendants.

Ce sont bien les marges fonctionnelles du système productif national qui sont les premières concernées, en particulier les territoires des moyennes montagnes en déclin démographique et économique. À l'inverse, les bassins industriels (Les Herbiers, vallée de l'Arve, Oyonnax), les espaces touristiques (Tarentaise, Cannes), les espaces agricoles à forte valeur ajoutée (vignobles à Beaune et Épernay) et, enfin, les espaces métropolitains diversifiées (Orly, Saclay, Versailles) et même Paris, malgré, comme nous l'avons vu, le poids de l'appareil d'État, échappent à cette logique de spécialisation.

**Tableau 5.3 Le poids du secteur public/enseignement/santé/action sociale dans la masse salariale totale : des degrés de dépendance très variables (en %, France = 28 %)**

| Départements les plus dépendants | % | Départements moins dépendants | % | Zones d'emplois les plus dépendantes | % | Zones d'emplois les moins dépendantes | % |
|---|---|---|---|---|---|---|---|
| Lozère | 52 | Seine-Saint-Denis | 26 | Corte | 60 | Versailles | 20,8 |
| Guadeloupe | 49 | Drôme | 25 | Prades | 47 | Beaune | 20,6 |
| Creuse | 47 | Isère | 25 | Guéret | 47 | Épernay | 20,2 |
| Cantal | 41 | Rhône | 25 | Carcassonne | 47 | Marne-la-Vallée | 20,1 |
| Hautes-Alpes | 39 | Haute-Savoie | 25 | Tulle | 46 | Oyonnax | 19,8 |
| Ariège | 39 | Vendée | 25 | Le Puy-en-Velay | 46 | Tarentaise | 18,8 |
| Aude | 39 | Val-d'Oise | 25 | Ajaccio | 44 | Saclay | 18,1 |
| Corse-du-Sud | 39 | Ain | 24 | Draguignan | 44 | Gien | 17,9 |
| Haute-Vienne | 39 | Essonne | 24 | Cahors | 43 | Orly | 16,2 |
| Haute-Corse | 38 | Paris | 21 | Laon | 43 | Molsheim | 14,7 |
| Gers | 38 | Yvelines | 21 | Aurillac | 42 | Vallée de l'Arve | 13 |
| Alpes-de-Haute-Provence | 37 | Hauts-de-Seine | 19 | Morvan | 42 | Les Herbiers | 12,5 |

Source : INSEE, 2009.

### *Modèle social, mobilisation publique et importance des transferts en débat*

Face aux pays anglo-saxons, la France appartient aux grands pays développés déployant un modèle social fondé sur la solidarité nationale dans lequel une forte mobilisation publique se traduit par d'importants transferts financiers entre les populations et donc les différents territoires. L. Davezies estime ainsi que la base sociale représente 23 % des revenus. Selon la DARES, les dépenses de la protection sociale au sens large – hors transferts entre régimes sociaux – se montent à 654,2 milliards d'euros alors que les ressources (cotisations sociales, impôts et taxes comme la CSG) s'établissement à seulement 633 milliards d'euros en 2010, soit un déficit annuel de – 21,2 milliards d'euros. Ce fort différentiel structurel entre dépenses et ressources financières explique la forte augmentation de l'endettement des administrations de sécurité sociale : elle passe de 34 à 115 milliards d'euros entre 1995 et 2006 pour exploser avec le coût social de la crise actuel à 214 milliards en 2013

(+ 99 milliards d'euros, + 86 %). Nous sommes là au cœur du débat sur le coût croissant des politiques sociales et des transferts publics.

Dans ce cadre général, il convient de bien distinguer deux types de financements participant à la protection sociale, au sens large, du fait des enjeux territoriaux différenciés qu'ils représentent. Le premier volet porte sur la protection sociale, la vieillesse, la santé, la famille et l'enfance. Comme dans tous les pays développés, ces dépenses ont structurellement augmenté plus rapidement que le PIB en passant de 15 à 33 % du PIB entre 1959 et 2010 (Allemagne et Suède : 31 %). Ceci est dû à la sensible amélioration de la couverture santé/maladie et aux progrès de la médecine et des soins d'un côté, au vieillissement de la population et au départ à la retraite des *babyboomers* des Trente Glorieuses de l'autre. Le second volet concerne la mobilisation de la dépense publique comme stabilisateur et amortisseur des périodes de crises (soutien à l'emploi, lutte contre la pauvreté et l'exclusion sociale comme le Revenu de Solidarité Active). En 2013, la DARES évaluait les dépenses en faveur de l'emploi et du marché du travail à 91 milliards d'euros, soit 4,7 % du PIB (indemnités chômage, aides à l'emploi, contrats aidés, réduction du coût du travail et allègement de cotisations sociales pour les entreprises...). Comme on peut le constater (tableau 5.4), les postes protection sociale et santé sont responsables de 65 % de la hausse de la dépense publique en bénéficiant de 300 milliards d'euros supplémentaires. Ces « flux invisibles » jouent un rôle majeur dans les territoires.

**Tableau 5.4 Ventilation des dépenses publiques (en milliards d'euros constants)**

| | Total | Protection sociale | Santé | Services généraux | Éducation | Défense/sécurité | Économie | Logement/équipement | Culture/loisirs |
|---|---|---|---|---|---|---|---|---|---|
| 2011 | 2 011 | 476,2 | 164,9 | 128,8 | 120,8 | 74,2 | 59,9 | 59 | 28 |
| 1995 | 1 995 | 255,6 | 85,2 | 94,1 | 72,8 | 48,2 | 56,5 | 26,8 | 11,4 |
| Diff. en € | + 461,2 | + 220,6 | + 79,7 | + 34,7 | + 48 | + 26 | + 3,4 | + 32,2 | + 16,6 |
| Diff. en % | + 23 | + 86 | + 94 | + 37 | + 66 | + 54 | + 6 | + 120 | + 146 |
| % hausse | 100 | 48 | 17 | 8 | 10 | 6 | 1 | 7 | 4 |

Source : d'après INSEE, 2012.

Du fait des difficultés économiques et de la crise, des débats politiques récurrents portent à la fois sur le coût du dispositif, sur les économies à réaliser et sur les financements possibles pour en assurer les équilibres futurs (*cf.* élargissement de l'assiette aux revenus du patrimoine et des placements, c'est-à-dire au capital). Ces débats et polémiques recouvrent en géographie deux enjeux majeurs de nature différente. Les territoires de la production de richesse doivent-ils continuer à financer les territoires à dominante sociale ? Et plus largement, comment redéployer un système productif économique-

## Figure 5.2 Taux de pauvreté en France métropolitaine

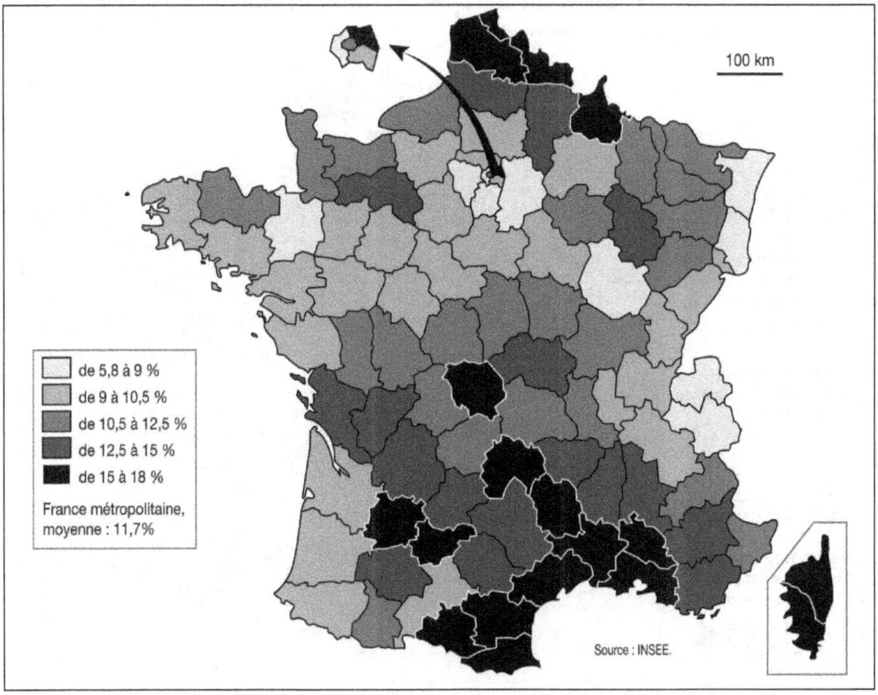


## Figure 5.3 L'explosion du RSA

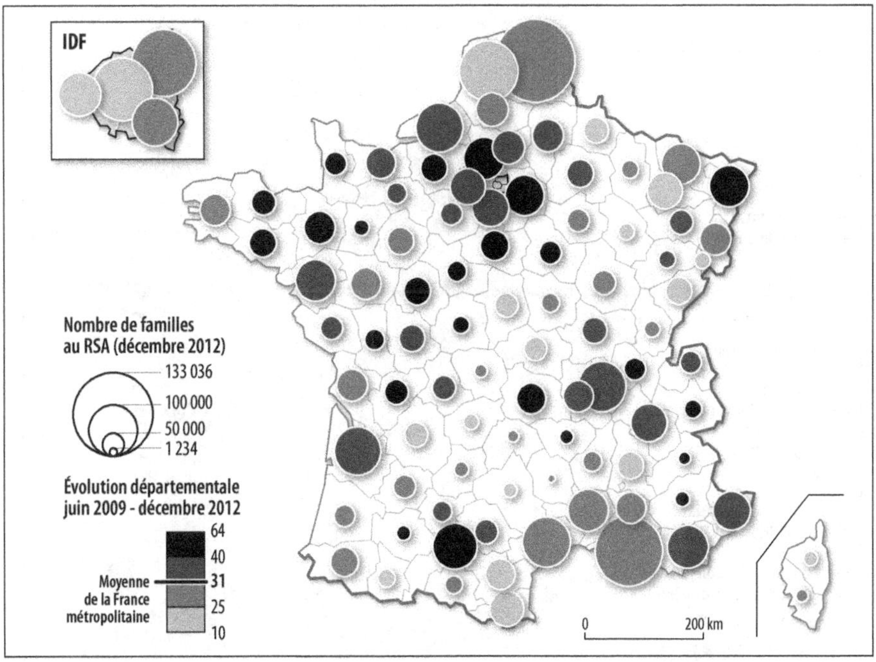

**Figure 5.4 L'organisation fonctionnelle du système urbain : la sphère de la reproduction publique**

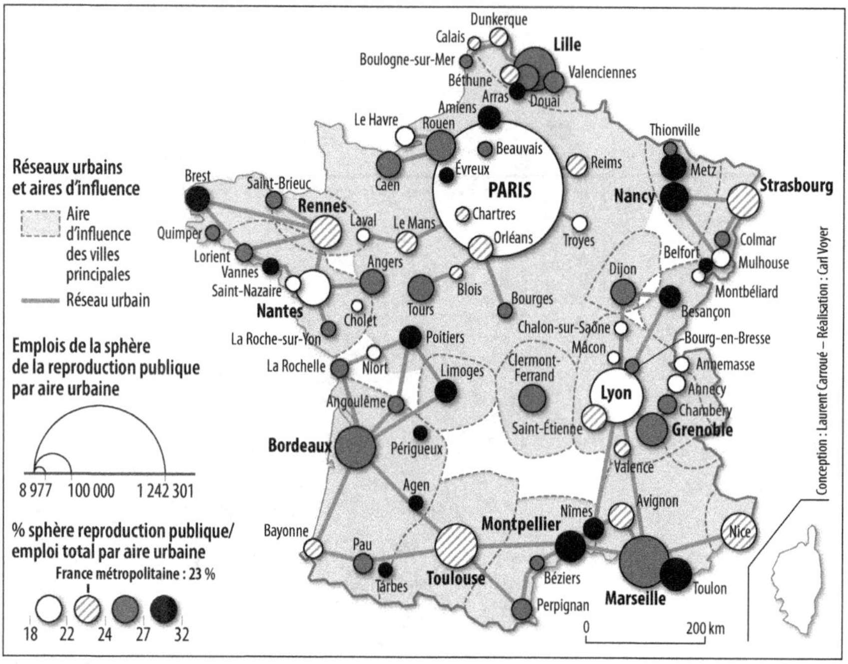


**Figure 5.5 L'organisation fonctionnelle du système urbain : la sphère de la reproduction privée**

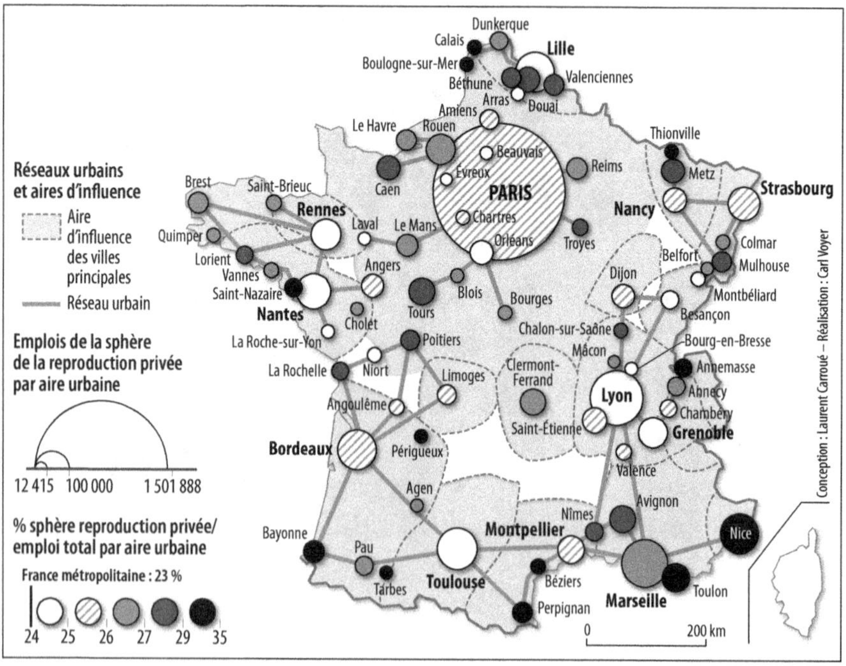

ment efficace et socialement juste et durable permettant de continuer à financer cette solidarité nationale ? Alors que dans de nombreux pays européens comme la Belgique, l'Italie ou l'Espagne, les régions riches tendent à « faire sécession » en souhaitant larguer les régions pauvres, cette question représente pour l'avenir de l'État et de la nation un enjeu géopolitique majeur. Globalement, à l'échelle nationale, on peut considérer que l'Île-de-France, sauf la Seine-Saint-Denis, la Gironde, la Haute-Garonne, le Var, les Alpes-Maritimes, les Savoies, l'Isère et le Rhône financent par leurs contributions les départements pauvres et la grande diagonale qui courre de la Meuse et la Haute-Marne à la Creuse et à l'Ariège.

### *Les territoires à dominante sociale : crise et fragilité*

Géographiquement, les territoires où les revenus sociaux publics jouent un rôle important sont ceux qui sont confrontés le plus directement aux crises économiques (pertes d'emplois) et sociales (fort chômage et pauvreté) du fait de leurs orientations sectorielles ou fonctionnelles. Cette logique fonctionne à toutes les échelles géographiques, de la région à la commune et au quartier. On retrouve ainsi le Nord-Pas-de-Calais, les Ardennes et la Lorraine, le rivage méditerranéen, l'axe de la Garonne et une partie de l'Ouest (Basse-Normandie...) et, bien sûr, les espaces les plus fragilisés des grandes métropoles. Les transferts sociaux représentent ainsi un tiers des revenus totaux des habitants des zones d'emplois, par exemple, de Longwy, Marseille-Aubagne, Lens/Hénin, ou du Valenciennois.

Si le second volet des politiques sociales est en partie financé par la collectivité nationale (emploi, marché du travail), les collectivités territoriales – en particulier les Départements et municipalités – sont aussi fortement mobilisées comme en témoigne le rôle des conseils généraux. Ce phénomène pose la question – essentielle en géographie, en aménagement et en géopolitique locale – des systèmes de solidarité financière à mettre en œuvre entre collectivités territoriales, donc entre territoires riches et pauvres. Dans ce domaine, la France demeure très en retard, en particulier face à l'Allemagne. Elle ne dispose pas en effet d'un système généralisé et systématique de péréquation financière et fiscale entre collectivités territoriales malgré quelques premiers pas encore forts timides (*cf.* solidarité financière interdépartementale basée sur les droits de mutation immobiliers et l'ex-taxe professionnelle payée par les entreprises).

#### Les Départements : les principaux acteurs de l'action sociale et médico-sociale

Depuis les années 1980, les politiques sociales ont fait l'objet d'un transfert progressif des compétences de l'État vers les collectivités territoriales, en particulier les Départements (révision de la constitution de 2003) qui ont en charge la lutte contre l'exclusion et la pauvreté (RMI-RSA), l'aide aux personnes âgées, à l'enfance et aux handicapés. Finançant 86 % de l'action sociale des collectivités, ce poste représente 34 milliards d'euros en 2010, soit 63 % des budgets de fonctionnement des Départements. Selon les structures démographiques, socio-économiques et les politiques mises en œuvre, on assiste à de très fortes inégalités géographiques : les dépenses par habitants varient de 280 à 680 €, soit du simple au double. En général, les conseils généraux riches et de droite dépensent le moins (Yvelines : 386 €, Ain : 353 €, Haute-Savoie) contrairement aux Départements pauvres, en voie de vieillissement et à gauche (Seine-Saint-Denis avec 789 €, Nièvre, Nord, Creuse, Pas-de-Calais, Bouches-du-Rhône, Hérault...). Ces dépenses sont fortement corrélées aux taux de pauvreté (pop. sous le seuil de 60 % du revenu médian, France 14 %) : 24 % en Seine-Saint-Denis, 20,5 % dans le Pas-de-Calais, 19,4 % dans la Creuse, 19 % dans le Nord et le Vaucluse, contre 12 % dans l'Oise et 8 % dans les Yvelines.

## Les territoires à dominante résidentielle

### Un ensemble dynamique, en partie portée par la métropolisation

À côté des territoires à base publique et sociale, on peut identifier les *territoires à base économique résidentielle* qui participent de la géographie de la sphère de la reproduction sociale. À la suite des travaux de L. Davezies, il apparaît en effet qu'une part importante de l'économie nationale et des dynamiques territoriales reposent sur ce que l'on peut qualifier d'« économie résidentielle » qui représenterait selon ses calculs 45 % des revenus. Celle-ci renvoie à la présence – permanente ou occasionnelle – d'une population (navetteurs, retraités, touristes...) dont les revenus sont d'origine locale ou non et qui atténue fortement les disparités territoriales produites par l'économie productive. Selon les périodes de la semaine (week-end), de l'année (vacances estivales, de printemps...) et du cycle de vie (activité/retraite), les français entretiennent dans le cadre d'une forte hausse de leur mobilité (*cf.* navette lieux d'habitat/lieux de travail), des rapports spécifiques à différents espaces dédiés fonctionnellement soit au travail, soit à l'habitat, soit aux loisirs et au repos ou à la consommation.

À l'échelle nationale, cette économie résidentielle survalorise globalement toute la vaste ceinture qui courre en écharpe de la Bretagne à l'Aquitaine, le littoral méditerranéen et les Alpes face à une France du Nord-Est et du Grand Bassin parisien où l'empreinte de la sphère productive est beaucoup plus marquée. Pour autant, les territoires à dominante résidentielle présentent entre eux de forts contrastes liés aux types de revenus, à l'intensité des revenus captés, à la temporalité des phénomènes et au fait que ces spécialisations fonctionnelles peuvent être subies ou choisies selon les jeux des acteurs locaux (stratégies de captation volontariste, simples stratégies d'accompagnement, stratégies de reconversion vers une économie résidentielle...).

Ces spécialisations fonctionnelles de l'espace se traduisent par d'importants flux humains et économiques, en forte hausse ces dernières décennies, entre territoires émetteurs et territoires récepteurs qui entretiennent en retour d'étroits liens d'interdépendances sur des distances de plus en plus longues grâce en particulier à l'essor des offres de transports à coût réduits (*cf.* compagnies aériennes low cost, TGV...). Dans ce dispositif, les 131 principales aires métropolitaines ou urbaines jouent un rôle majeur puisque seulement 7 % des communes sont responsables de l'émission ou de l'accueil de 78 % des flux de navetteurs entre lieux de résidences et lieux d'emplois, de 75 % des flux vers le parc des résidences secondaires et 63 % des flux de retraités. Le développement des territoires à dominante résidentielle doit donc être analysé dans le cadre d'une approche systémique qui articule les jeux d'interaction et d'interdépendance entre territoires productifs et résidentiels.

### L'importance des transferts des aires urbaines et métropolitaines vers les périphéries résidentielles

Dans le cadre de leurs travaux pour la DATAR publiés en 2011, L. Davezies et M. Tallandier ont identifié 131 pôles urbains émetteurs qui jouent un rôle structurant dans l'organisation du territoire national qu'ils dénomment « systèmes productivo-résidentiels » (SPR) représentant un pôle productif majeur émetteur d'important flux. Ces 131 unités urbaines polarisent 52 % de la population nationale sur 5 % de la superficie du pays, 52 % des actifs et 62 % des emplois, dont plus des deux tiers des salariés de la sphère productive et 80 % des cadres. L'ensemble des flux (navetteurs, retraites, tourisme...) représenterait un prélèvement équivalent à 25 % des revenus des ménages résidents des 131 SPR qui sont ensuite redistribués dans les zones périphériques résidentielles, soit un transfert de près de 100 milliards d'euros par an.

Source : D'après DATAR, *Observatoire des territoires*, rapport 2011.

L'intensité et la portée de ses flux humains et financiers varient fortement en intensité et en portée géographique selon les pôles émetteurs considérés. Si le pôle francilien fonctionne à l'échelle nationale, des pôles comme Rennes ou Nantes, par exemple, fonctionnent principalement à une échelle régionale. L'orientation géographique privilégiée de ces transferts vers des périphéries plus ou moins attractives y explique le développement d'économies présentielles plus ou moins solides et plus ou moins riche en emplois peu ou bien qualifiés. Les héritages historiques (*cf.* rejeux des liens migratoires familiaux), les degrés d'aménité, la qualité du cadre de vie et des connexions logistiques (*cf.* développement du Lubéron avec l'arrivée du TGV Sud-Est...), le jeu des acteurs locaux et régionaux et, tout autant, la concurrence sociale entre catégories pour l'appropriation des espaces (*cf.* les stations balnéaires de Basse-Normandie valorisées dès la fin du XIXe siècle par la bourgeoisie parisienne : Deauville, Cabourg..., ou le bassin d'Arcachon par la bourgeoisie bordelaise, ou la station du Touquet par la bourgeoisie lilloise...) expliquent la diversité des trajectoires territoriales. Les migrations d'actifs des catégories populaires valorisent ainsi les territoires résidentiels souvent les moins disputés, les moins développés et les moins chers afin d'opérer une amélioration relative de leur pouvoir d'achat en se localisant dans les territoires où les coûts de la vie sont plus faibles.

**Tableau 5.5 Le poids des territoires fondés sur l'attractivité économique résidentielle**

| Typologie : 8 classes | Nombre de zones d'emplois | % total | Exemples régionaux |
|---|---|---|---|
| Productive avec des emplois qualifiés | 14 | 5 | Toulouse, Paris, Saclay, Nantes, Lannion, Rennes, Bordeaux, Pau, Grenoble, Lyon, Montpellier |
| Productive | 48 | 16 | Reims, Dieppe, Le Havre, Rouen, Bourges, Caen, Dijon, Lille, Le Creusot, Nancy, Strasbourg, Brest, Annecy |
| Navetteurs et productive | 13 | 4 | Montereau-Fault-Yonne, Poissy, Cergy, Bourgoin-Jallieu, Ambérieux |
| Fortement résidentielle | 16 | 5 | Honfleur, Royan, Maurienne, Fréjus, Sartène, Chablais |
| Navetteurs | 31 | 10 | Sud Picardie, Meaux, Melun, Beauvais, Vernon, Dreux, Dole, Vitré, Annonay, Salon-de-Provence |
| Résidentielle faible | 71 | 23 | Brive, Épernay, Abbeville, Saint-Dié-des-Vosges, Morlaix, Quimper, Agen, Marmande, Foix, Millau, Cahors, Tarbes, Tulle |
| Résidentielle | 52 | 17 | Cosne-Cours-sur-Loire, Montargis, Bayeux, Sens, Dinan, Ploërmel, Pauillac, Dax, Béziers, Sète, Gap, Menton, Orange |
| Faible attractivité économique | 59 | 19 | Alençon, Saint-Étienne, Charleville-Mézières, Troyes, Douai, Dunkerque, Longwy, Épinal, Châlons-en-Champagne, Laval, Limoges, Albi, Rodez, Castres, Roanne |

Source : INSEE, 2012.

Géographiquement, cette économie résidentielle est surreprésentée à l'échelle nationale dans trois grands types d'espaces aux caractéristiques très différentes. On trouve premièrement les campagnes périurbaines et rurbaines intégrées aux pôles métropolitains (7 800 communes, 18 % du territoire, 11 millions d'habitants), deuxièmement, les campagnes densifiées du littoral et des vallées à forte économie présentielle (2 500 communes, 7,5 % du territoire, 5 millions d'habitants) et, enfin, troisièmement les campagnes profondes qui couvrent 42 % du pays (Ardennes, Massif central, Alpes du Sud, Corse...), soit 12 800 communes pour 5,2 millions d'habitants. Au total, plus de 54 zones d'emplois dépendent à plus de 60 % de la base résidentielle et certaines même à plus de 75 % (Tarentaise, Briançon, Lourdes, Calvi). Ces logiques de spécialisation fonctionnent à toutes les échelles et ont un impact direct sur la configuration des assises territoriales des potentiels productifs régionaux comme l'illustrent les dynamiques de la région PACA.

### Spécialisations fonctionnelles, territoires résidentiels et système productif régional : PACA

Comme nous l'avons déjà souligné, le découpage du territoire national en 22 régions pose de redoutables problèmes d'adéquation entre un territoire administratif et un territoire structuré par l'économie et la société comme l'illustre la région Provence-Alpes-Côte d'Azur. Au-delà du quadrillage administratif (communes/intercommunalités, départements, région), le système le plus adéquat pour analyser l'organisation spatiale du système productif d'un espace régional administratif ressort à la mobilisation de deux découpages distincts, de nature fonctionnels : d'un côté la hiérarchie urbaine, de l'autre les zones d'emplois. La région PACA est ainsi découpée par l'INSEE en 11 zones d'emplois. L'INSEE a ainsi classé les zones d'emploi selon leur profil fonctionnel dominant à partir des quinze fonctions que nous avons présentées (*cf.* chap. 1).

Les 18 zones d'emploi de la région PACA font ainsi apparaître une structure fonctionnelle interne bien contrastée. La sphère de la reproduction sociale et de l'économie présentielle est dominante dans 11 des 18 zones d'emploi : celles de Gap, Digne et Draguignan sont dominées par la sphère publique du fait du rôle administratif ou militaire (Draguignan) de leur pôle urbain, trois autres, dynamiques tant démographiquement qu'économiquement, sont dominées par le tourisme (Briançon, Fréjus/Saint-Raphaël, Menton) alors que Cavaillon-Apt, Orange et Arles ne présentent pas dans la sphère présentielle dominante de forte spécialisation. Dans ce contexte, Toulon - fortement marqué par la présence militaire - présente un cas particulier qui constitue une exception nationale dans les aires urbaines de plus de 165 000 emplois : ces dernières décennies, l'aire urbaine de Toulon voit ses fonctions présentielles devenir dominantes face au net recul de ses fonctions métropolitaines et de la sphère productive, un recul qualitatif qui explique son faible rayonnement régional et ses difficultés structurelles. Dans la sphère productive, seulement trois zones d'emplois sont spécialisées dans les fonctions métropolitaines (Marseille/Aix, Cannes, Nice) du fait des trois grands pôles scientifiques et technologiques que sont Cadarache, Rousset et Arbois sur Aix/Marseille et Sophia Antipolis sur Cannes alors que la production concrète ou les fonctions d'intermédiation banales (transport-logistique) jouent un rôle majeur à Salon-de-Provence et sur l'Étang de Berre/Istres-Martigues (raffineries et pétrochimie de l'étang de Berre).

À l'échelle régionale, la métropolisation de la région se heurte à deux difficultés majeures. À l'est, l'aire urbaine de Nice est excentrée et bloquée dans son rayonnement régional par un arrière-pays aux potentialités très limitées et peine à affirmer ses fonctions productives face à la concurrence (foncier, immobilier, saturation, sous-investissement...) des fonctions touristiques. À l'ouest, l'aire urbaine de Marseille/Aix est confrontée à de redoutables dynamiques de ségrégations socio-spatiales et à de puissantes logiques de fragmentation et d'évitement qui dissocient fonctionnellement Aix de Marseille au détriment de l'efficience et du rôle moteur que pourrait jouer Marseille.

## Les espaces de la mobilité résidentielle : navetteurs, transfrontaliers et retraités

L'étude des dynamiques des territoires à dominante « résidentielle » doit d'abord prendre en compte les espaces de la mobilité résidentielle construits sur les rapports à l'activité et au travail. Ces trente dernières années, les mutations des marchés du travail et de l'emploi et les processus de périurbanisation et rurbanisation ont débouché sur une dissociation croissante pour une partie des actifs entre lieux du travail et lieux résidentiels, ce sont les « navetteurs », les travailleurs transfrontaliers pouvant être déclinés comme un cas spécifique. Dans ce cadre, la fin du cycle de vie professionnel débouche ensuite sur un second type de mobilité liée à la retraite alors que la qualité de la reproduction de la force de travail s'inscrit pour une partie des salariés dans un troisième type de mobilité lié à la possession d'une résidence secondaire, largement mobilisée pour le repos hebdomadaire et les courtes périodes de vacances.

### *Mobilité résidentielle et navetteurs : polarisation et redistribution*

Les grands pôles urbains et métropolitains sont au cœur de l'organisation géographique des marchés du travail nationaux, régionaux et locaux en polarisant des espaces toujours plus étendus, en particulier du fait de la périurbanisation et rurbanisation qui produit un « tiers espace » ni totalement rural, ni totalement urbain bien étudié par de nombreux géographes, dont Yves Jean et Martin Vannier. Ce phénomène se caractérise ces dernières décennies par l'essor considérable des mouvements pendulaires entre grands pôles d'emplois, en particulier métropolitains, et zones de résidence.

L'aire urbaine de Paris accueille ainsi 605 000 navetteurs qui y occupent 12 % des emplois, la distance moyenne parcourue étant à long rayon d'action (99 km). Ainsi, 35 % des actifs de la zone d'emploi Santerre-Oise y travaillent. Cela participe d'une forte saturation aux heures de pointe des infrastructures autoroutières et routières et une congestion des grandes gares et des lignes ferroviaires. Ce processus est particulièrement important dans la région lyonnaise, le bassin lillois, les grandes métropoles de la *France autonome*, la Lorraine et l'Alsace. On assiste ainsi à la construction de grandes aires résidentielles périphériques aux principales aires urbaines qui bénéficient d'importants transferts de ressources salariales des espaces productifs centraux.

**Tableau 5.6 Les grandes aires urbaines : de puissants émetteurs de navetteurs**

| | Navetteurs | % navetteur/ emploi | Distance parcourue (en km) | | Navetteurs | % navetteur/ emploi | Distance parcourue (en km) |
|---|---|---|---|---|---|---|---|
| Paris | 605 000 | 12 | 99 | Strasbourg | 74 900 | 32 | 37 |
| Lyon | 148 000 | 21 | 51 | Montpellier | 64 000 | 40 | 30 |
| Lille | 111 500 | 24 | 40 | Rouen | 60 800 | 32 | 33 |
| Toulouse | 98 700 | 22 | 46 | Grenoble | 59 100 | 27 | 37 |
| Rennes | 90 900 | 48 | 32 | Clermont-Ferrand | 53 700 | 36 | 29 |
| Marseille | 86 700 | 15 | 57 | Metz | 53 000 | 34 | 32 |
| Nantes | 82 400 | 28 | 39 | Nice | 26 461 | 7 | 80 |
| Bordeaux | 81 600 | 20,5 | 50 | Toulon | 20 700 | 10,5 | 89 |

Source : DATAR, *Observatoire des territoires*, rapport 2011.

### *Les mobilités transfrontalières : ouverture, intégration et dépendance extérieure*

La structuration des espaces par les flux de travail se retrouve aux échelles régionales du nord et de l'est de la France dans la puissance des flux transfrontaliers qui survalorisent les disparités économiques et sociales des zones frontalières. À l'échelle européenne, l'insertion de la France se caractérise en effet par une forte montée des mobilités transfrontalières dans le cadre d'un marché du travail interconnecté. Globalement, le travail transfrontalier – défini comme un actif français travaillant dans un pays étranger voisin – a connu une forte augmentation ces dernières décennies pour concerner environ 335 000 actifs en 2012. Le nombre de frontaliers du Nord et de la Lorraine passe ainsi de 20 000 en 1968 à 60 000 en 1982, puis 150 000 en 1999. Au-delà du cas spécifique de Monaco (26 000 frontaliers) sur la Côte d'Azur, il concerne fondamentalement les cinq régions frontalières du Nord-Est et du nord des Alpes.

Il représente aujourd'hui, en termes d'emplois et de revenus de transfert, un facteur majeur d'organisation de certains dispositifs productifs régionaux et locaux (fuite de main-d'œuvre, concurrence salariale, montée des prix fonciers et immobiliers…). Il est lié à des structures asymétriques de part et d'autre de la frontière (démographie, offres d'emploi, différentiels des niveaux de salaires, valeur de la monnaie Franc suisse/Euro...) introduisant une forte discontinuité. Elles expliquent des logiques croissantes de polarisation plus ou moins étendues des territoires frontaliers français par les marchés urbains ou métropolitains étrangers souvent dans le cas de conurbations ou grandes régions métropolitaines transfrontalières : Luxembourg, Bâle et Genève jouent en effet un rôle majeur. Pour autant, la polarisation transfrontalière décroît assez vite avec la distance dessinant ainsi des gradients de polarité très marqués : dans l'ouest lorrain, les taux d'emplois transfrontaliers tombent de 45 % dans une bande entre 5 et 10 km à 20 % entre 15 à 20 km puis 10 % de 30 à 35 km. Ainsi, en Alsace, si 8 % des actifs, soit 64 000 personnes, sont frontaliers, on atteint les 30 % à 35 % dans le sud du Haut-Rhin polarisé par Bâle et dans le Nord-Est polarisé par Rastatt et Karlsruhe.

**Tableau 5.7 La montée du travail transfrontalier lorrain : un substitut à la crise de l'emploi**

| | 1990 | 1995 | 2000 | 2005 | 2011 | Diff. 1990-2011 | Diff. en % | % pays en 1990 | % pays en 2011 |
|---|---|---|---|---|---|---|---|---|---|
| Allemagne | 15 984 | 20 180 | 23 520 | 21 470 | 19 255 | + 3 271 | + 20,5 | 48,9 | 19 |
| Belgique | 1 767 | 2 701 | 3 468 | 4 441 | 5 556 | + 3 789 | + 214,5 | 5,4 | 5,5 |
| Luxembourg | 14 940 | 27 330 | 43 421 | 58 900 | 76 400 | + 61 460 | + 411 | 47,7 | 75,5 |
| Lorraine | 32 691 | 50 211 | 70 409 | 84 811 | 101 211 | + 68 520 | + 209 | 100 | 100 |

Source : INSEE.

Dans certains espaces en crise industrielle de reconversion comme la Meuse du Nord, les bassins de Longwy, Briey et Thionville (sidérurgie) ou le bassin houiller lorrain, la montée du travail frontalier a été une réponse à une crise structurelle. Le nombre de frontaliers lorrains triple entre 1990 et 2011 pour passer de 32 600 à 101 200. L'aire urbaine de Thionville-Metz totalise plus de 26 000 frontaliers, soit 25 % des actifs de l'aire urbaine de Thionville. Ce processus représente des transferts financiers considérables injectés dans l'économie : ces frontaliers ont perçu plus d'un milliard d'euros de rémunération en 2006, soit 15 % de la masse salariale totale de Metz-Thionville. À la suite des accords signés entre la Suisse et l'Union européenne en 2001, le nombre de transfrontaliers a augmenté de + 64 % en dix ans : 84 000 actifs de l'Ain et de Haute-Savoie travaillent ainsi en Suisse. Dans le Genevois français, 38 % des actifs travaillent en Suisse. Afin d'analyser les activités transfrontalières et leur impact social, immobilier, économique et productif, les observatoires régionaux de l'INSEE et les collectivités territoriales françaises et étrangères se sont dotés d'organismes spécifiques en Rhône-Alpes, en Alsace, en Lorraine et dans le Nord-Pas-de-Calais.

### *Les espaces de la retraite et des résidences secondaires : un dispositif spécifique*

Face aux flux et transferts liés directement à l'emploi, les espaces des résidences secondaires et de la retraite représentent un autre dispositif spécifique.

**Les résidences secondaires.** Alors que la France compte un parc de 14,5 millions de résidences secondaires, la géographie des résidences secondaires, ou des logements occasionnels, survalorise au niveau des grandes zones réceptrices les littoraux (Honfleur : 52 % du parc logements, Fréjus : 49 %), les espaces montagnards (Briançon : 64 %), l'est du Limousin et le sud de l'Auvergne (Lozère : 35 %, Saint-Flour : 26 %), une partie de la Bourgogne (Morvan : 35 %) et la Corse (Porto-Vecchio : 55 %) en y représentant plus de 20 % du parc des logements. Au niveau des zones émettrices, les 16 plus grandes aires urbaines jouent bien sur un rôle majeur : elles comptent 900 000 habitants qui sont propriétaires de résidences secondaires (maisons, appartements). C'est ainsi que 12,4 % des habitants de l'aire urbaine de Paris possèdent 532 400 résidences secondaires, très largement devant Lyon, Lille ou Toulouse. Elles sont situées pour l'essentiel dans le sud-est du Bassin Parisien, une partie du Massif central, les Alpes du Nord et sur les littoraux atlantique et méditerranéen. L'impact territorial peut en être considérable en termes de valorisation du patrimoine immobilier, de transferts de ressources et de demande économique (bâtiment, achats...) : presque la moitié du parc immobilier d'un département comme l'Yonne est composé de résidences secondaires, pour l'essentiel détenues par des franciliens. Face à Paris, les métropoles de province s'inscrivent pour l'essentiel dans des schémas de polarisation régionale comme l'indiquent les distances moyennes (Rennes, Nantes, Toulouse, Bordeaux), à l'exception des villes du Grand Nord-Est (Metz, Lille, Strasbourg) aux aires sensiblement plus larges (tableau 5.8).

**Les retraités.** Le vieillissement de la population, l'allongement de la durée de vie et l'arrivée à l'âge de la retraite des actifs du baby-boom se sont traduits ces dernières décennies par une explosion du nombre de retraités : en trente ans, le nombre de personnes de plus de 60 ans est passé de 17 à 24 % de la population, soit de 9,1 à 15,3 millions de personnes (+ 6,2 millions, + 68 %). Ce vieillissement induit géographiquement de forts contrastes territoriaux pour les économies locales et régionales. Sur les 313 zones d'emplois couvrant la France métropolitaine, 59 zones, soit 19 %, dépendent pour plus d'un tiers de leurs revenus des transferts liés aux versements des pensions et retraites, et 230 zones, soit 74 %, pour plus d'un quart de leurs revenus, le Morvan atteignant les 45 % et Royan, Céret ou les Sables-d'Olonne plus de 40 %. Les espaces de la retraite s'organisent autour de trois logiques.

**Tableau 5.8 Les grandes aires urbaines : de puissants émetteurs de résidences secondaires**

| | Nb. de résidences secondaires | % propriétaires de résidences secondaires | Distance moyenne (en km) |
|---|---|---|---|
| Paris | 532,4 | 12,4 | 372 |
| Lyon | 65,9 | 10,7 | 178 |
| Lille | 21,6 | 5,2 | 422 |
| Toulouse | 39,9 | 10,2 | 157 |
| Rennes | 15,5 | 11,4 | 134 |
| Marseille | 57,9 | 9,5 | 186 |
| Nantes | 28,7 | 11,2 | 129 |
| Bordeaux | 34,4 | 9,4 | 142 |
| Strasbourg | 8,8 | 4,4 | 313 |
| Montpellier | 13,6 | 9 | 145 |
| Rouen | 9,4 | 5,4 | 314 |
| Grenoble | 20,5 | 10,9 | 145 |
| Clermont-Ferrand | 14,8 | 11,7 | 140 |
| Metz | 5,2 | 3,7 | 423 |
| Nice | 37,3 | 8,7 | 212 |
| Toulon | 17 | 7 | 266 |

Source : DATAR, *Observatoire des territoires*, rapport 2011.

Premièrement, les zones en crise où la population âgée est en général peu mobile et reste donc sur place. En effet, le poids des retraites est particulièrement important dans les zones de déprise rurale et de vieillissement accéléré du nord du pays (Ardennes, nord de la Lorraine), des marges bourguignonnes et du Centre, du Massif central et du Grand Sud-Ouest. On retrouve aussi dans ces espaces les territoires déprimés ou peu actifs des villes petites ou moyennes (Cosne-Cours-sur-Loire, Décize, Coutances, Aubusson, Toulon, Draguignan, Dax, Saint-Gaudens, Villeneuve-sur-Lot, Argenton-sur-Creuse) dans lesquels cette spécialisation ressort alors « en négatif » tout comme à Montceau-les-Mines ou Montluçon, deux anciennes villes industrielles du centre de la France en déclin.

Deuxièmement, la dynamique est aussi portée par le retour au pays pour passer leurs vieux jours d'anciens actifs ayant travaillé dans une autre région, par exemple les grands marchés urbains. Cette géographie répond en l'inversant aux grands flux migratoires des décennies de l'après-guerre et des Trente Glorieuses.

Enfin, troisièmement, des espaces plus dynamiques se spécialisent aussi dans l'attractivité de retraités, souvent au pouvoir d'achat et au niveau de consommation plus élevés, quittant leurs régions d'origine pour se localiser dans des milieux bénéficiant de fortes aménités comme la Côte d'Azur (Fréjus...), une partie du littoral Atlantique (Royan, Les Sables-d'Olonne...) et le bassin d'Arcachon, l'intérieur de la Provence ou toute la moitié occidentale de la Bretagne (Lannion, Golfe du Morbihan...). Dans ces deux derniers ensembles, l'émission de retraités par les grandes aires métropolitaines joue un rôle non négligeable. Dans tous les cas, la question du vieillissement est devenue un enjeu majeur en particulier en termes d'emplois dans la sphère sanitaire et sociale, de création de dispositifs de soutien ou d'infrastructures d'accueil adaptées à ces nouvelles réalités : en 2030, 52 % de la population du Limousin et 50 % de la population du Poitou-Charentes seront des personnes âgées.

**Tableau 5.9 Les grandes aires urbaines : de puissants émetteurs de retraités**

| | Nb de départs | % départs/total retraités | Distance à la métropole (en km) |
|---|---|---|---|
| Paris | 1 465 | 9,7 | 348 |
| Lyon | 16,1 | 6,4 | 153 |
| Marseille | 14,2 | 5,1 | 189 |
| Nice | 11,3 | 4,9 | 324 |
| Bordeaux | 9,2 | 6,3 | 151 |
| Toulouse | 9,1 | 6,7 | 140 |
| Lille | 8,3 | 5,2 | 342 |
| Nantes | 7,6 | 7,5 | 136 |
| Toulon | 6,6 | 4,9 | 295 |
| Grenoble | 4,9 | 6,6 | 142 |
| Rouen | 4,8 | 6,4 | 214 |
| Montpellier | 4,6 | 9 | 147 |
| Rennes | 4,1 | 8,9 | 120 |
| Strasbourg | 3,9 | 5,3 | 222 |
| Clermont-Ferrand | 3,6 | 6,9 | 107 |
| Metz | 2,8 | 5 | 263 |

Source : DATAR, *Observatoire des territoires*, rapport 2011.

## Les espaces du tourisme et de la récréation

### *La « révolution touristique » des dernières décennies*

Comme l'ont étudié ces dernières décennies de nombreux géographes – comme G. Cazes, R. Knafou, P. Duhamel, J.-M. Hoerner, O. Lazarroti ou J.-P. Lozato-Giottard –, les grands pays occidentaux, et en particulier la France, ont connu une véritable révolution touristique de nature culturelle, économique et territoriale. Sans pouvoir revenir en détail sur ces travaux dans le cadre de cet ouvrage, il convient de souligner que le tourisme est sans doute dans la sphère de la reproduction sociale le secteur économique le plus autonome à la fois des bases publiques et sociales d'un côté, de la répartition de la population ou de la hiérarchie urbaine de l'autre. En ce sens, il se rapproche très fortement par son marché, ses acteurs et ses logiques privées des activités de la sphère productive, mais, à la différence de celles-ci, l'essentiel de ses ressources repose sur une importante économie de transferts.

**Un important secteur économique.** Depuis une quarantaine d'années, le tourisme est devenu un important secteur économique et un des axes de spécialisation de l'économie français dans la mondialisation. En 2012, la France demeure la 1re destination touristique mondiale avec 83 millions de visiteurs étrangers et vient au 3e rang mondial pour les recettes du tourisme international derrière les États-Unis et l'Espagne. On évalue la consommation touristique intérieure à plus de 138 milliards d'euros, soit 7 % du PIB, dont presque un tiers provient des transferts opérés par les touristes étrangers venant en France. Le Conseil national du tourisme (CNT) estimait en 2011 que le tourisme (hébergement, restauration, agences de voyages, voyagistes...) représentait 1 million d'emplois et que la part de valeur ajoutée dans le PIB était sensiblement supérieure à celle d'autres secteurs économique comme l'énergie et l'agriculture, les industries agro-alimentaires ou l'automobile. À côté des résidences secondaires, l'hébergement touristique marchand représente 227 000 établissements regroupant un potentiel de 5,7 millions de lits (hôtels, résidences de tourisme, villages de vacances, meublés, campings, chambres d'hôtes). Il a réalisé 397 millions de nuitées en 2012, dont un tiers d'étrangers à 84 % européens, dont 31 % sur le littoral, 30 % dans l'espace rural, 21,5 % en villes et 14 % en montagne. À côté des structures économiques traditionnelles et des initiatives des collectivités territoriales (*cf.* Biarritz dans le tourisme d'affaires) s'affirme le poids des initiatives locales cherchant à capter une partie de ces transferts : le potentiel des chambres d'hôtes chez l'habitant est ainsi multiplié par 5 en vingt ans pour atteindre aujourd'hui 75 000 unités.

### Biarritz : le nouveau créneau du tourisme d'affaires

À côté du tourisme classique de masse s'est développé un vaste secteur du tourisme d'affaires d'échelle nationale ou internationale (salons comme le MIPIM dans l'immobilier international ou le Festival international du cinéma à Cannes, congrès internationaux...). Si les grandes métropoles comme Paris, Lyon, Cannes ou Nice jouent déjà massivement cette carte grâce à leurs installations hôtelières et d'accueil technique (salles des congrès...), la ville de Biarritz au Pays basque – vieille station balnéaire lancée au XIXe siècle sous le Second Empire grâce à l'arrivée du train – cherche elle aussi à jouer cette carte en estimant capter 5 à 10 % du marché français, grâce en particulier à ses 15 établissements hôteliers classés quatre à cinq étoiles. Son objectif est de diversifier son activité touristique, en particulier hors des périodes saisonnières traditionnelles. Ces choix s'appuient sur la mutation fonctionnelle des équipements existants comme l'ancien casino municipal transformé par le groupe Barrière (casino, jeux...) en centre de congrès, l'ancien casino Bellevue transformé en espace d'exposition et de rencontres, l'ancienne Gare centrale de la Compagnie du Midi en salle de spectacle ou la création de nouveaux établissements (halle d'Iraty de 8 000 $m^2$ d'une capacité de 1 500 congressistes). En 2012, elle a ainsi accueilli 243 manifestations (*cf.* Congrès des intercommunalités de France avec 1 600 congressistes) qui représentent 30 000 personnes représentant 60 700 nuitées pour un chiffre d'affaires dépassant le million d'euros. Cette stratégie s'appuie sur la politique volontariste d'attractivité déployée par Biarritz Tourisme, un organisme municipal en charge de la promotion.

L'importance du tourisme en France s'explique notamment par la diversité de son patrimoine culturel et naturel, mis en valeur par les différents programmes d'aménagement menés au cours des décennies 1960 à 1980, tant sur le littoral qu'à la montagne (tourisme urbain et d'affaires, thalassothérapie, sports d'hiver, tourisme de nature et culturel...). En 2011, les 31 principaux sites touristiques ont ainsi reçu 75,3 millions de visiteurs dont les grands monuments et musées parisiens (Louvre : 8,8 millions, Tour Eiffel, Versailles, Centre Pompidou, Orsay, Grand Palais...), les parcs de loisir (Disneyland Paris : 15,6 millions, Futuroscope de Poitiers : 2 millions, Puy du Fou vendéen, Parc Astérix) et les grands monuments et lieux de mémoire (plages du débarquement, Mont-Saint-Michel, Chenonceau, Chambord, Chamonix...).

**Un impact territorial spécifique.** Au-delà du cas particulier des grandes métropoles, de nombreux territoires font du tourisme soit une spécialisation fonctionnelle forte, soit un levier de diversification de leurs économies locales et régionales (Corse et littoraux méditerranéens et atlantiques, espaces de moyenne et surtout haute montagne...). À l'échelle régionale, les capacités d'accueil sont largement polarisées puisque cinq régions captent 62 % des installations. L'Île-de-France polarise un tiers du parc hôtelier, la PACA et le Rhône-Alpes 44 % des hébergements collectifs, et la PACA, l'Aquitaine, les Pays-de-la-Loire et la Bretagne la moitié des places de camping. La dynamique des espaces touristiques repose sur leur capacité à attirer dans un cadre très concurrentiel les richesses créées dans les grandes régions économiques motrices françaises, européennes et mondiales. Les bases touristiques représentent parfois jusqu'à 60-70 % des revenus en Tarentaire ou à Briançon dans les Alpes, à Lourdes (pèlerinage) ou à Calvi en Corse et pèsent parfois d'un poids considérable dans l'emploi local (Futuroscope de Poitiers : 4 700 emplois). Mais comme l'illustrent le départ massif des résidents britanniques dans le Sud-Ouest avec la crise actuelle, le recul des taux de départ en vacances des Français qui tombe de 66 % en 1995 à 52 % en 2007 ou l'arrivée des milliardaires russes sur la Côte d'Azur, ces bases économiques demeurent très dépendantes de la conjoncture économique et sociale, des crises géopolitiques ou simplement des conditions météorologiques.

**Tableau 5.10 Part de l'emploi salarié touristique par zones d'emploi (en %)**

| | Montagne | | Littoral | | Villes |
|---|---|---|---|---|---|
| Tarentaise | 26,40 | Porto-Vecchio | 24,90 | Marne-la-Vallée | 12,90 |
| Briançon | 24,90 | Calvi L'Île-Rousse | 24,90 | Marseille/Aubagne | 11,10 |
| Mont-Blanc | 22,90 | Honfleur | 24,30 | Paris | 9,96 |
| Maurienne | 17,10 | Fréjus/Saint-Raphaël | 16,40 | Tarbes/Lourdes | 8,33 |
| Chablais | 16,40 | Menton/Vallée de la Roya | 13,70 | Nice | 7,55 |

Source : INSEE, 2007.

De plus, l'emploi salarié y est souvent moins qualifié, fortement féminisé, souvent saisonnier et à temps partiel. En Languedoc, l'emploi touristique – polarisé à 45 % sur le littoral (grandes stations intégrées du Grau-du-Roi, Cap d'Agde, Port-la-Nouvelle, Saint-Cyprien/Banuyls) en été – double entre l'hiver et l'été en passant de 42 500 à 86 000 emplois. Comme l'illustre la région Midi-Pyrénées, les territoires du tourisme composent une mosaïque de sous-cellules régionales aux fonctions et trajectoires bien différenciées. Face aux difficultés de l'agriculture de montagne, les territoires de la chaîne des Pyrénées sont particulièrement dépendants économiquement et socialement du tourisme, les dépenses touristiques représentent 48 % des revenus totaux annuels de la vallée des Gaves, 47 % dans le Couserans et 43 % dans le Pays des Nestes.

**Tableau 5.11 L'emploi salarié du tourisme en Midi-Pyrénées**

| | Emploi salarié du tourisme | % régional | % tourisme/ emplois salariés | Salariés en juillet/août | Salariés en février |
|---|---|---|---|---|---|
| Midi-Pyrénées | 60 900 | 100 | 6 | 74 000 | 52 300 |
| Stations de montagne | 3 100 | 5 | 42 | 3 600 | 3 800 |
| Lourdes | 2 300 | 4 | 25 | 3 700 | 1 000 |
| Montagne hors stations | 2 500 | 4 | 12 | 3 100 | 2 600 |
| Zones urbaines (hors Lourdes) | 25 100 | 41 | 4 | 28 700 | 21 900 |
| Dont Toulouse agglomération | 16 900 | 28 | 4 | 18 600 | 14 900 |
| Zones rurales | 11 000 | 18 | 4 | 16 300 | 8 100 |

Source : INSEE.

### *Les littoraux : entre concurrences fonctionnelles, protection et aménagement durable*

Les littoraux sont globalement l'un des espaces où l'économie résidentielle pèse d'un poids considérable du fait de l'importance de la population résidente et des activités touristiques liée au processus d'haliotropisme. Dans ces conditions, les espaces littoraux sont confrontés à de nombreux défis du fait de la forte concurrence existant entre grandes fonctions économiques pour leur contrôle, leur appropriation et leur mise en valeur. Le linéaire côtier est en effet un espace rare – 5 500 km d'extension, 22 260 km$^2$, soit 4 % du territoire pour 885 communes – qui polarise une forte croissance démographique, urbaine et économique (pêche et aquaculture, agriculture, puissantes industries littorales avec en particulier 304 sites SEVESO, énergies, ports, tourisme). Parfois objet de grandes opérations et de grands débats d'aménagement aux forts enjeux géopolitiques (Le Havre Port 2000, Baie du Mont-Saint-Michel...) entre des projets très différents (développement/préservation/protection...), il est un lieu particulièrement conflictuel dans sa valorisation économique (*cf.* débat sur les pollutions agricoles des eaux littorales bretonnes, développement éolien terrestre et *offshore*, maladies atteignant l'ostréiculture...).

La forte pression de la fonction résidentielle et immobilière s'explique d'abord par la forte croissance démographique. Avec 7,7 millions d'habitants, les communes littorales ont une densité de 281 hab./km$^2$, soit 2,5 fois plus que la moyenne nationale, qui atteint même 2 654 hab./km$^2$ dans les Alpes-Maritimes et 822 hab./km$^2$ dans les Pyrénées-Atlantiques. En quarante ans, la population littorale augmente d'un quart (+ 1,3 million), mais de + 27 % sur l'Atlantique et + 31 % sur la Méditerranée. Ces dix dernières années, les soldes migratoires expliquent 80 % de la croissance démographique littorale. Face à la saturation des communes littorales, on assiste au déversement en cascade d'une partie des populations sur les arrière-pays littoraux dont la population augmente de + 56 % pour atteindre des densités de 85 hab./km$^2$. Surtout d'ici 2040, les départements littoraux contribueraient pour près de la moitié à la croissance démographique nationale et accueilleraient alors 40 % de la population française. La mobilisation des jeux d'échelle exprime les tensions observables : les communes directement littorales ont polarisé 31 % de la croissance démographique des départements littoraux, et entre 2007 et 2040 elles devraient encore gagner 1,4 million d'habitants pour atteindre les 9 millions de résidents. Enfin, cette pression est régionalement inégale : face à la stagnation des littoraux du nord, le littoral atlantique devrait augmenter de + 27 % sa population, pour polariser un quart de la croissance nationale contre + 19 % pour la Méditerranée.

### Caractéristiques et enjeux de l'économie littorale

Du fait de ses caractéristiques socio-économiques, près de 75 % des emplois littoraux appartiennent à la sphère de la reproduction sociale, dont 44 % à la sphère résidentielle qui joue donc un rôle majeur face à une sous-représentation de la sphère productive. Pour autant, les activités productives sont loin d'être absentes des espaces littoraux, mais sont en générale plus polarisées en dehors bien sur de l'agriculture. Les communes littorales accueillent en effet 86 % des emplois de la pêche et aquaculture, 73 % des transports par eau avec 7 grands ports maritimes (Le Havre, Marseille, Dunkerque ; Calais et Toulon pour les ferries...), 67 % des constructions navales (Saint-Nazaire, Cherbourg...), 40 % du raffinage pétrolier (Fos-sur-Mer, Martigues, Le Havre...), 37 % de la cokéfaction et du nucléaire, 25 % de la chimie, 20 % de la sidérurgie (Dunkerque, Fos-sur-Mer...) et 18 % des constructions aéronautiques (Nantes/Saint-Nazaire). La conchyliculture (moules, huîtres...), qui emploie 21 000 personnes, se concentre pour moitié en Bretagne et en Poitou-Charentes, devant le Nord, la Baie de Somme, le Cotentin et le Bassin d'Arcachon. De même, l'économie maritime - un ensemble transversale aux découpages sectoriels traditionnels qui regroupe l'industrie du poisson, la construction de bateaux de plaisance, les services portuaires maritimes et fluviaux et le transport maritime - représentent 100 000 emplois, aux deux tiers dans les communes littorales, soit à peu près la moitié des salariés des emplois touristiques.

Source : D'après le Commissariat au développement durable, janv. 2011.

À cette croissance démographique portée par un développement endogène et de puissants flux migratoires répond un fort processus d'urbanisation touristique (résidences secondaires, hôtel, camping...). À eux seuls, les départements littoraux polarisent la moitié de l'offre nationale d'accueil touristique, dont un tiers des chambres d'hôtel et des gîtes et 60 % des places de camping. Les capacités d'accueil touristiques des communes littorales représentent 7,7 millions de lits, soit autant que la population résidente : les trois-quarts sont constitués de résidences secondaires, dont le nombre est multiplié par quatre en quarante ans, et un quart par l'offre marchande (hôtels, camping, résidences collectives...). Dans les grandes régions littorales, si on ne tient pas compte des métropoles et grandes villes qui déforment largement l'offre par la puissance de leurs marchés urbains, la moitié des capacités d'hébergement touristique est polarisée par seulement 5 % des communes dans la région PACA, 8 % en Languedoc-Roussillon et 14 % en Bretagne.

Dans ces conditions, le contrôle et la régulation de ces dynamiques socio-économiques constituent un enjeu central dans le cadre d'un développement et d'un aménagement durable des territoires. Au-delà de la création en 1975 du Conservatoire du Littoral, un établissement public qui par ses stratégies foncières possède plus de 125 000 hectares sur 500 sites, et de la mise en place plus ou moins conflictuelle d'aires de protection (Natura 2000...), la question centrale est bien celle de la capacité des territoires à se doter d'outils de planification et de stratégie de protection et d'aménagement (PLU, Plans locaux d'urbanisme ; SCOT, schémas de cohérence territoriale,...) accompagnant de manière équilibrée les besoins des différentes sphères de l'activité économique.

### *Les espaces des montagnes : inégalités et dualisme des trajectoires*

**Unité et diversité des espaces montagnards.** Les six massifs montagnards métropolitains, délimités par la Loi montagne (Massif central, Pyrénées, Vosges, Jura, Alpes, Corse), couvrent 167 000 km$^2$, soit 30 % du territoire national, mais ne regroupent que 13 % de la population (8,5 millions d'hab.). Avec les littoraux, les espaces montagnards appartiennent eux aussi pour une large part aux territoires dans lesquels les fonctions de la sphère de la reproduction sociale jouent un rôle majeur du fait du poids des transferts et des activités touristiques face à la disparition des activités artisanales ou industrielles traditionnelles et aux difficultés de l'agriculture de montagne. On doit cependant distinguer deux types de trajectoires très contrastées du fait de leurs spécialisations fonctionnelles différenciées qui dessinent quatre sous-ensembles.

Premièrement, on trouve deux ensembles dynamiques – regroupant 40 % de l'espace montagnard mais 75% de la population montagnarde – organisés soit par la sphère productive, soit par la sphère résidentielle et touristique. D'un côté, la montagne urbanisée (13 % surface, 63 % pop.) constituée par les zones polarisées par les villes dynamiques en forte croissance démographique et économique, jeune et qualifiée portée par une sphère productive à base urbaine ou métropolitaine (Grésivaudan, Sillon alpin et Genevoix, aires de polarisation de Clermont-Ferrand, Limoges, Saint-Étienne, Brive...). De l'autre, la haute et moyenne montagne aux fonctions résidentielle et touristique bien affirmées, très dynamique et attractive (28 % surface, 11 % pop.) à la population jeune, aux revenus élevés et à faible taux de chômage, se trouvant pour l'essentiel dans le nord-est des Alpes (Savoie, Haute-Savoie, Isère).

**Tableau 5.12 Typologie fonctionnelle et sociodémographique des espaces montagnards**

| | % superficie | % population | Habitants |
|---|---|---|---|
| **Total** | **100** | **100** | **8 312 000** |
| 1. Montagnes dynamiques | 25 | 70 | 5 800 000 |
| Montagnes urbanisées sous influence métropolitaine | 13 | 63 | 5 300 000 |
| Haute montagne attractive | 12 | 7 | 500 000 |
| 2. Montagnes intermédiaires | | | |
| Moyennes montagnes agricoles/industrielles dynamiques | 23 | 16 | 1 300 000 |
| 3. Montagnes répulsives | 52 | 14 | 1 212 000 |
| Haute montagne répulsive | 16 | 4 | 312 000 |
| Moyennes montagnes agricoles/industrielles répulsives | 36 | 10 | 900 000 |

Source : DATAR, 2012.

Deuxièmement, 60 % de l'espace montagnard ne regroupant que 25 % de la population est composé d'espaces plus ou moins en difficulté dans lesquels la sphère productive est faible ou en crise et pour lesquels les bases publiques et sociales jouent un rôle déterminant. D'un côté, une moyenne montagne à vocation soit plus industrielle, soit plus agricole (58 % surface, 25 % pop.) aux trajectoires bien contrastées : aux communes aux revenus relativement élevés et au chômage limité du Jura et des couronnes des agglomérations du Massif central dans lesquelles la sphère de la production demeure importante s'opposent les espaces âgés, à faibles revenus, peu diplômés, parfois à fort taux de chômage, et peu attractifs du Morvan, du centre et du sud du Massif central (hautes terres centrales, Aubrac, Margeride...), du sud-ouest des Alpes (Drôme...) et d'une partie des Pyrénées-Atlantiques. De l'autre, une haute et moyenne montagne relativement isolée, peu accessible, en déprise et en difficulté (vieillissement, exode des jeunes, revenus faibles) de la Corse, d'une partie des Pyrénées (Ariège, Hautes-Pyrénées) et du sud-est des Alpes (Alpes-de-Haute-Provence, Hautes-Alpes, partie intérieure des Alpes-Maritimes et du Var).

**Le tourisme hivernal : l'exemple alpin.** Dans la dynamique de l'économie résidentielle, le tourisme hivernal alpin représente le cas exemplaire d'un marché de niche, national et international, dont la promotion volontariste par des acteurs économiques et politiques, nationaux, régionaux et locaux a profondément transformé les massifs des Alpes du Nord. Si 38 % des Français partent en vacances d'hiver, seulement 8 % partent aux sports d'hiver, en général les catégories sociales aisées ou moyennes des grandes aires métropolitaines. Ce tourisme hivernal centré sur la pratique du ski est un secteur économique non négligeable : il représente environ 7 milliards d'euros de chiffre d'affaires, 120 000 emplois et concerne 10 millions de touristes, dont 20 % d'étrangers en 2011. Il repose sur 98 stations valorisant 27 000 hectares de domaines skiables. Du fait des potentialités très différenciées des milieux naturels, cette activité est très polarisée puisque les Alpes du Nord représentent 76 % du chiffre d'affaires des remontées mécaniques françaises et la moitié des recettes du ski nordique. Avec 58 % des 2 millions de lits des capacités d'accueil nationales, elles viennent largement en tête des massifs devant les Alpes du Sud (16,5 %), les Pyrénées (8,5 %), le Jura (5 %), le Massif central et les Vosges. Depuis le développement d'un alpinisme international estival socialement élitiste dans le massif du Mont-Blanc à la fin du XIX^e^ siècle, les Alpes du Nord se sont engagées progressivement à partir des années 1960-1970 dans une large valorisation hivernale de son patrimoine montagnard : la montagne représente 65 % du marché touristique régional de Rhône-Alpes. Si la randonnée, l'alpinisme, le parapente ou les sports d'eau se renforcent, la grande affaire demeure la valorisation des champs de neige grâce à de bonnes précipitations, de vastes plateaux de haute altitude et une très bonne desserte logistique.

## L'économie de la Tarentaise : la valorisation de l'Or blanc

*Les Alpes du Nord et l'Or blanc*

Espace longtemps dominé par l'agriculture de montagne et parfois l'industrialisation de grandes vallées comme la Tarentaise et la Basse Maurienne liée au développement de l'hydroélectricité à la fin du XIX^e^ siècle, le massif alpin connaît aussi un fort développement touristique, estival puis surtout hivernal avec la valorisation de l'Or blanc comme en témoigne les I^ers^ Jeux olympiques d'hiver à Chamonix dès 1924, les X^es^ Jeux à Grenoble en 1968 et les XVI^es^ Jeux à Albertville en 1992. D'une pratique élitiste de quelques stations huppées réservées à la *Jet Set*, la région bascule à partir des années 1970 dans une pratique de masse grâce au lancement de gigantesques travaux d'équipement et d'infrastructures dans le cadre d'une politique nationale pilotée par l'État (« Plan neige » lancé entre 1965 et 1975, découpage de la France en zones de vacances scolaires différenciées...). Ce processus repose sur une interaction des jeux d'acteurs qui associent l'État, de puissants groupes financiers et immobiliers nationaux, les collectivités territoriales (Région, conseils généraux) et les élites économiques locales et régionales. Un des plus grands domaines skiables du monde est valorisé par 160 stations de ski et 2 300 remontées mécaniques assurant un débit potentiel de 2,5 millions de personnes/heure, soit un Réseau Express Régional à l'heure de pointe. Grâce à

60 millions d'investissements par an ces dernières années, la « neige de culture » a permis de diviser par deux l'exposition des domaines skiables à l'aléa climatique.

Cependant, ce gigantesque potentiel est très largement polarisé par la Savoie, la Haute-Savoie et l'Isère qui accueillent 80 % des stations rhône-alpines et 60 % de la puissance installée des remontées mécaniques en France, essentiellement dans le massif de la Vanoise, pour des raisons morphologiques, et, dans une moindre mesure, du Mont-Blanc et des Préalpes calcaires. Cette activité de transferts financiers des régions métropolitaines régionales (Grenoble, Lyon), nationales (Île-de-France) et européennes (Londres, sud de l'Allemagne) explique l'impact considérable du tourisme dans l'emploi de certains massifs montagnards : Haut-Chablais (54 %), Tarentaise (47 %), Oisans (58 %), Vercors (36 %), Belledonne (33 %), Mont-Blanc (28 %), Albertville (23 %). Mais ce modèle économique s'avère fragile car dépendant des évolutions climatiques, qui déterminent l'enneigement, et concurrencé par de nouvelles destinations d'un bien meilleur rapport qualité/prix face à la médiocrité de la qualité architecturale de nombreuses stations intégrées, qui ont si mal vieilli, et au gigantisme des installations et des flux, qui posent de redoutables problèmes de circulation pour l'accès aux stations. Face à ces défis, on assiste à une coûteuse surenchère technique (neige artificielle et canons à eau) et économique à travers, par exemple, le regroupement des stations, afin d'élargir leurs domaines skiables en les interconnectant comme dans les « Trois Vallées » (Courchevel, la Tania, Méribel, Val Thorens, les Ménuires, Saint-Martin) ou l'« Espace Killy » (Val d'Isère, Tignes).

*Les mutations socio-économiques de la Tarentaise : une forte spécialisation fonctionnelle*

En trente ans, la population de la vallée de la Tarentaise augmente de + 25 % pour atteindre 52 000 habitants du fait de soldes naturels et migratoires positifs alors que les retraités représentent un quart de la population. Si les agriculteurs ne représentent plus que 1 % de la population active, on assiste au fort développement des emplois des services marchands liés à l'activité touristique qui devient le vecteur majeur du développement grâce aux investissements et revenus de transferts. Avec 28 000 actifs, un taux d'emploi très élevé et un faible chômage, le marché du travail hivernal doit faire appel à des milliers de travailleurs saisonniers. Cette croissance démographique et touristique se traduit par un boom immobilier spectaculaire avec une hausse de 360 % du parc logement : entre 1968 et 2010, les résidences principales passent de 23 578 à 47 000 (x 2) et, surtout, le parc des résidences secondaires ou locatives explose de 8 500 à 76 800 (x 9) qui représente 60 % du parc total. Organisées par 25 stations - dont La Plagne, Courchevel, Val Thorens, Tignes, Les Ménuires, Val d'Isère et Pralognan... - souvent gérées par de grandes sociétés financières (Société des Trois Vallées, Société d'aménagement de La Plagne, Société Vallée de Belleville, Compagnie des Alpes), les communes de montagne dotées de stations de ski polarisent dorénavant 45 % de la population de la Tarantaise. Un renversement majeur des équilibres montagnards traditionnels entre basses et moyennes vallées et hautes terres.

# Conclusion

## Système productif, société et territoires : une nouvelle démarche systémique novatrice

Face à l'obsolescence de la vieille trilogie ternaire primaire/secondaire/tertiaire due aux profondes mutations du schéma productif, le concept de système productif permet de refonder sur des bases novatrices la boîte à outils conceptuelle et méthodologique dont on dispose pour analyser les dynamiques – sociales, économiques et territoriales - de la France contemporaine.

Dépassant les classifications sectorielles traditionnelles, il se fonde en effet sur des logiques fonctionnelles transversales qui identifient deux grandes sphères (production/reproduction), quatre grands blocs et quinze fonctions. Déclinable à toutes les échelles de l'analyse spatiale (*cf.* système productif national, tissus productifs régionaux et potentiels productifs locaux), le concept de système productif réarticule de manière opératoire économie (production, circulation et consommation de richesses, salaires et revenus...), société (démographie, formation, qualifications, emplois et marchés du travail, mobilités...), stratégies d'acteurs (États, collectivités territoriales, firmes transnationales, PME, réseaux entrepreneuriaux...) et territoires.

Il permet ainsi d'éclairer les différentes trajectoires territoriales des dernières décennies en les replaçant dans des dynamiques systémiques grâce à la mobilisation de quelques clés d'analyse : division spatiale du travail et ségrégations sociofonctionnelles, stratégies de hiérarchisation et d'évitement, systèmes urbains, hiérarchies urbaines et métropolisation et, enfin, logiques de polarisation/spécialisation.

# Mutation du système productif, Europe et monde : dynamiques et enjeux

Depuis les années 1980, l'insertion de la France dans la mondialisation, la construction européenne et l'internationalisation des firmes et des marchés ont profondément bouleversé les logiques et les échelles d'interaction entre l'espace national, européen et mondial.

Cet ouvrage remet en cause l'existence de deux géographies qui juxtaposeraient territoires exposés et territoires protégés, ces derniers étant spécialisés – *via* le poids de la sphère de la reproduction publique ou privée – dans les secteurs économiques « protégés » des effets directs de la concurrence internationale ou du redéploiement des firmes. En effet, la démarche systémique met en lumière les jeux d'interaction et d'interdépendance qui existent entre les deux sphères et les quatre blocs identifiés. Car dans une économie développée et largement ouverte, c'est bien la capacité de la sphère productive à créer de la richesse qui détermine *in fine* les possibilités de financement de l'économie résidentielle et l'ampleur possible des redistributions interterritoriales qui sont au cœur du pacte républicain. Dans ce cadre, la crise actuelle des finances publiques et, plus globalement du modèle redistributif national (dépense publique, sécurité sociale, système des retraites...), est étroitement associée aux difficultés que connaît le système productif.

Ces difficultés plongent leurs racines dans une crise structurelle de la sphère productive dans laquelle la dimension territoriale joue un rôle nodal. Elle s'explique par le caractère incomplet et inégal de la modernisation lancée dans les décennies 1950-1960, par l'émergence de grands groupes trop souvent fondée sur l'écrasement des tissus économiques régionaux (artisanat, commerce, PME industrielles...), par les orientations données à la construction européenne (*cf.* crise actuelle de la zone Euro), par les modalités du redéploiement de grandes firmes internationales qui tendent de plus en plus à sacrifier leur base nationale et, enfin, par l'adoption d'un régime d'accumulation financière qui permet aux 10 % de la population la plus riche de disposer de 50 % du patrimoine national et de 80 % des revenus du capital.

La crise de l'« industrie française » est d'abord et avant tout une crise de la production matérielle – ou concrète – industrielle. Face à la concurrence, la sphère de la production s'est en effet de plus en plus spécialisée dans quelques branches étroites (aéronautique-armements, pharmacie, luxe...) et dans quelques grandes fonctions (fonctions abstraites de la production avec administration/gestion, commercialisation, services périproductifs amont et aval, finance). Ce redéploiement s'est opéré au prix de l'abandon de vastes pans industriels, d'une perte croissante d'autonomie stratégique et d'une forte désarticulation des cohérences d'ensemble du système productif comme l'illustrent les faiblesses de la fonction conception/innovation, le déficit de la balance commerciale ou les difficultés de financement rencontrées par l'économie productive.

## Crise(s), mutation(s) et territoire(s)

Ces contradictions structurelles sont au cœur de la recomposition des dynamiques territoriales. Contrairement à l'Allemagne mais de manière très similaire au Royaume-Uni, l'organisation de l'espace national par les firmes repose sur un puissant triptyque : hiérarchisation, ségrégation sociofonctionnelle (*cf.* géographie des cadres et des ouvriers, des fonctions concrètes et abstraites...) et stratégie d'évitement (*cf.* Île-de-France/Bassin parisien, Grand Nord-Est/France autonome...).

Celui-ci produit au total un système territorial à la fois très intégré, mais selon des logiques fragmentaires particulièrement puissantes qui expliquent des trajectoires locales et régionales de plus en plus divergentes. À toutes les échelles, on assiste à une profonde recomposition des équilibres géoéconomiques et productifs. Ceci s'explique par la nature des structures productives – fonctionnelles et sectorielles – d'un côté, par la plus ou moins grande capacité des territoires à valoriser leurs ressources endogènes face aux mutations du schéma productif et à la mondialisation de l'autre. Les quatre premières régions réalisent ainsi la moitié du PIB national, les dix premières 75 %.

En vingt ans, l'Île-de-France capte un tiers de la croissance économique du pays en se spécialisant toujours plus dans les fonctions de commandement et de gestion, de recherche et d'innovation et dans les prestations intellectuelles tout en éjectant les fonctions concrètes de la production. Ce processus, qui y conduit à la polarisation de 45 % des cadres des fonctions métropolitaines, débouche sur des tensions et dysfonctionnements internes de plus en plus marqués et une fragilisation des tissus productifs régionaux. Le Grand Bassin parisien et le Grand Nord-Est sont confrontés à la crise structurelle d'une partie de leur base économique du fait de leurs spécialisations fonctionnelles (production concrète, emplois ouvriers) ou sectorielles (sidérurgie, mécanique, automobile, textile...). Leur affaiblissement durable constituerait à terme une réelle menace pour la cohésion d'ensemble du système productif national. À l'opposé, le système lyonnais et rhônalpin d'un côté, la France autonome de l'autre connaissent une vigoureuse croissance démographique, économique et productive en polarisant 67 % des créations d'emplois et 43 % de la croissance du PIB. Dans ces espaces se conjuguent, malgré parfois de fortes différences internes, dynamisme de la sphère de la reproduction sociale, portée par la croissance démographique et les flux migratoires, et de la sphère productive, portées par de nouvelles spécialisations sectorielles (aéronautique, IAA...).

## Systèmes urbains et métropolisation : les villes au cœur des dynamiques productives

Dans ce contexte, la ville et l'urbain sont au cœur de l'organisation productive, sociale et politique du pays, les 354 aires urbaines polarisant 48 millions d'habitants et 28 millions d'emplois. Les villes sont au cœur des dynamiques productives et la hiérarchie urbaine est une des clefs majeures de l'organisation du territoire national. Du fait, en particulier, du processus de métropolisation qui caractérise la polarisation des activités et fonctions les plus stratégiques et les plus rares dans le haut de la hiérarchie urbaine : les douze premières aires métropolitaines polarisent 49 % des emplois et réalisent en trente ans un véritable écrémage fonctionnel, la métropolisation étant fille de la rareté.

S'il permet en effet de résoudre, au moins partiellement, les contradictions accumulées par un système de croissance relativement extensif (faiblesse de l'investissement productif et de l'effort d'innovation des entreprises privées, goulets d'étranglement dans la formation initiale et continue, déficit en ingénieurs et cadres hautement qualifiés...), le processus de métropolisation connaît cependant de réelles fragilités soit du fait de carences métropolitaines (Marseille, Metz, Nancy, Lille, Clermont, Toulon...), soit du fait d'une sous-utilisation de réelles potentialités (Lyon, Strasbourg, Brest...).

En conclusion, si la France dispose encore de nombreux atouts pour relever les défis auxquels elle est confrontée, il est essentiel de préparer l'avenir du fait, en particulier, à l'essor des pays émergents. Cela passe à l'échelle européenne, face à la profonde crise ouverte en 2006, par une refondation du pacte communautaire qui intègre un nouveau contrat social, économique, industriel et démocratique. Cela passe à l'échelle nationale par la promotion d'un nouveau modèle de développement durable fondé sur une « nouvelle révolution industrielle et productive » de la même ampleur que celle de la fin du XIX^e^ siècle afin de répondre aux défis technologiques et scientifiques, industriels et productifs du XXI^e^ siècle. Cela passe à l'échelle du système urbain par une métropolisation raisonnée et équilibrée qui s'appuie sur la mise en réseaux des grands systèmes régionaux organisant la dynamique des tissus productifs. De beaux chantiers sont ouverts, les géographes doivent y tenir toute leur place tant économie, société et territoire(s) font système.

# Bibliographie

Il est impossible de présenter ici l'ensemble des travaux réalisés par les chercheurs universitaires et les organismes publics ou privés portant sur l'ensemble des mutations économiques, industrielles, sociales et territoriales de la France de ces dernières décennies. Face au risque de nous diluer dans un trop vaste corpus, nous avons dû faire des choix drastiques, en ne retenant ici que les travaux pouvant permettre d'éclairer le concept de système productif. En effet, il ne s'agit pas de multiplier le relevé des études de cas ponctuelles – géographiques (*cf.* le Nord-Pas-de-Calais...) ou thématiques (*cf.* la sidérurgie...) – aussi intéressantes soient-elles, mais de bien garder sa dimension systémique à cet ouvrage.

## Approche méthodologique et conceptuelle : système productif, sphère productive et de la reproduction

Si les premiers travaux de recherche universitaires sur le concept de système productif se déploient dans la décennie 1980-1990 (rapports d'étude, articles, thèses...), ils sont aujourd'hui peu, voire inaccessibles. De fait, il faut attendre la décennie 1990-2000 pour disposer de productions publiées dans un format « grand public » plus accessible et surtout la décennie 2000 pour que les publications de l'INSEE en fassent un outil majeur d'analyse des dynamiques contemporaines (*cf.* partie 4 de la bibliographie ci-dessous).


Beckouche P., Damette F., 1993, « Une grille d'analyse globale de l'emploi. Le partage géographie que travail », *Économie et Statistiques*, n° 270.

Damette F., 1994, *La France en villes*, Paris, DATAR/La Documentation française (*cf.* chapitres 1 et 2).

Damette F., Scheibling J., 2011, *Le territoire français. Permanences et mutations*, Paris, Hachette, coll. « Carré géographie » (*cf.* chapitre 4).

Davezies L., 2008, *La république et ses territoires : le circulation invisible des richesses*, Paris, Le Seuil, coll. « La République des idées ».

Davezies L., 2012, *La crise qui vient. La nouvelle fracture territoriale*, Paris, Le Seuil.

Scheibling J., 1994, *Qu'est-ce que la géographie ?*, Paris, Hachette, coll. « Carré géographie » (partie épistémologique).

## Éléments de géographie économique, industrielle et sociale ou d'économie territoriale

Les travaux sur le(s) système(s) productif(s) s'inscrivent dans un champ plus vaste qui articule géographie industrielle, géographie économique et géographie sociale et urbaine. Quelques rappels utiles :

Bost F., Daviet S., Fache J, 2006, « Globalisation, mondialisation, régionalisation : la géographie économique en ébullition », *Historiens et Géographes*, juillet/août (bon état de la bibliographie).

Caro P., Rouault R., 2010, *Atlas des fractures scolaires*, Paris, Autrement, coll. « Atlas ».

Courlet C., 2008, *L'économie territoriale*, Grenoble, Presses universitaires de Grenoble.

Daviet S., 2005, *Industrie, culture, territoire*, Paris, L'Harmattan.

Fache J., 2002, *Les territoires de la haute technologie*, Rennes, Presses universitaires de Bretagne.

Fache J., 2006, *Les mutations de l'industrie*, Paris, Belin, coll. « Memento ».

Fischer A., 1994, *Industrie et espace géographique*, Paris, Masson, coll. « Géographie ».

Geneau de Lamarlière I., Staszak J.-F., 2000, *Principes de géographie économique*, Rosny, Bréal, coll. « Grand Amphi ».

GIP Reclus collectif, 1995-2000, *Atlas de France* (vol. 3 : Emplois et entreprises ; vol. 4 : Formation et recherche ; vol. 9 : Industries ; vol. 10 : Services et commerces ; vol. 11 : Transports et communications).

Godet M., Durance P., Mousli M., 2010, *Créativité et innovation dans les territoires*, Paris, DATAR/CAE.

*Images économiques du monde* : publication annuelle aux éditions Armand Colin. Voir dossiers thématiques : Bost F., 2013, « Les pays développés à l'épreuve de la désindustrialisation », in *Images économiques du monde 2014*, Paris, Armand Colin ; Carroué L., 2012, « Crises et basculements des équilibres mondiaux », in *Images économiques du monde 2013*, Paris, Armand Colin. Voir aussi bien les notices sur les produits et les entreprises publiés tous les ans avec les tableaux statistiques et des éléments d'analyse.

Madiès T., Praguer J.-C., 2008, *Innovation et compétitivité des régions*, Paris, DATAR/CAE.

Mérenne B., 2002, *La localisation des industries*, Rennes, Presses universitaires de Rennes.

Rozenblatt C., Cicille P., 2003, *Les villes européennes. Analyse comparative*, Paris, La Documentation française.

Vandermotten C., Marissal P., 1998, *La production des espaces économiques*, Bruxelles, Éditions de l'université de Bruxelles.

Veltz P., 1996, *Mondialisation, villes et territoires*, Paris, PUF, coll. « Économie en liberté ».

VELTZ P., 2000, *Le nouveau monde industriel*, Paris, Gallimard.

## Dynamiques géoéconomiques, crise et emboîtements d'échelles : mise en perspective

Pour articuler temps longs et temps courts, emboîtements d'échelles (local, régional, national, européen et mondial) et jeux d'acteurs (États, firmes...) autour des mutations des systèmes productifs et de la crise.

BOYER J.-C., CARROUÉ L. *et alii*, 2009, *La France. Les 26 régions*, Paris, Armand Colin, coll. « U ». Ouvrage incontournable car présente des études régionales très complètes en complément à cet ouvrage thématique.

CARROUÉ L., 2011, « Crise et basculement du monde : enjeux géopolitiques, géoéconomiques et géostratégiques », *Historiens et Géographes*, n° 416, oct.-nov.

CARROUÉ L., 2007, *Géographie de la mondialisation*, Paris, Armand Colin.

CARROUÉ L., COLLET D., 2013, *La mondialisation contemporaine. Rapports de force et enjeux*, Paris, Bréal.

PIKETTY Th., 2013, *Le capital au XXI^e^ siècle*, Paris, Le Seuil.

## Articles de recherche et pistes de mise en œuvre du concept de système productif

Au tournant des années 2000, l'INSEE commence à travailler de manière plus systématique sur la dimension fonctionnelle des activités et des emplois en multipliant les productions nationales ou régionales sur ces thématiques. On trouve aussi quelques publications à signaler ici en priorité. En voici quelques pistes facilement accessibles et consultables sur l'Internet.

BAHOKEN F., RAIMBAULT N., 2012, « La périurbanisation singulière de l'immobilier logistique du Bassin parisien », *Mappemonde*, n° 106, février.

BÉGUIN J.-M. *et alii*, 2012, « Un tissu productif plus concentré qu'il ne semblait », *INSEE Premières*, n° 1399, mars.

BERROIR S., CATTAN N. *et alii*, 2012, *Les systèmes urbains français*, DATAR, Travaux en ligne n° 10.

BODIER M. *et alii*, 2010, « Des spécificités socioprofessionnelles régionales », *INSEE Premières*, n° 1317, octobre.

BODIER M., NOËL DE BUZONNIÈRE C., VIDALENC J., 2010, « Des spécificités socioprofessionnelles régionales », *INSEE Premières*, n° 1317, novembre.

CLAUDEL A., 2011, « Emploi : extension des fonctions métropolitaines au sud-ouest de Paris », *INSEE Premières*, n° 358, mai.

COTTET V., 2010, « Depuis trente ans, les grandes entreprises concentrent de plus en plus d'emploi », *INSEE Premières*, n° 1289, avril.

GUILLAUME R., 2008, « L'évolution de l'emploi industriel 1994/2009 », *Mappemonde*, n° 2.

HECQUET V., 2010, « Quatre nouvelles catégories d'entreprises. Une meilleure vision du tissu productif », *INSEE Premières*, n° 1321, novembre.

INSEE, 2013, *Les entreprises en France*, Paris, INSEE.

JULIEN P., 2002, « Onze fonctions pour qualifier les grandes villes », *INSEE Premières*, n° 840.

LE BLANC G., 2012, *Les espaces de la dynamique industrielle. État des lieux et problématique*, Paris, DATAR.

LÉVY R. *et alii*, 2013, « La production scientifique universitaires dans les villes petites et moyennes », *Mappemonde*, n° 2.

RAU F. *et alii*, 2013, « Les grandes entreprises pèsent plus dans le Nord et les petites dans le Sud », *INSEE Premières*, n° 1440, avril.

SAUVIAT C., SERFATI C., 2013, « La compétitivité de l'industrie française », IRES, Document de travail, n° 4.

TOPIOL A. *et alii*, 2013, « Les groupes français à l'étranger », *INSEE Premières*, n° 1439, mars.

VAN PUYMBROECK C., REYNARD R., 2010, « Répartition géographique des emplois. Les grandes villes concentrent les fonctions intellectuelles, de gestion, de décision », *INSEE Premières*, n° 1278.

## Sites à consulter en priorité

DATAR, Observatoire des territoires :
www.datar.gouv.fr/observatoire-des-territoires/fr/node
Très bel atlas en ligne avec cartes à la demande sur de nombreux indicateurs statistiques à différentes échelles ; un très bel outil à la fois scientifique et didactique pour la recherche et l'enseignement de la géographie).

DATAR, *Territoires 2040*, revue en ligne :
http://territoires2040.datar.gouv.fr/
Inégal, parfois décevant ou évanescent.

DATAR/ODT, *Rapport de l'Observatoire des Territoires*, annuel (2008, 2011...) :
www.datar.gouv.fr/observatoire-des-territoires/fr/node
Incontournable.

DATAR/Travaux en ligne (pôles de compétitivité, campagnes, métropoles en Europe, système urbain français, territoires et innovations) :
www.datar.gouv.fr/travaux-en-ligne

Géoconfluences : http://geoconfluences.ens-lsh.fr/

INSEE/Études régionales (incontournable) : www.insee.fr/fr/regions/

Revue *Mappemonde* : http://mappemonde.mgm.fr

# Table des figures et des tableaux

## Table des figures

## Table des tableaux

# Table des matières

ARMAND COLIN s'engage pour l'environnement en réduisant l'empreinte carbone de ses livres. Celle de cet exemplaire est de :
1,555 kg éq. $CO_2$
Rendez-vous sur www.armand-colin-durable.fr

PAPIER À BASE DE FIBRES CERTIFIÉES

Composé par *Style Informatique*



Achevé d'imprimer en France
par Dupli-Print à Domont (95)

228796 – (II) – (1) – OSB 80° – BTT
Dépôt légal : juin 2014
N° d'impression : 2014061520
www.dupli-print.fr